CONCRETO ARMADO EU TE AMO

Blucher

Manoel Henrique Campos Botelho

Osvaldemar Marchetti

CONCRETO ARMADO EU TE AMO

Volume 2

4ª edição

Com comentários e
tópicos da
NBR 6118/2014
para edifícios de
baixa e média altura

Concreto armado eu te amo, volume 2
© 2015 Manoel Henrique Campos Botelho
        Osvaldemar Marchetti
4ª edição – 2015
3ª reimpressão – 2019
Editora Edgard Blücher Ltda.

Blucher

Rua Pedroso Alvarenga, 1245, 4º andar
04531-934 – São Paulo – SP – Brasil
Tel.: 55 11 3078-5366
contato@blucher.com.br
www.blucher.com.br

Segundo o Novo Acordo Ortográfico, conforme 5. ed. do
Vocabulário Ortográfico da Língua Portuguesa,
Academia Brasileira de Letras, março de 2009.

É proibida a reprodução total ou parcial por quaisquer
meios sem autorização escrita da editora.

Todos os direitos reservados para a Editora Edgard
Blücher Ltda.

Dados Internacionais de Catalogação na
Publicação (CIP)
Angélica Ilacqua CRB-8/7057

Concreto armado eu te amo, volume 2
    Manoel Henrique Campos Botelho e Osvaldemar
Marchetti – 4ª edição – São Paulo: Blucher, 2015.

De acordo com a nova norma NBR 6118/2014.
Bibliografia.
ISBN 978-85-212-0894-5

1. Concreto armado 2. Perguntas e respostas I.
Marchetti, Osvaldemar II. Título.

15-0021   CDD-620.1370212

Índice para catálogo sistemático:
1. Concreto armado: Normas: Engenharia

APRESENTAÇÃO

da 4ª edição

Face à emissão pela ABNT da NBR 6118/2014 referente à projetos de estrutura de concreto, os autores fizeram várias modificações e alguns acréscimos em relação à 3ª edição deste livro, nascendo então esta presente 4ª edição.

Desejamos que este texto auxilie e dialogue com os seus leitores.

Bom uso.

janeiro de 2015

Manoel Henrique Campos Botelho
manoelbotelho@terra.com.br

Osvaldemar Marchetti
omq.mch@gmail.com

Manoel H. C. Botelho trabalha em engenharia civil e sanitária, além de trabalhos de comunicação tecnológica. É perito e árbitro em engenharia civil.

Osvaldemar Marchetti é profissional de consultoria e projetos estruturais.

NOTA

Os dois autores são engenheiros civis formados pela Escola Politécnica da Universidade de São Paulo.

Este livro está escrito pelo autores na sua maior parte na primeira pessoa do plural. Em alguns locais usa-se a primeira pessoa do singular, sendo então texto ou do autor MHCB ou do autor OM.

CONTEÚDO

1   ESTRUTURAÇÃO DO PROJETO 11

    1.1   Como estruturar uma edificação de concreto armado 11

    1.2   Cuidados e detalhes estruturais – lições de um
          velho engenheiro 20

    1.3   Entenda o funcionamento das estruturas pelo conceito
          de "cascata de cargas" 24

    1.4   Avaliação global da estabilidade das estruturas (edifícios) 26

    1.5   O vento e as estruturas – efeitos em edifícios altos e baixos 39

2   SELEÇÃO DE MATERIAIS E DE TÉCNICAS 49

    2.1   Tipos de cimento, como escolher 49

    2.2   Escolha do fck do concreto, a questão da relação
          água/cimento 52

    2.3   Concreto feito na obra ou concreto usinado? 55

    2.4   Concreto aparente, concreto sem revestimento e
          concreto com revestimento 56

    2.5   Escolha do aço, bitolas, tabela-mãe métrica 59

    2.6   Juntas de dilatação e juntas de retração 61

3   PROCEDIMENTOS IMPORTANTES 63

    3.1   Números mágicos e práticos de antevisão e consumo de
          materiais das estruturas de concreto armado 63

    3.2   Planos e juntas de concretagem 66

    3.3   Paradas não previstas de concretagem 68

    3.4   As águas de chuva e as estruturas de concreto armado 69

    3.5   Impermeabilização de estruturas de concreto armado 70

    3.6   Usando telas soldadas 72

    3.7   Embutidos 75

    3.8   Telhados e outras coberturas de prédios e suas
          influências no projeto estrutural 76

    3.9   Maior vão de viga de concreto armado 77

    3.10   Armadura de costura (sugestão) 77

8

4	**DIMENSIONAMENTO E EXECUÇÃO DO PROJETO**	79
	4.1 Tabelas de dimensionamento de vigas e lajes, segundo a Norma 6118/2014	79
	4.2 Dimensões geométricas mínimas	85
	4.3 Cálculo de lajes maciças em formato "L"	86
	4.4 Apoio indireto	87
	4.5 Cuidados estruturais na fase de projeto, quando da existência de elevadores em prédios residenciais de pequeno porte	94
	4.6 Dispositivos de ancoragem (ganchos) para manutenção de fachada de edifício	95
	4.7 Prescrições recomendadas sobre fôrmas e escoramentos da velha e sempre sapiente norma NB-1/78 e que se transformou, evoluindo na NBR 6118	96
	4.8 Como considerar a redução de cargas em função do crescimento do número de andares de um prédio residencial ou comercial com andares tipo	99
	4.9 Lajes treliça – como usar	100
	4.10 Pouso eventual de helicóptero em laje superior de prédios	121
5	**ESTRUTURA**	125
	5.1 Paredes em cima de lajes	125
	5.2 Vigas – cobertura de diagramas, ancoragem de extremidades, engastamento dos vãos extremos	126
	5.3 Viga-parede	129
	5.4 Exemplos de detalhamento de vigas-parede segundo Leonhardt	144
	5.5 Consolos curtos	148
	5.6 Blocos de estacas	158
	5.7 Tubulões	178
	5.8 Vigas baldrame	185
	5.9 Armadura de pele ou armadura de costela (sinônimos)	186
	5.10 Entendendo a função e o dimensionamento de um radier. Uma observação estrutural muito interessante sobre a hiperestaticidade dos prédios de concreto armado	187

6 ESTRUTURAS DE LAJES 189

6.1 Lajes pré-moldadas comuns 189

6.2 Lajes nervuradas, armadas em uma só direção e em cruz 192

6.3 Vigas inclinadas 207

6.4 Quando a laje não é muito retangular 208

6.5 Projeto de lajes em balanço – marquises 209

6.6 Punção em lajes 213

6.7 Cisalhamento em lajes 215

7 OUTROS DETALHES DA ESTRUTURA 219

7.1 Projeto de escadas em edifícios 219

7.2 Projeto estrutural de rampas 225

7.3 Torção nas estruturas de concreto armado 227

8 COMPLEMENTOS IMPORTANTES 235

8.1 O auxílio da topografia na engenharia estrutural,
acompanhamento de recalques 235

8.2 Armação de muros e paredes 239

8.3 Escoramentos – cimbramento 242

8.4 As fôrmas 243

8.5 Adensamento (vibração) e cura 244

8.6 Prova de carga nas estruturas 246

8.7 Como evitar erros com os desenhos de obra 248

8.8 Perguntas de leitores e respostas dos autores 250

8.9 Concreto de alta impermeabilidade. O que é, sua
necessidade em casos específicos e como obtê-lo 253

9 CUIDADOS E PRECAUÇÕES 255

9.1 Falando com a obra 255

9.2 A passagem de dados para o projetista das fundações 260

9.3 Higiene e segurança do trabalho nas obras estruturais
A NR-18 261

9.4 Pior que errar nos cálculos é errar nos desenhos 262

9.5 Debate sobre duas polêmicas estruturais 263

9.6 Das armaduras de cálculo às armaduras dos desenhos
(elas não são obrigatoriamente iguais) 266

9.7 Vigas invertidas – um recurso estético arquitetônico para
o qual a engenharia de estruturas dá o seu apoio 266

10

10	**CONHECIMENTOS NECESSÁRIOS**	**271**
	10.1 Casos inacreditáveis. Erros de concepção, projeto ou obra	271
	10.2 Para entender o conceito de dimensionamento de estruturas pelo método das tensões admissíveis e pelo método de ruptura	275
	10.3 Explicando as estruturas superarmadas e subarmadas	278
	10.4 Testes e exames da estrutura – o curioso caso de um prédio sem problemas	279
	10.5 Engenharia estrutural de demolição, o caso do tirante	283
	10.6 Crônicas estruturais	283
11	**ALGUMAS INFORMAÇÕES ADICIONAIS**	**313**
	11.1 Honorários estruturais	313
	11.2 As variáveis formadoras do custo de uma estrutura predial de concreto armado	316
	11.3 Relatório para o usuário da estrutura	319
12	**ESTUDOS E INFORMAÇÕES**	**321**
	12.1 Trechos da Bíblia relacionados com a técnica da construção	321
	12.2 Cartas respondidas	323
	12.3 Plano de continuação de estudos, sites de interesse	328
	12.4 Dialogando com os autores	330
13	**ANEXO – COMENTÁRIOS SOBRE ITENS DA NORMA 6118/2014 E ASPECTOS COMPLEMENTARES**	**331**
14	**ÍNDICE POR ASSUNTO**	**340**

CAPÍTULO 1

ESTRUTURAÇÃO DO PROJETO

1.1 COMO ESTRUTURAR UMA EDIFICAÇÃO DE CONCRETO ARMADO

Digamos que fomos chamados para desenvolver um projeto estrutural de um prédio de apartamentos de quatro andares (andar térreo + três andares padrões). Seja um exemplo desse prédio o Edifício Jaú, nosso modelo didático estrutural, três andares, quatro pisos, dois apartamentos por andar, sem elevador.

Edifício Jaú

Vejamos recomendações para o desenvolvimento de um projeto estrutural de concreto armado, admitindo-se o uso da estrutura convencional de concreto armado com:

- lajes maciças (ou pré-moldadas);
- vigas;
- pilares;
- escada de concreto armado;
- caixa-d'água de concreto armado e apoiada diretamente em pilares;
- uso de alvenaria de tijolos ou blocos;
- andar térreo com pilotis.

1.1.1 PARA FAZER UM BOM PROJETO ESTRUTURAL

Etapa 1

Recomenda-se para integração das atividades de projeto, na área de estruturas com os outros participantes, a seguinte sequência:

- o arquiteto faz um esboço da sua obra, (esboço = número de andares, tipo de ocupação do prédio, área de cada unidade e número de unidades por andar);

- o engenheiro de estruturas, com o esboço da arquitetura, faz uma solução preliminar da estrutura e, com as sondagens geotécnicas nas mãos, estuda o tipo de fundações. Só com o esboço da arquitetura é possível e recomendável fazer uma estimativa de cargas que vão chegar às fundações, já permitindo dessa forma iniciar os estudos de fundações, que, pela importância técnica e envolvimento de custos, podem mudar decisões até arquitetônicas;

- o projetista das instalações hidráulicas e elétricas faz um esboço das suas necessidades. Ter uma conversa detalhada com o arquiteto, sobre a utilização de ar-condicionado, por exemplo, é decisiva;

- se tivermos mil oportunidades, mil vezes devemos dizer que o profissional de arquitetura e de estruturas deve visitar o local da futura obra. Mesmo que ele já conheça o local, ainda assim eles devem visitar esse local, *mais uma vez*. A vista humana e nossas recordações são seletivas. Só as coisas que nos interessam ficam gravadas em nossas mentes. Podemos conhecer um local por certas razões. Um novo projeto exige nova vistoria. Um exemplo: você recomendaria fundações por estacas, que fazem tremer todo o terreno nas imediações, se a obra ao lado for um prédio tombado por razões históricas e construído de alvenaria?

NOTA 1 – *Cada caso é um caso*

Numa cidade cujo terreno cedia muito, se as fundações se apoiassem numa camada menos profunda, o arquiteto, orientado pelo engenheiro estrutural, previu garagens no térreo e no primeiro andar.

Realmente o prédio foi construído apoiado nessa camada, recalcou mais de um metro, e a rampa de acesso ao prédio que era ascendente para alcançar o primeiro piso hoje é descendente para alcançar o mesmo piso. A rampa foi concebida estruturalmente, independente do resto do prédio, e a cada três anos a rampa era reconstruída por causa do afundamento do prédio. O prédio conviveu com o recalque devido a uma solução feliz de arquitetura. Se tivessem sido previstos apartamentos no térreo ou no primeiro andar, as consequências seriam terríveis. Isso mostra que a integração arquitetura-estrutura – até nas fundações – é uma atividade muito mais rica do se possa imaginar.

NOTA 2

O processo construtivo também deve ser considerado nessa integração de esforços, mas o processo construtivo muitas vezes só será conhecido quando da escolha do construtor.

NOTA 3

Nos final dos anos 90 do século passado surgiu um fato novo, talvez não tão novo assim. Foi construído um conjunto de prédios em cima de um aterro industrial, do onde emanam gases potencialmente tóxicos. Estão morando centenas de famílias em mais de dez prédios sobre esse aterro.

Conclusão, além da sondagem geotécnica, é necessário conhecer a história do terreno, principalmente se ele foi usado como aterro de lixo ou de restos industriais.

Nenhuma norma brasileira previa o estudo desse caso. Para resolver a situação específica, foi previsto, entre outros, um sistema de exaustão dos gases por meio de sistemas de drenos e uso permanente de ventilação forçada.

Etapa 2

Nesta etapa, desenvolveu-se o seguinte esquema de trabalho:

- o arquiteto evolui com seus desenhos e passa seu projeto ao profissional de estruturas e ao homem das instalações;
- agenda-se reunião com os três interessados;
- cada um avança com os seus projetos;
- periodicamente, deve haver troca de documentos entre os três profissionais.

NOTA 4

Para grandes projetos, às vezes, contrata-se um quarto profissional para coordenar o trabalho dos três. Não se deve deixar essa tarefa para um dos três, pois, consciente ou inconscientemente se um dos três for escolhido vai puxar a brasa para sua sardinha, fazendo erradamente com que a sua especialidade conduza as decisões.

É preciso fazer sempre atas de reunião, na hora e *à mão*, se necessário for. Deve-se tirar cópias e distribuí-las entre todos os participantes. Profissionais incompetentes têm horror à atas de reunião. Se tivermos de trabalhar com esse tipo de profissional, as atas são mais importantes ainda.

As palavras o vento leva e as transforma.

Etapa 3

No final do projeto e da obra, seria altamente conveniente que os três profissionais se reunissem outra vez, para fazer um balanço da experiência e fixar critérios de projeto comuns para o futuro.

Sabemos que esta sugestão dificilmente será atendida, tendo como desculpa "Estamos sem tempo. Quando pegarmos outro projeto, faremos essa tal de reunião que o Botelho insiste tanto".

Dessa reunião e para futuros projetos deveria sair um relatório padrão de início de projeto definindo-se:

- **Tipo de estrutura** – se a convencional de concreto armado ou de alvenaria autoportante ou mista. Em algumas cidades do país, é comum a construção de prédios de quatro andares, onde o térreo é comércio com grandes vãos e os outros andares são ou apartamentos residenciais ou escritórios.

Nesses prédios de quatro andares, os de cima são de alvenaria autoportante (andares tipo sem vigas ou pilares), apenas estrutura de concreto armado da transição do primeiro andar para o térreo.

- uso ou não de lajes maciças;
- uso ou não de lajes pré-moldadas;
- uso ou não de lajes rebaixadas em banheiros;
- tipo de alvenaria (tijolo maciço, bloco de concreto, bloco cerâmico etc.);
- uso ou não de vigas invertidas em paredes cegas;
- dimensões locais de tijolos e blocos;
- tipo de utilidades;
- regras de comunicação entre os participantes do projeto.

> **NOTA 5**
>
> Cabe ao projetista estrutural sondar o mercado local, para saber da disponibilidade e tradição local com relação à:
>
> o concreto feito na obra ou usinado;
>
> o fck do concreto mais comum entre as concreteiras da região;
>
> o tipo de aço disponível;
>
> o tipo de ambiente, se agressivo ou não. Ambientes perto do mar exigem cuidados adicionais quanto à proteção da armadura, senão a umidade e o sal a oxidam rapidamente.

O ambiente urbano mais agressivo do Brasil possivelmente é a Praia do Futuro em Fortaleza, no Ceará, devido à alta salinidade e fortes ventos. Nessa praia, localiza-se o Clube de Engenharia do Ceará, que é obrigado periodicamente a fazer obras de restauração estrutural face ao ambiente agressivo do local.

1.1.2 PREMISSAS DE PROJETO

Com o projeto preliminar de arquitetura, já podemos ir lançando a estrutura de concreto armado. É o anteprojeto das formas, já com dimensões. Claro está que já se levam em conta as premissas anteriormente indicadas.

Componentes estruturais

Analisemos agora os vários componentes estruturais e regras para bem usá-los.

Estamos admitindo, repetimos, por ênfase didática, um prédio convencional de concreto armado com:

- lajes;
- vigas;
- pilares.

A alvenaria não é colaborante estruturalmente e pode ser colocada durante a subida da estrutura de concreto armado ou quando essa estrutura estiver totalmente pronta.

1.1.2.1 Caixas-d'água

Se a caixa-d'água tiver estrutura própria de concreto armado, ela apoiar-se-á na estrutura de concreto armado. Se a caixa-d'água for de outro material, deve-se prever para apoio duas vigas intertravadas (para não sair do lugar ou para não tombar) e de forma que distribua sua carga (peso próprio e peso da água) numa área bem grande. Deve-se prever acesso a essa caixa-d'água para limpeza.

1.1.2.2 Telhados e lajes de cobertura

Os telhados ou se apoiam na laje de cobertura ou nas vigas de periferia.

Lajes de cobertura, além de ter de resistir ao peso próprio, têm de resistir às cargas do telhado ou de estrutura de impermeabilização, caixa-d'água e uma carga adicional de projeto de 50 kgf/m^2 (NBR 6120).

1.1.2.3 Paredes

Embora as paredes não tenham, em princípio, função estrutural nas estruturas convencionais de concreto armado, elas devem ser travadas à estrutura (vigas e pilares) para garantir sua estabilidade. Esse travamento, que é para atender à estabilidade da parede, ajuda também, e muito, o funcionamento geral da estrutura do prédio, travando-a e, *portanto, deve ser especificado no projeto estrutural.* Na relação parede-viga superior, é costume usar tijolos maciços de boa qualidade, forçados entre o topo da parede e a superfície inferior da viga, e feito isso uma semana após ter sido

16

1 — ESTRUTURAÇÃO DO PROJETO

assentada a argamassa da parede para deixar dar tempo à retração (perda de volume face à desidratação) dessa argamassa. Forçados os tijolos, aplica-se argamassa no restante dos vazios e, com isso, a parede estará travada com a viga superior. A ligação das paredes de alvenaria com os pilares é feita, fazendo-se que ferros dos pilares penetrem na argamassa da parede.

É preciso lembrar que existe a possibilidade de uso de argamassa expansiva na última fiada de tijolos, para amarrar a parede com as estruturas inferiores e superiores da estrutura. *Prever vergas e contravergas nas janelas e vergas sobre as portas.*

Paredes de muita área podem precisar de um reforço estrutural criando-se um pilar intermediário para evitar estruturas muito flácidas (panos deformáveis).

1.1.2.4 Lajes

1.1.2.4.1 Lajes pré-moldadas

Quando são usadas lajes pré-moldadas em um prédio de grande altura, recomenda-se se prever que no mínimo três andares (extremos e médio) sejam de lajes maciças para dar maior rigidez à estrutura do prédio.

As lajes pré-moldadas devem em princípio vencer o menor dos dois vãos do espaço. Uma exceção é o caso de uma laje vir a suportar uma parede sem viga. Aí a posição das vigotas deve ser perpendicular à direção da parede. Nunca se deve apoiar uma parede ao longo de uma vigota. O peso da parede deve ser distribuído ao longo de várias vigotas.

O dimensionamento de lajes pré-moldadas deve sempre partir da seguinte premissa: elas têm de ficar biapoiadas. Não é correto considerar a hipótese de engastamento nas extremidades, pois a área de concreto por metro é reduzida, não permitindo se ter um verdadeiro engastamento nas extremidades. Apesar de que *não se deve* considerar engastamento nas extremidades, é necessário colocar ferro nessas extremidades para evitar fissuras (esse ferro é denominado no mercado como ferro negativo, mas não deve ser encarado como o ferro necessário a um engastamento, pois esse engastamento não ocorre de uma forma confiável).

Devem-se seguir as recomendações quanto à armadura na capa da laje. Essa armadura é transversal às vigotas. A função dessa armadura é servir de armadura da minilaje, que ocorre entre duas vigotas. A prática mostra que essa armadura é de no mínimo $0,6$ cm^2/m e no mínimo três barras por metro.

1.1.2.4.2 Lajes maciças

É importante verificar se vão ocorrer ou não lajes de formato diferente do retangular. Lajes de formato muito diferentes do retangular (por exemplo, triangular) são algo mais difíceis de calcular.

Para um pré-dimensionamento de lajes maciças e atendendo a NBR 6118/2014, devemos considerar no mínimo (dados recolhidos de experiência de vários profissionais)[1]

Essa fixação das espessuras das lajes é para limitar flechas. A diferença de altura de lajes contíguas deve ficar para baixo, e os topos, portanto, devem coincidir.

Quando as lajes que têm de vencer vãos maiores que 6 m, pode-se pensar seriamente em não usar lajes maciças, mas sim lajes nervuradas. Quanto à limitação de espessura de lajes maciças, dizem os especialistas que o máximo aceitável de espessura é 15 cm. A partir daí, é aconselhável usar lajes nervuradas. (Verificar o menor custo.)

NOTA 6

Para um excelente visão do funcionamento de lajes, recomendamos a leitura do livro *Estruturas Arquitetônicas – Apreciação intuitiva das formas estruturais*, do Dr. Augusto Carlos Vasconcelos. Editora Studio Nobel.

1.1.2.5 Vigas

Como regra geral deve-se prever vigas sob cada parede.

É possível não colocar vigas sob as paredes, no caso de paredes de pequena extensão. Nesse caso, deve-se especificar sua construção com meio-tijolo, tijolo furado ou outro material leve. Se não há viga para suportar a parede, quem fará isso será a laje. No cálculo deve ser considerado o peso da parede.

Devemos usar vigas invertidas em paredes cegas (sem portas). A largura da viga deve acompanhar a espessura da parede menos a espessura do revestimento.

As vigas não devem ter menos de 12 cm de espessura, pois é difícil fazer vibração do concreto em vigas com largura menor que 12 cm. Para o pré-dimensionamento de vigas, sugere-se adotar alturas da ordem de:

- vigas biapoiadas: h = 1/10 do vão (chamada regra dos arquitetos) (podendo chegar a 1/15 do vão);
- vigas contínuas: h = 1/12 do vão;
- vigas em balanço: h = 1/5 do vão.

Atenção – É importante limitar, em qualquer tipo de viga, sua altura: no máximo 1/15 do vão a vencer. Se uma viga tiver uma enorme altura, em relação ao vão, ela não mais pode ser calculada como viga. Nesse caso, é preciso usar outras teorias mais complexas.

---

[1] Ver NBR 6118 item 13.2.4.1 p. 74.

- *Apoio de vigas*

As vigas apoiam-se em pilares ou em outras vigas. Embora cada apoio funcione diferente dos outros, pode-se considerar que, para o nível de precisão dos cálculos, os dois apoios trabalham iguais. No caso de a viga se apoiar na alvenaria (portanto, sem pilar) é preciso prever um travesseiro (coxim) para distribuir a carga. Travesseiro é essencialmente uma vigota de concreto simples ou armado apoiada na alvenaria.

- *A altura das vigas e a estruturação do prédio*

Para as vigas, cabe um detalhe interessante. As vigas de uma edificação formam uma grelha que, na prática, é dividida em vigas de trabalhos independentes. Hoje; com os programas de computador mais sofisticados, pode-se estudar o complexo trabalho interdependente das vigas nas grelhas. Quanto à concepção e cálculo adotar as seguintes regras:

1. No cruzamento de vigas, nomeia-se uma viga como portante e a outra como portada. A viga portante deve ser a que tem menor vão e deve ter a maior altura (no mínimo algo como dez centímetros maior que a portada). Assim, fica muito bem definida qual é portante e qual é portada.
2. A diferença de alturas de vigas que se cruzam tem a vantagem de fazer com que os ferros positivos passem em níveis diferentes e, portanto, não geram interferências.

- *Vigas invertidas*

Vigas invertidas devem ser usadas só em casos especiais. Uma viga de muita altura, passando no banheiro de uma casa, é um problema, pois impede que a esquadria vá até o teto para facilitar a saída de ar. Nesse caso, é interessante usar uma viga invertida, que auxiliará na composição de uma platibanda.

No último andar de um prédio, quando não houver, portanto, andar superior, devemos considerar o uso de vigas invertidas, pois isso poderá liberar espaço no último andar para usos diferentes das unidades (criação de salões).

1.1.2.6 Pilares

Devem ser preferidos os pilares de seção retangular ou circular. Os pilares serão colocados para receber cargas de vigas, com os seguintes critérios a serem obedecidos:

- nos cantos da edificação;
- no cruzamento de vigas principais;
- em pontos nos quais sua sensibilidade estrutural sentir a importância;
- não é obrigatório colocar pilar em todos os cruzamentos de vigas, pois poderão resultar cargas muito pequenas nos pilares. Nesse caso, estaremos perdendo dinheiro e talvez gerando no térreo uma quantidade enorme de pilares, o que

dificultará a criação de salões ou o uso de garagens para os carros. Pilares de periferia (canto ou extremidade) devem obrigatoriamente ter na sua cabeça vigas em forma de "L" ou "T." Pilares internos podem ter apenas uma viga passando por cima deles. Com essas disposições de vigas, garantimos amarrações dos pilares e limitamos a flambagem. Se num andar o pilar não tiver esse tipo de amarração, então estaremos diante de um comprimento de flambagem duplo.

- a dimensão mínima do pilar é de 20 × 20 cm. Essa dimensão pode ser diminuída, se mudarmos os coeficientes de segurança. É preciso evitar isso.

- em estruturas de maior altura, devemos considerar a ação do vento e a rigidez da estrutura. Para prédios de baixa altura, é necessário dispor os pilares para dar maior rigidez à estrutura com sua menor dimensão, ortogonal (oposta) à menor dimensão da estrutura (Figura 1.1).

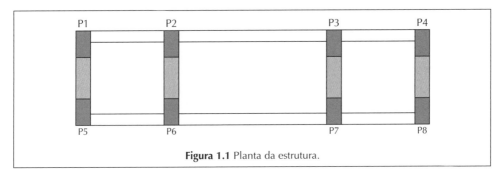

Figura 1.1 Planta da estrutura.

- para o predimensionamento de pilares, primeiro calcula-se a carga de trabalho que deve ser de 1.200 kg/m², calculado para a área de influência de cada pilar e por piso, aí, valendo como piso a cobertura. A área de influência é determinada traçando linhas mediatrizes entre dois pilares. Conhecida a carga o predimensionamento da área do pilar vale: $Ac = N/(0{,}55\ fck)$.

NOTA 7

Dados dois pontos, chama-se de mediatriz a reta que corta ortogonalmente a reta entre os dois pontos e na metade da distância entre eles.

NOTA 8

Para sentir que pilares podem trabalhar à tração, coloque uma régua em cima de três apoios (A, B e C) de modo que o apoio intermediário (B) fique bem próximo de um dos apoios extremos (A). Você sentirá que carregada a viga, o apoio (C) sofrerá tração (Figura 1.2).

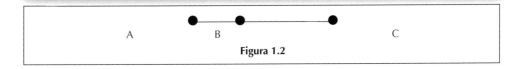

Figura 1.2

1.2 CUIDADOS E DETALHES ESTRUTURAIS – LIÇÕES DE UM VELHO ENGENHEIRO

Vamos a lições práticas de projeto estrutural, conforme contou a um dos autores deste livro um velho profissional de estruturas:

1.2.1 FALSOS PILARES QUANTO À SUA FORMA

Por vezes, os projetistas de estruturas encontram pilares de formatos estranhos como os de seção elíptica (e formatos mais esquisitos ainda), e os pilares que no seu topo têm uma seção que vai aumentando para baixo (seção tronco de pirâmide). Como calculá-los? O seu cálculo exato é bem complexo sem o uso do computador e nós não estamos preocupados em dizer como eles podem ser calculados exatamente. Vamos mostrar uma maneira de "resolver" o problema, sem calculá-lo.

Para os pilares de seção elíptica, a ideia de "resolver o pilar" tem por objetivo verificar a maior seção de pilar retangular que lhe é inscrito. Calculada essa seção, para o retângulo inscrito (interno), a armadura deve ser colocada na periferia da seção elíptica, com o cuidado de verificar se a distância máxima entre armaduras não ultrapassa a máxima distância permitida pela norma. Se ultrapassar, então aumenta-se o número de barras.

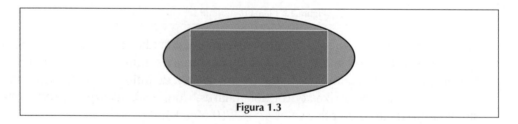

Figura 1.3

1.2.2 FALSOS PILARES QUANTO À SUA FUNÇÃO

Por vezes, em obras monumentais, faz-se um "passa-moleque" de sugerir uma visão estrutural impossível. Seria o caso de um pilar, que termina na sua base com uma espessura de 20 cm repousando com a leveza de uma garça sobre um lago. Impossível. Na verdade, atrás desse pilar está uma outra construção disfarçada que é o pilar, e o pilar da frente esconde e sugere uma forma linda e impossível.

Conclusão: A beleza não tem compromissos rígidos com a realidade.

1.2.3 PILARES SEM APOIO

É comum ver prédios com uma das extremidades balançando em relação à planta e do tipo a seguir mostrado. Na estruturação desse tipo de prédio, temos duas alternativas:

1 — ESTRUTURAÇÃO DO PROJETO

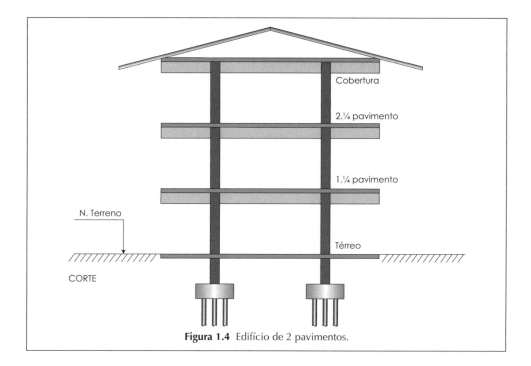

Figura 1.4 Edifício de 2 pavimentos.

a) Colocar um pilar nesse canto e vir descendo até o primeiro andar. Na transição para o térreo, faz-se uma viga de transição, puxando a carga para um pilar dentro da projeção térrea.

b) Não criar um pilar no canto. Aí simplesmente coloca-se um encontro de vigas e alvenarias.

Qual a melhor solução nessa situação para obras de porte médio ou pequeno? Consultando um guru estrutural, ele respondeu com o pensamento:

> "Quem choca ovos de serpente,
> cria cobras..."

Interpretando a orientação de meu guru, isso quer dizer que a melhor é a opção (**b**).

Se criamos um pilar num andar superior, temos de fazer um pilar no inferior e daí até chegar a uma viga de transição, que é uma peça de enorme responsabilidade estrutural. Para não termos vigas de transição, basta não criar em nenhum andar, pilar de extremidade.

Se fugimos de pilares e vigas de transição temos, entretanto, que cuidar das paredes. Por isso, devemos detalhar com cuidado essas duas paredes que chegam aos cantos.

Como amarrar uma à outra? Podemos fazer isso só com uma interpenetração dos blocos ou tijolos que chegam, ou colocando-se armaduras inseridas na argamassa das fiadas. Digamos que faremos, por andar, três desses detalhes. Cada detalhe pode ser duas barras de 8 mm, com penetração na alvenaria de 30 cm.

Um correto projeto estrutural deve cuidar de detalhes de alvenaria. Há calculistas de estruturas que criam um pilarete no encontro das vigas extremas, mas sem a função de pilar, apenas para ligar as alvenarias que chegam às extremidades.

1.2.4 FUNDAÇÕES

Definida a arquitetura, pode-se ter uma ideia das cargas que os pilares transmitirão às fundações, usando-se um número mágico. Por experiência, pode-se antever as cargas nas fundações, com base na área de influência dos pilares.

Com base no anteprojeto estrutural, quando se locam os pilares, estimam-se as cargas na fundações, considerando-se uma carga de 1.200 kgf/m^2 por piso e levando-se em conta a área de influência de cada pilar.

Para se saber a área de influência de cada pilar, traça-se a mediatriz da reta de ligação entre cada dois pilares. Estimadas as cargas em cada pilar, chegamos progressivamente às cargas nas fundações. Com essa carga e as sondagens, vamos escolher o tipo de fundação.

Quando o solo superficial é resistente, ele deve suportar a carga do prédio. Usam-se, então, sapatas ou o popular alicerce. Quando o solo superficial é fraco, usam-se estacas, tubulões etc. Aí será o solo profundo que resistirá e a sondagem dirá qual o solo profundo.

NOTA 9

Numa obra, quase prontas a estrutura e alvenaria, foi necessário fazer mais uma parede no meio de uma sala. Feita a parede e chegando-se até a laje de cima, poderia acontecer de a laje, quando recebesse carga útil (carga acidental), se apoiar realmente nessa parede. Aí surgiriam momentos fletores negativos na laje e não havia nenhuma armadura para combater esse momento não previsto. A solução foi subir a parede até faltar cinco centímetros para alcançar a laje superior, e o espaço foi preenchido com um material bem mole e que foi disfarçado. Com isso, a laje ao ceder, face às cargas úteis (acidentais), ou ao se deformar ao longo do tempo, não encontraria um apoio rígido e, portanto, não acontecerão momentos fletores negativos.

1.2.5 ASPECTOS QUE VALEM A PENA DESTACAR

Numa estrutura deve-se procurar ver tudo o que seja necessário. Por exemplo, parapeitos de alvenaria devem ser amarrados à estrutura. Já aconteceram desastres, com vítimas fatais no Brasil, pelo fato de parapeitos de alvenaria, de lugares públicos, não serem amarrados à estrutura. No momento de saída de multidão, o parapeito ruiu. Faz-se essa amarração, por exemplo, ligando a alvenaria à estrutura de concreto armado, por meio de barras de aço, que são colocadas entre a argamassa da alvenaria e penetram dentro das formas de pilares.

1.2.5.1 Saída do esgotos de banheiro

Nas lajes não rebaixadas de banheiro, deve-se levar em conta que a saída dos esgotos encontrará como obstáculo a viga da parede do andar inferior. é necessário evitar o corte de vigas, situação sempre indesejável, estudando cota adequada de saída no projeto hidráulico. Caso seja necessário o furo na viga, procurar sempre fazer o furo o mais no centro da viga possível.

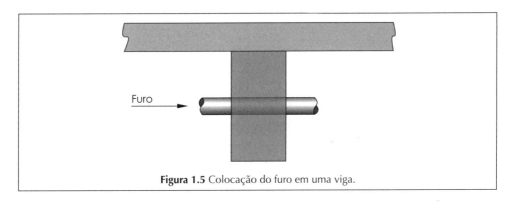

Figura 1.5 Colocação do furo em uma viga.

1.2.5.2 Saída de esgoto da cozinha

Como herança colonial da senzala, as cozinhas continuam a ser construídas no fundo das edificações. Às vezes, a saída pelo fundo traz uma impossibilidade de se alcançar a cota do esgoto da rua. Essa situação às vezes é causada pelo baldrame, que impede uma saída mais alta dos esgotos da cozinha. Deve-se considerar a possibilidade de rebaixar o baldrame na cozinha, para que a saída do esgoto se faça o mais alto possível. Com isso, se alcança a cota de esgoto da rua. Outra solução é durante a concretagem do baldrame colocar um embutido por onde passará o esgoto.

1.2.5.3 Estruturas e utilidades

As alvenarias são usadas, além de sua função de tapamento e divisão, para esconder a estrutura de concreto armado e também por ela descerem ou subirem as utilidades, água, esgoto e águas pluviais. Claro que na espessura das paredes não cabe tanta coisa.

A má solução tem sido cortar vigas e cortam tanto, que cabe perguntar se o que sobra ainda pode ter função de viga. As soluções (não brilhantes, reconhecemos) que sugerimos são:

- procurar sempre soluções e localizações de utilidades, que minimizem as interferências;
- criar cantos de utilidades por onde elas passam, se houver conflitos. Isso é muito comum em projetos industriais;
- aumentar a espessura de uma parede para que seja de serviços e aí correrem as utilidades.

1.2.5.4 Ar-condicionado central

Com o avanço da tecnologia, o ar-condicionado tenderá a ser mais usado e principalmente o central. Esse sistema exige a presença dos dutos e disputará espaço contra a estrutura e com o sistema hidráulico. Os dutos de ar-condicionado são grandes, tendo apenas a flexibilidade da sua seção poder ter várias formas. Deve-se pesquisar se vai haver ar-condicionado central, antes de se iniciar o projeto estrutural.

1.2.5.5 Instalações elétricas

As instalações elétricas demandam bem menos espaço que as instalações hidráulicas. A rede elétrica usa as paredes e o contrapiso, que é a argamassa de assentamento do piso sobre a laje. Em hotéis e hospitais a quantidade de fiação cresce, e a complexidade do seu relacionamento com outros serviços aumenta.

1.2.5.6 Rota de cargas

Em certos prédios, é necessário estudar o caminho de movimentação de grandes cargas. Hotéis e hospitais são estruturas quase que industriais, e cargas avantajadas podem circular pelo prédio. É interessante que se estude por onde estruturalmente essas cargas podem se movimentar. Aparelhos de ar-condicionado e geladeiras industriais são alguns exemplos de peças que podem se movimentar nessas edificações.

1.3 ENTENDA O FUNCIONAMENTO DAS ESTRUTURAS PELO CONCEITO DE "CASCATA DE CARGAS"

Por vezes, para explicar conceitos aparentemente simples, temos de usar conceitos analógicos. O funcionamento de uma estrutura de concreto armado é um exemplo.

1 — ESTRUTURAÇÃO DO PROJETO

Dada uma arquitetura, esboçamos uma estrutura de concreto armado para dar a essa arquitetura:

- estabilidade e resistência;
- condições de uso, de acordo com a função arquitetônica (não dá para colocar pilar no meio do banheiro por exemplo);
- limitação da deformabilidade;
- limitação de fissuramento;
- ausência de vibrações;
- durabilidade;
- facilidade de execução;
- economia.

Lançamos, por isso, lajes, vigas e pilares, e na nossa imaginação faremos uma hipótese de como isso irá funcionar. Na prática, nunca se sabe como a estrutura realmente funciona, a não ser as estruturas de pontes que sejam intensamente monitoradas durante a construção e durante o uso. Às vezes, a estrutura pode funcionar e atender a todos os requisitos, embora o faça fora das premissas estruturais, já que o projeto estrutural tenta interpretar de uma maneira aproximada o funcionamento da estrutura. Basta que a obra, por exemplo, introduza pouco aço a mais ou a menos que o previsto no projeto, que estamos saindo de uma concepção estrutural, sem que obrigatoriamente haja consequências enormes e danosas.

Vejamos agora o exemplo de um conjunto de lajes e vigas, no qual colocaremos uma carga pontual adicional numa laje e, em seguida, pela concepção estrutural, verificamos em que pilares essa carga irá chegar ao solo. Observe-se que, se outra fosse a concepção estrutural, por exemplo, se as lajes fossem as mesmas, mas as vigas tivessem outras considerações de trabalho, e, portanto, com outro dimensionamento, a mesma carga pontual chegaria, por hipótese, ao solo em outros locais.

Apesar do aspecto algo grosseiro da hipóteses estruturais, os prédios são concebidos com essas hipóteses estruturais e servem ao homem. Observando prédios com dezenas de andares, que há mais de setenta anos servem ao homem, concluímos que as hipóteses estruturais nos ajudam bastante.

Quem está à procura da verdade é a Física. Nós, engenheiros e arquitetos, estamos simplesmente à procura de soluções econômicas. Portanto, temos a sequência:

- concepção estrutural;
- detalhes da estrutura, de acordo com a concepção estrutural;
- funcionamento da estrutura, de acordo com o que efetivamente foi construído, e se foi construído de acordo com a concepção estrutural, o funcionamento possivelmente será *quase igual* ao que se previa na concepção estrutural.

Vamos ao exemplo citado e introduzir o conceito de "cascata de cargas".

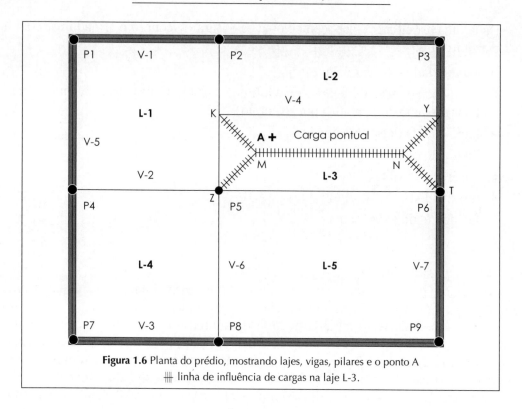

Figura 1.6 Planta do prédio, mostrando lajes, vigas, pilares e o ponto A
⧛ linha de influência de cargas na laje L-3.

No ponto, colocamos uma carga pontual **A** na laje L-3. Implacavelmente ela chegará ao solo. Mas por onde, descendo por que caminho? Influenciando o quê?

Vejamos, pela solução estrutural concebida, como essa carga se dividirá e chegará em que pontos no solo. Se outro for o projetista de estruturas, outra será a solução estrutural, e a carga se dividiria de outra forma e chegaria em outros pontos ao solo. Sigamos a nossa solução. Como a carga **A** da laje L-3 (KYZT) está localizada na figura geométrica KYMN, essa carga irá carregar a viga V-4. Como a viga V-4 se apoia no ponto K na viga V-6, parte da carga **A** chegará ao solo em P-2, P-5 e P-8. Como a outra parte da carga **A** chega via V-4 em Y na viga V-7, a outra parte da carga **A** chega ao solo via P-3, P-6 e P-9.

A ferramenta didática da "**cascata de cargas**" é uma criação de Manoel Henrique Campos Botelho.

1.4 AVALIAÇÃO GLOBAL DA ESTABILIDADE DAS ESTRUTURAS (EDIFÍCIOS)

De forma geral, a estrutura de contraventamento de um prédio é composta por paredes estruturais em balanço (caixa de elevadores, caixa de escadas), engastadas na fundação, ou por pórticos múltiplos. De fato, os nós da estrutura de contraventamento são deslocáveis. Mas quando a estrutura obedece a certos critérios, podemos considerar que ela é suficientemente rígida e que seus deslocamentos não afetam a segurança dos pilares contraventados.

Se temos isso e quando a estrutura do contraventamento é quase indeslocável, podemos dizer que ela garante a estabilidade da estrutura. Não é conveniente que todos os pilares participem do sistema estrutural admitido como responsável pela estabilidade da construção. Por isso, temos dois tipos de pilares: pilares contaventados e pilares que pertencem à estrutura de contraventamento.

De acordo com o C.E.B. (Comite Europeu do Betão), uma estrutura de contraventamento pode ser considerada *quase indeslocável*, desde que obedeça às seguintes restrições:

1) Edifícios com 3 andares ou menos

$$E.G.E = H\sqrt{\frac{N_k}{E_c \cdot \Sigma_I}} \leq 0,2 + 0,1n$$

2) Edifícios com 4 andares ou mais

$$E.G.E. = H\sqrt{\frac{N_k}{E_c \Sigma_I}} \leq 0,6$$

onde: H = altura total do edifício;

N_k = soma total das cargas verticais;

E_c = módulo inicial de elasticidade do concreto;

Σ_I = soma das inércias;

n = número de andares;

E.G.E. = estabilidade global do edifício

$E_c = 5.600 \sqrt{fck}$ (em MPa)

1.4.1 ESTUDO DAS OPÇÕES ESTRUTURAIS

fck = 200 kgf/cm^2 = 20 MPa

CA-50

- As paredes devem estar sobre vigas sempre que possível.
- Deve-se posicionar os pilares, de modo que formem linhas de pórticos.
- Deve-se colocar os pilares com maior rigidez na direção da menor rigidez da caixa de elevadores (exemplo na Figura 1.8).
- Se possível, colocam-se 4 linhas de pórticos com 4 pilares cada, para não ser necessário considerar o fator vento no prédio.

28   1 — ESTRUTURAÇÃO DO PROJETO

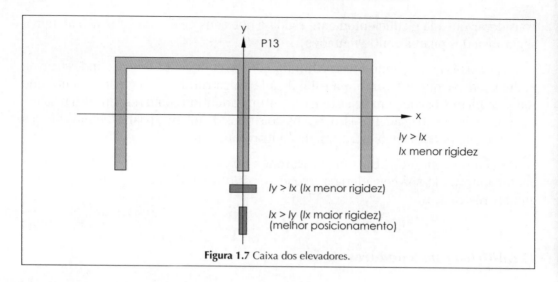

Figura 1.7 Caixa dos elevadores.

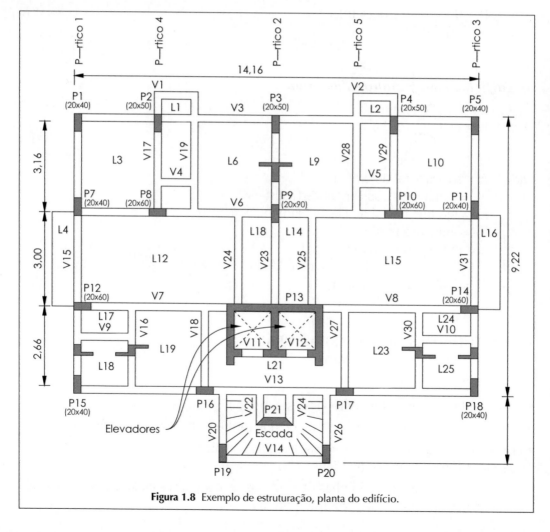

Figura 1.8 Exemplo de estruturação, planta do edifício.

1.4.2 COMO VERIFICAR A SUFICIÊNCIA DA CAIXA DE ELEVADORES (P13) PARA CONTRAVENTAR ISOLADAMENTE O EDIFÍCIO (Torná-lo indeslocável)

1.4.2.1 Estimativa da carga total do edifício do térreo à caixa-d'água superior

- área do andar tipo $\cong 136$ m², admitindo-se uma carga média de 1,0 tf/m²;
- carga total por andar: $136 \times 1 = 136$ tf;
- carga total para 10 pav. + térreo + cobertura $\cong 12 \times 136 = 1.632$ tf;
- caixa-d'água + casa de máquinas $\cong 120$ tf (estimado);
- carga total: $N_k = 1.632 + 120 = 1.752$ tf.

1.4.2.2 Inércia da caixa de elevador – pilar P13

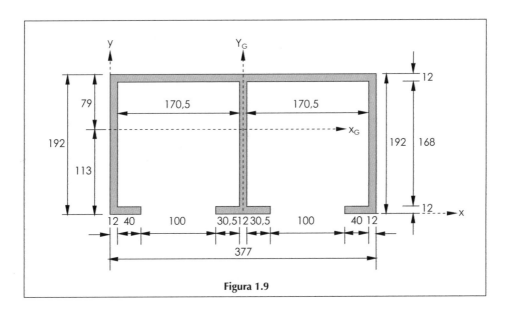

Figura 1.9

Cálculo do centro de gravidade:

Por simetria, sabemos que $x_G = \dfrac{377}{2} = 188,5$ cm

área = $0,12 \times 1,92 \times 3 + 0,4 \times 0,12 \times 2 + 0,305 \times 0,12 \times 2 + 1,705 \times 0,12 \times 2 = 1,2696$ m²

$$y_G = \frac{3,77 \times 1,92 \times 0,96 - 1,68 \times 1,705 \times 0,96 \times 2 - 1 \times 0,12 \times 0,06 \times 2}{1,2696} = 1,13 \text{ m}$$

Cálculo dos momentos de inércia

$$Ix = Ix'_G + S \times y_G^2$$

$Ix'_G \mapsto$ momento de inércia em relação ao centro de gravidade da seção em estudo

$S \mapsto$ área do elemento em estudo

$y_G \mapsto$ distância do C.G. da seção em estudo ao eixo X

$$I_{x_G} = \frac{3,77 \times 1,92^3}{12} + (3,77 \times 1,92)(1,13 - 0,96)^2 -$$

$$- \left(\frac{2 \times 1,705 \times 1,68^3}{12} + 2 \times (1,705 \times 1,68)(1,13 = 0,96)^2 + \right.$$

$$\left. +2 \times \frac{1 \times 0,12^3}{12} + 2 \times (1 \times 0,13) \times (1,13 - 0,06)^2 \right) = 0,64479 \text{ m}^4$$

$$I_{y_G} = \frac{1,92 \times 3,77^3}{12} - \left(\frac{1,68 \times 1,705^3}{12} \times 2 + (1,68 \times 1,705)(0,9125)^2 \times \right.$$

$$\left. \times\ 2 + \frac{0,12 \times 1^3}{12} \times 2 + (1 \times 0,12) \times (0,865)^2 \times 2 \right) = 2,21571 \text{ m}^4$$

Avaliação da indeslocabilidade da estrutura (E.G.E. Estabilidade Global do Edifício) conferida somente pela caixa de elevadores (P13).

$$\text{E.G.E.} = H \sqrt{\frac{N_K}{E_c \times \Sigma_I}} \qquad \begin{aligned} H &= 11 \times 2,9 + 2 = 33,9 \text{ m} \\ N_K &= 1.722 \text{ tf} \\ E_c &= 5.600\sqrt{20} = 25.043 \text{ MPa} \\ E_c &= 2.504 \text{ tf/m}^2 \end{aligned}$$

na direção y

$$(\text{E.G.E.})_y = 33,9 \sqrt{\frac{1.752}{2.504 \cdot 300 \times 0,64479}} = 1,116 > 0,6$$

o edifício não fica contraventado pelo pilar P13 (caixa dos elevadores)

na direção x

$$(\text{E.G.E})_x = 33,9 \sqrt{\frac{1.752}{2.504 \times 300 \times 2,21571}} = 0,600 \le 0,6$$

o edifício está contraventado, nesta direção pelo pilar P13.

1.4.2.3 Conclusões

Na direção x, o edifício está suficientemente contraventado pelo pilar P13 (caixa dos elevadores). A estrutura é praticamente indeslocável, não havendo, deste modo, necessidade de estudo de estabilidade global.

Na direção y, o edifício não está suficientemente contraventado, portanto vamos aumentar a espessura da caixa dos elevadores para torná-lo indeslocável. Aumentando a espessura da caixa dos elevadores para 20 cm temos:

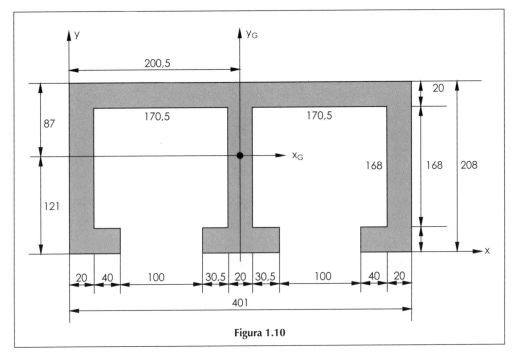

Figura 1.10

Área = $02 \times 2{,}08 \times 3 + 0{,}4 \times 0{,}2 \times 2 + 0{,}305 \times 0{,}2 \times 2 + 1{,}705 \times 0{,}2 \times 2 = 2{,}21 \text{ m}^2$

$$y_G = \frac{4{,}01 \times 2{,}08 \times 1{,}04 - 1{,}705 \times 1{,}68 \times 1{,}04 \times 2 - 1 \times 0{,}21 \times 0{,}1 \times 2}{2{,}21} = 1{,}21 \text{ m}$$

$$Iyg = 2 \times \left[\frac{2{,}08 \times 0{,}2^3}{12} + (2{,}08 \times 0{,}2) \times 1{,}905^2\right] + \frac{2{,}08 \times 0{,}2^3}{12} +$$

$$+ 2 \times \left(\frac{0{,}2 \times 0{,}4^3}{12} + 0{,}2 \times 0{,}2 \times 1{,}605^2\right) + \left(\frac{0{,}2 \times 0{,}305^3}{12} + 0{,}2 \times 0{,}305 \times 0{,}253^2\right) +$$

$$+ 2 \times \left(\frac{0{,}2 \times 1{,}705^2}{12} + 0{,}2 \times 1{,}705 \times 1{,}053^2\right) = 4{,}296 \text{ m}^4$$

$$Ixg = \frac{4,01 \times 2,08^3}{12} + (4,01 \times 2,08) \times (1,21 - 1.04)^2 - \left(2 \times \frac{1,705 \times 1,68^3}{12} + \right.$$

$$\left. + 2 \times (1,705 \times 1,68) \times (1,21 - 1,04)^2 + 2 \times \frac{1 \times 0,2^3}{12} + 2 \times (1 \times 0,2) \times (1,21 \times 0,1)^2 \right) =$$

$$= 1,24 \text{ m}^4$$

Cálculo de $(E.G.E.)_g$

$$(E.G.E.)_g = 33,9 \sqrt{\frac{1,752}{2,504.300 \times 1,24}} = 0,805 > 0,6 \qquad \text{(problema de deslocabilidade)}$$

$$(E.G.E.)_x = 33,9 \sqrt{\frac{1,752}{2,504.300 \times 4,296}} = 0,43 < 0,6$$

Vemos que mesmo com o aumento da espessura da caixa dos elevadores, ainda a estrutura não se torna indeslocável.

Portanto, precisaremos contar com os pórticos formados pelos pilares e vigas.

Adotaremos os pórticos formados pelos pilares:

> pórtico 1: P1, P7, P12, P15
> pórtico 2: P3, P9, P13
> pórtico 3: P5, P11, P14, P18

Faremos um processamento dos pórticos com uma carga unitária no topo. A partir dos deslocamentos, será avaliada a rigidez equivalente do pórtico, pela seguinte fórmula:

$$f = \frac{F \cdot \ell^3}{3 E_c I_{eq}}$$

depois calcularemos $(E.G.E.)_y$ novamente.

1 — ESTRUTURAÇÃO DO PROJETO

Pórtico 1 = pórtico 3

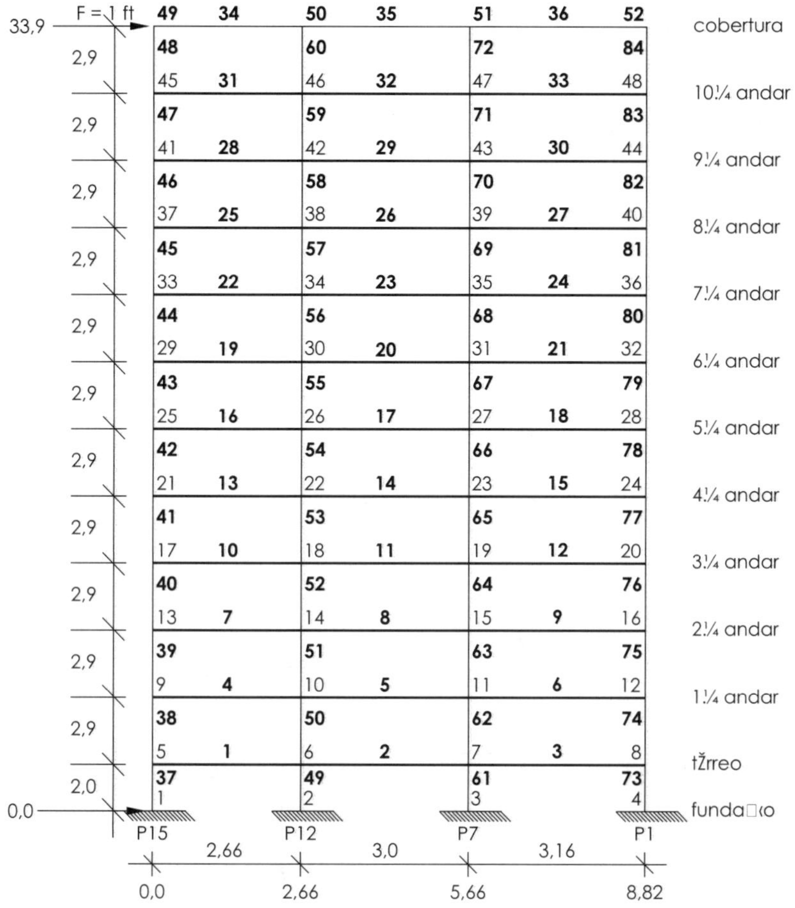

Figura 1.11

$$P15 = P7 \quad \rightarrow \quad A = 0,2 \times 0,4 = 0,08 \text{ m}^2$$

$$I = \frac{0,2 \times 0,4^3}{12} = 0,00106667 \text{ m}^4$$

$$P12 \quad \rightarrow \quad A = 02 \times 0,6 = 0,12 \text{ m}^2$$

$$I = \frac{0,6 \times 0,2^3}{12} = 0,0004 \text{ m}^4$$

$$P1 \quad \rightarrow \quad A = 0,2 \times 0,4 = 0,08 \text{ m}^2$$

$$I = \frac{0,4 \times 0,2^3}{12} 0,000266 \text{ m}^4$$

vigas horizontais $\mapsto V15$ (12 × 30)

$A = 0{,}12 \times 0{,}13 = 0{,}036 \ \text{m}^2$

$I = \dfrac{0{,}12 \times 0{,}3^3}{12} = 0{,}0003267 \ \text{m}^4$

poderíamos calcular como viga T.

Pórtico 2

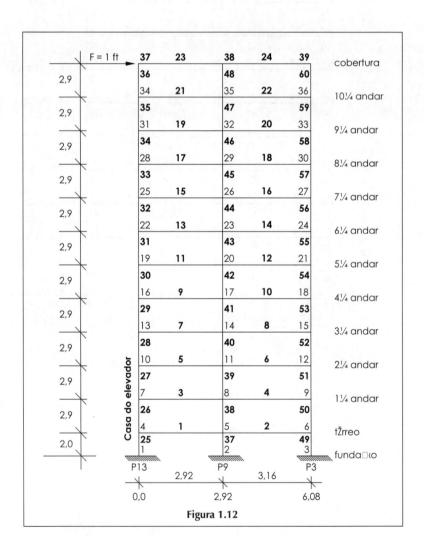

Figura 1.12

Aumentando-se a espessura das paredes dos elevadores para 20 cm, temos:

$$P13 \begin{cases} A = 2,21 \text{ m}^2 \\ I = 1,24 \text{ m}^4 \end{cases}$$

$$P9 \rightarrow A = 0,2 \times 0,9 = 0,18 \text{ m}^2$$
$$I = \frac{0,2 \times 0,9^3}{12} = 0,01215 \text{ m}^4$$

Vigas horizontais → V23 (12 × 30)

$$A = 0,12 \times 0,3 = 0,36 \text{ m}^2$$
$$I = \frac{0,12 \times 0,3^3}{12} = 0,0003267 \text{ m}^4$$

$$P3 \rightarrow A = 0,2 \rightarrow 0,5 = 0,10 \text{ m}^2$$
$$I = \frac{0,2 \times 0,5^3}{12} = 0,00208 \text{ m}^4$$

Poderíamos calcular como viga T.

Pórtico 1 = pórtico 3

Deslocamentos nodais – carregamento 1 (deslocamento dos nós da estrutura)

Ponto	Deslocamento x	Deslocamento y	Rotação z
49	0,01401	0,00032	–0,00034
50	0,01397	0,00001	–0,00015
51	0,01397	–0,00002	–0,00025
52	0,01397	–0,00030	–0,00031

Reações de apoio – carregamento 1

Ponto	Reação FX	Reação FY	Reação HZ
1	–0,23	–3,73	0,54
2	–0,23	0,09	0,29
3	–0,32	0,13	0,60
4	–0,22	3,51	0,53
soma	–1,00	–0,06	1,96

Esforço nas barras

Seção											
Barras	**1**	**2**	**3**	**4**	**5**	**6**	**7**	**8**	**9**	**10**	**11**
1 N	0,02	0,02	0,02	0,02	0,02	0,02	0,02	0,02	0,02	0,02	0,02
V	–0,23	–0,23	–0,23	–0,23	–0,23	–0,23	–0,23	–0,23	–0,23	–0,23	–0,23
M	0,34	0,28	0,22	0,15	0,07	0,03	–0,03	–0,10	–0,16	–0,22	–0,28
2 N	–0,01	–0,01	–0,01	–0,01	–0,01	–0,19	–0,19	–0,01	–0,01	–0,19	–0,19
V	–0,19	–0,17	–0,19	–0,19	–0,19	–0,19	–0,19	–0,19	–0,19	–0,19	–0,19
M	0,26	0,21	0,15	0,09	0,04	–0,02	–0,08	–0,13	–0,19	–0,24	–0,38
3 N	–0,02	–0,02	–0,02	–0,02	–0,02	–0,02	–0,02	–0,02	–0,02	–0,02	–0,02
V	–0,20	–0,20	–0,20	–0,20	–0,20	–0,20	–0,20	–0,20	–0,20	–0,20	–0,20
M	0,32	0,25	0,19	0,12	0,06	–0,01	–0,07	–0,14	–0,20	–0,26	–0,33
4 N	0,03	0,03	0,03	0,03	0,03	0,03	0,03	0,03	0,03	0,03	0,03
V	–0,33	–0,33	–0,33	–0,33	–0,33	–0,33	–0,33	–0,33	–0,33	–0,33	–0,33
M	0,49	0,40	0,31	0,22	0,14	0,05	–0,04	–0,13	–0,22	–0,31	–0,40
5 N	–0,01	–0,01	–0,01	–0,01	–0,01	–0,01	–0,01	–0,01	–0,01	–0,01	–0,01
V	–0,28	–0,28	–0,28	–0,28	–0,28	–0,28	–0,28	–0,28	–0,28	–0,28	–0,28
M	0,38	0,30	0,22	0,13	0,05	–0,03	–0,11	–0,20	–0,28	–0,36	–0,44
6 N	–0,02	–0,02	–0,02	–0,02	–0,02	–0,02	–0,02	–0,02	–0,02	–0,02	–0,02
V	–0,30	–0,30	–0,30	–0,30	–0,30	–0,30	–0,30	–0,30	–0,30	–0,30	–0,30
M	0,46	0,37	0,27	0,18	0,08	–0,01	–0,11	–0,20	–0,29	–0,39	–0,48
7 N	0,00	0,00	0,00	0,00	0,00	0,00	0,00	0,00	0,00	0,00	0,00
V	–0,35	–0,35	–0,35	–0,35	–0,35	–0,35	–0,35	–0,35	–0,35	–0,35	–0,35
M	0,51	0,42	0,33	0,23	0,14	0,05	–0,04	–0,14	–0,23	–0,32	–0,42
8 N	0,00	0,00	0,00	0,00	0,00	0,00	0,00	0,00	0,00	0,00	0,00
V	–0,31	–0,31	–0,31	–0,31	–0,31	–0,31	–0,31	–0,31	–0,31	–0,31	–0,31
M	0,43	0,33	0,24	0,15	0,06	–0,03	–0,12	–0,21	–0,31	–0,40	–0,49

Pórtico 2

Recalques de apoio – carregamento 1

Sequência	Ponto	Deslocamento X	Deslocamento Y	Rotação Z
1	1	0,00000	0,00000	0,00000
2	2	0,00000	0,00000	0,00000
3	3	0,00000	0,00000	0,00000

Cargas nodais – carregamento 1 (cargas dos nós da estrutura)

Sequência	Ponto	Reação FX	Reação FY	Reação HZ
1	37	1.000	0,000	0,000

Deslocamentos nodais – carregamento 1 (deslocamentos dos nós das estruturas)

Ponto	Deslocamento X	Deslocamento Y	Rotação Z
1	0,00000	0,00000	–0,00000
2	0,00000	–0,00000	–0,00000
3	0,00000	–0,00000	–0,00000
4	0,00002	0,00000	–0,00002
5	0,00002	0,00000	–0,00002
6	0,00002	–0,00001	–0,00002
7	0,00010	0,00000	–0,00004
8	0,00010	–0,00000	–0,00004
9	0,00010	–0,00002	–0,00004
10	0,00024	0,00000	–0,00006
11	0,00024	–0,00001	–0,00006
12	0,00024	–0,00003	–0,00006
13	0,00044	0,00000	–0,00008
14	0,00044	–0,00001	–0,00007
15	0,00044	–0,00004	–0,00007
16	0,00068	0,00000	–0,00009
17	0,00068	–0,00001	–0,00009
18	0,00068	–0,00005	–0,00009
19	0,00096	0,00000	–0,00010
20	0,00096	–0,00000	–0,00010
21	0,00096	–0,00005	–0,00010
22	0,00128	0,00000	–0,00011
23	0,00128	–0,00001	–0,00011
24	0,00128	–0,00006	–0,00011
25	0,00162	0,00000	–0,00012
26	0,00162	–0,00001	–0,00012
27	0,00162	–0,00007	–0,00012
28	0,00199	0,00000	–0,00013
29	0,00199	–0,00001	–0,00013
30	0,00199	–0,00007	–0,00012
31	0,00237	0,00000	–0,00013
32	0,00237	–0,00002	–0,00013
33	0,00237	–0,00008	–0,00013
34	0,00276	0,00000	–0,00014
35	0,00276	–0,00002	–0,00013
36	0,00276	–0,00008	–0,00013
37	0,00316	0,00000	–0,00014
38	0,00316	–0,00002	–0,00013
39	0,00316	–0,00008	–0,00012

Reações de apoio – carregamento 1

Ponto	Reação FX	Reação FY	Reação HZ
1	–0,94	–1,93	23,03
2	–0,05	0,50	0,46
3	–0,02	1,46	0,08
Soma	–1,00	0,00	23.58

Cálculo da rigidez equivalente ao pórtico 1 = pórtico 3

$f = 0{,}01401$ m (nó 49)

$$f = \frac{F \cdot \ell^3}{2E_c I_{eq}} \quad \begin{array}{l} \ell = 33{,}9 \text{ m} \\ E_c = 2.570.670 \text{ tf}/\text{m}^2 \\ F = 1 \text{ tf} \\ f = 0{,}01401 \text{ m} \end{array}$$

$$Ieq = \frac{1 \times 33{,}9^3}{3 \times 2.504.300 \times 0{,}01401} = 0{,}37 \text{ m}^4$$

Pórtico 2

$$f = 0{,}00316 \text{ m} \quad (\text{nó } 37)$$

$$Ieq = \frac{1 \times 33{,}9^3}{3 \times 2.504.300 \times 0{,}00316} = 1{,}64 \text{ m}^4$$

Reavaliação de $(\text{E.G.E.})_y$

Rigidez total $= 1{,}64 + 2 \times 0{,}37 = 2{,}38$ m^4

$$(\text{E.G.E.})_y = 33{,}9 \sqrt{\frac{1.752}{2.504.300 \times 2{,}38}} = 0{,}58 < 0{,}6 \quad (\text{O.K.})$$

Com a consideração do pórtico 1, do pórtico 2 e do pórtico 3, a estrutura já é considerada suficientemente contraventada (quase indeslocável).

Conclusões e comentários

$(E.G.E.)_x = 0,43 < 0,6$ (O.K.)

Só o pilar da caixa dos elevadores P13 já é o suficiente para tornar a estrutura "indeslocável" na direção X.

$(E.G.E.)_y = 0,58 < 0,6$ (O.K.)

Com a consideração do conjunto de pórticos 1, 2 e 3, a estrutura do edifício pode ser considerada "indeslocável", também na direção Y.

Índice de esbeltez do pilar P13 nas direções x e y (pilar isolado)

$$\lambda_x = \frac{2 \times 33,9}{\sqrt{\dfrac{4,296}{2,21}}} = 48,62 > 25$$

$$\lambda_y = \frac{2 \times 33,9}{\sqrt{\dfrac{1,24}{2,21}}} = 90,51 >> 25$$

- Se o pilar P13 fosse realmente o único elemento de contraventamento, seria necessário considerar os efeitos globais de segunda ordem nas direções X e Y.
- Como existem os pórticos assegurando a indeslocabilidade da estrutura – sem falarmos do contraventamento dado pela alvenaria –, podemos admitir como desprezíveis, nas duas direções, os esforços de segunda ordem globais, ou seja, não é necessário fazer análise global de estabilidade.
  Os pilares entre dois andares consecutivos poderão ter momento de segunda ordem considerado, mas como pilares que pertencem a uma estrutura de pórtico indeslocável:

$$\ell e = \text{distância de eixo a eixo de vigas entre dois pisos.}$$

1.5 O VENTO E AS ESTRUTURAS – EFEITOS EM EDIFÍCIOS ALTOS E BAIXOS

O vento pode danificar estruturas, principalmente nas regiões abertas (campo, em colinas, perto do mar etc.). O estudo e a aplicação de técnicas, para controlar a ação dos ventos nas estruturas, foram publicados na norma NBR 6123.

No caso de estruturas convencionais de concreto armado de baixa altura, o objetivo deste livro, não é necessário considerar a ação dos ventos na estruturas.

Para edifícios baixos, de acordo com as boas práticas estruturais, a ação do vento deve ser considerada obrigatoriamente no caso de estrutura com nós deslocáveis, quando:

a) A relação altura total e menor largura do edifício é maior que 4;

b) Em uma dada direção o número de filas de pilares seja inferior a 4.

O canal de TV por assinatura Discovery exibiu uma reportagem muito benfeita sobre o efeito do vento numa estrutura toda especial em Nova York, EUA. Uma enorme e muito conhecida firma de equipamentos comprou um terreno para erigir uma majestosa sede administrativa, mas havia no terreno uma igreja que não podia ser destruída por razões históricas. Face a isso, o prédio teve que ter uma forma toda especial, com pequena base, que depois nos andares superiores se alargava como que cobrindo a igreja. Um formato "ousado", em linguagem popular.

Figura 1.13

Sabe-se que nos Estados Unidos ocorrem tufões. Para apoio do projeto estrutural, realizaram-se testes em túnel de vento: os efeitos com vento de frente, de traz e dos lados, e os resultados ajudaram no dimensionamento da estrutura de aço do prédio, estrutura que cobria a pequena igreja.

Pronto o prédio e totalmente ocupado, meses depois o projetista foi inquirido telefonicamente por uma pessoa, que perguntou se nos testes do túnel de vento o prédio tinha sido analisado para ventos de lado (vento de quina). Não tinha. Só por desencargo de consciência, refizeram os testes. Para surpresa geral, a estrutura, sofrendo ventos de lado, recebia novos esforços para os quais não tinha resistência adequada. Foi feita inspeção ao prédio e descobriram-se novos e outros problemas de não adequação do projeto na obra executada, como o uso de rebites em peças estratégicas previstas para serem soldadas. E como desgraça não vem sozinha, na época aproximava-se um tufão na região. A empresa dona do prédio enfrentou o problema e decidiu evacuar todo o prédio, antes da chegada da tormenta para fazer os reforços necessários. Tudo foi corrigido, e o prédio está hoje em uso normal.

Foi um ato de coragem esvaziar o prédio, assumindo o preço da crítica e o fato de colocar para o mundo a veracidade do ocorrido.

Às vezes, o vento pode levar telhados e trincar estruturas. Isso é mais comum no campo do que em áreas urbanas, pois no campo o vento sopra sem obstáculos.

Um dos autores deste livro acompanhou a construção de um sobrado de alto nível, em que o piso do andar superior seria de vigas de madeira de lei. A madeira estava demorando para chegar, e era esse piso que daria um nível mínimo de contraventamento na estrutura já fechada com paredes de alvenaria e com poucas paredes internas. Quando o vento soprava na estrutura da casa, que estava sem contraventamento, ela se deformava, por isso, a alvenaria trincou. Emergencialmente, foi projetada uma estrutura adicional de concreto armado, a fim de travar o quadrilátero das vigas.

Todo marceneiro sabe que em construção de painéis retangulares de peças de madeira, por mais que haja pregos nas junções, a estrutura tende a se modificar por falta de rigidez. Basta, entretanto, colocar pequenas tramelas inclinadas, ligando os lados do retângulo que a estrutura ganha rigidez.

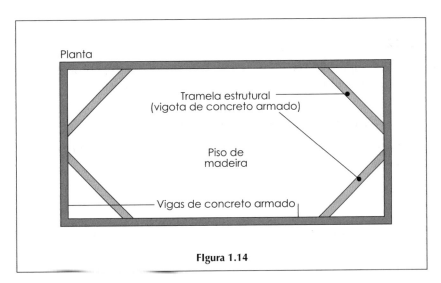

Figura 1.14

O princípio da rigidez do marceneiro foi usado no sobrado. Foram construídas pequenas vigas de concreto armado, ligando as vigas principais do retângulo estrutural sem rigidez.

Final feliz.

NOTA 10

Houve o caso de um prédio residencial de média altura (com cerca de doze andares) que caiu no Brasil e que uma comissão de peritos julgou o projeto e a execução da obra com problemas. Uma das causas da queda foi o fato de não ter sido estudada a questão dos ventos. Se tivesse sido estudada a ação dos ventos, as forças normais nos blocos de fundação seriam maiores do que as consideradas no projeto (sem vento). A ruína, sem aviso do prédio, aconteceu durante a noite e quando houve um surto de fortes ventos, o que agravou as condições críticas do prédio.

NOTA 11 – ÊNFASE

Quando se projeta um prédio, é razoável, ou melhor, é bastante recomendável amarrar suas partes menos rígidas a uma estrutura rígida como, por exemplo, a caixa de escadas.

NOTA 12

No caso de galpões (grande área e pequeno peso próprio), considerar a ação do vento é obrigatória. No estudo de ventos devemos considerar as definições a seguir.

Barlavento – lado da edificação que sofre o impacto do vento.

Sotavento – lado da edificação que não recebe o impacto do vento, podendo sofrer até sucção.

NOTA 13

Até os anos 1950, o efeito do vento nas estruturas prediais era feito por critérios da norma NB-5 (norma de cargas), usando para isso critérios extremamente simplificados, práticos e úteis. Posteriormente, o assunto vento foi retirado da norma de cargas, ganhando norma específica (NBR 6123).

Consideração do vento em edifícios altos

De acordo com a NB 1-78[1], item 3.1.1-3, a ação do vento deve ser obrigatoriamente considerada, no caso de estrutura com nós deslocáveis quando:

a) a relação altura total e menor largura do edifício é maior que 4;
b) ou numa dada direção, o número de filas de pilares seja inferior a 4.

No edifício em estudo (Figura 1.8), página 32 temos:

a) menor largura = 9,04 m

altura = 33,9 m

$$\frac{33,9}{9,22} = 3,67 < 4$$

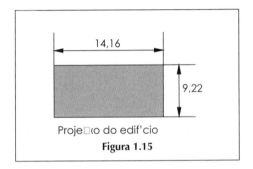

Figura 1.15

b) na direção do pórtico P1, P7, P12, P15, não temos 4 ou mais linhas de pilares. Então, devemos considerar o vento nesta direção:

largura nesta direção = 14,16 m

Forças devidas ao vento (NBR 6123)

Localização da obra: São Paulo, subúrbios densamente construídos de grandes cidades: terreno plano ou fracamente acidentado. (Categoria IV – Classe B.)

1. Pressão dinâmica (NBR 6123)

V_0 = 45 m/s
S_1 = 1,0 (fator topográfico)
S_2 = 0,85 (rugosidade 4) (classe B)
S_3 = 1,00 (fator estatístico)
$V_K = V_0 \times S_1 \times S_2 \times S_3 = 45 \times 1 \times 0,85 \times 1 = 38,25$ m/s
$q = 0,613 \, V_K^2 = 0,613 \times 38,25^2 = 896,85$ N/m²
$q = 89,68$ kgf/m²

---
[1] Substituída pela atual NBR 6118/2014, mas a velha norma é sempre respeitável.

2. Coeficiente de forma e de pressão

a = 14,16 m
b = 9,22 m
h = 33,9 m

$\dfrac{h}{b} = 3,67 \quad \dfrac{a}{b} = \dfrac{14,16}{9,22} = 1,53$

$\dfrac{a}{b} = 1,53 \quad \dfrac{h}{b} = 3,67$

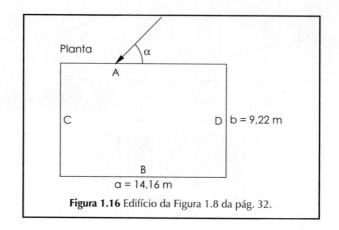

Figura 1.16 Edifício da Figura 1.8 da pág. 32.

TABELA 4 – NBR 6123									
α = 0°				α = 90°					c_{pl} médio
A1 e B1	B1 e B2	C	D	A	B	C1 e D1	C2 e D2		
–1,0	–0,6	+0,8	–0,6	0,8	–0,6	–0,1	–0,6	–1,2	

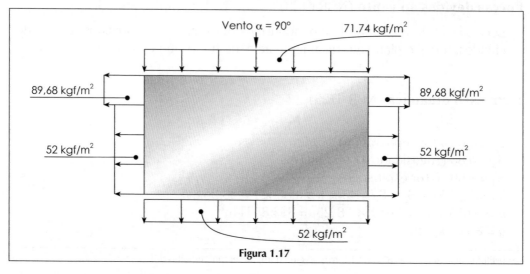

Figura 1.17

1 — ESTRUTURAÇÃO DO PROJETO

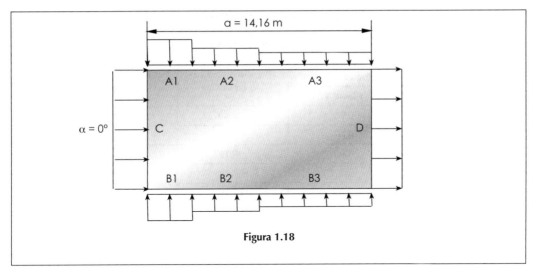

Figura 1.18

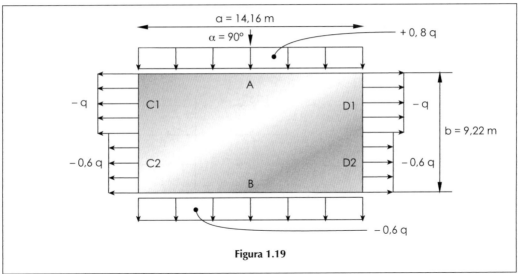

Figura 1.19

Vamos estudar, por exemplo $\alpha = 90°$: ($q = 89{,}68$ kgf/m^2)

$0{,}8q = 0{,}8 \cdot 89{,}68 = 71{,}74$ kgf/m^2
$q = 89{,}68$ kgf/m^2
$0{,}6q = 0{,}6 \cdot 89{,}68 = 52$ kgf/m^2

Variação da pressão dinâmica ao longo da altura

TABELA 2 – FATOR S2 – NBR 6123			
Altura (H cm)	Valores de S2 Rugosidade 4 Classe B	Pressão dinâmica q (kgf/m²)	Pressão total (1,4 q) (kgf/m²)
≤ 5	0,76	71,69	100,37
10	0,83	85,51	119,71
15	0,88	96,12	134.56
20	0,91	102,79	143,91
30	0,96	114,40	160,16
33,9	0,97	116,79	163,50

$V_q = V_0 \times S_1 \times S_2 \times S_3 = 45 \times 1 \times S_2 \times 1 = 45 \times S_2$

$q = 0{,}613\ Vk^2\ (\text{N/m}^2)$

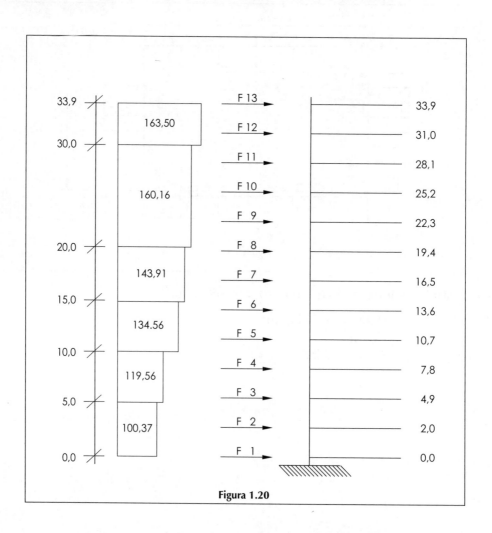

Figura 1.20

Cálculo dos esforços resultantes nos nós dos pórticos, por metro de largura
(distância entre andares 2,9 m)

$$F1 = \frac{100,37 \times 2}{2} = 100,37 \text{ kgf/m}^2$$

$$F2 = \frac{100,37 \times 2}{2} + \frac{100,37 \times 2,9}{2} = 245,90 \text{ kgf/m}^2$$

$$F3 = \frac{100,37 \times 2}{2} + \frac{115,56 \times 2,9}{2} = 318,89 \text{ kgf/m}^2$$

$$F4 = 119,56 \times 2,9 = 346,72 \text{ kgf/m}^2$$

$$F5 = \frac{134,56 \times 2,9}{2} + 0,7 \times 134,56 + 0,75 \times 119,56 = 378,97 \text{ kgf/m}^2$$

$$F6 = \frac{134,56 \times 2,9}{2} + 1,4 \times 134,56 + 0,05 \times 143,91 = 390,69 \text{ kgf/m}^2$$

$$F7 = 143,91 \times 2,9 = 417,33 \text{ kgf/m}^2$$

$$F8 = \frac{143,91 \times 2,9}{2} + 0,6 \times 143,91 + 0,85 \times 160,16 = 431,15 \text{ kgf/m}^2$$

$$F9 = 160,16 = 464,46 \text{ kgf/m}^2$$

$$F10 = 464,46 \text{ kgf/m}^2$$

$$F11 = 464,46 \text{ kgf/m}^2$$

$$F12 = 0,45 \times 160,16 + 1 \times 163,50 + 1,45 \times 163,50 = 472,64 \text{ kgf/m}^2$$

$$F13 = \frac{163,50 \times 2,9}{2} = 237,07 \text{ kgf/m}^2$$

Os pórticos 1, 2 e 3 deverão suportar todo o esforço do vento. A seguir, apresentamos a distribuição nos pórticos, por área de influência:

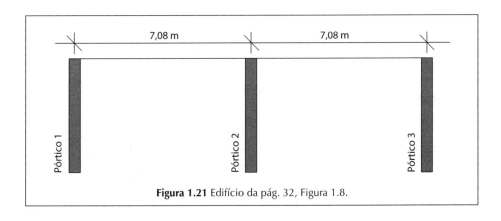

Figura 1.21 Edifício da pág. 32, Figura 1.8.

Cálculo da faixa de influência pela rigidez dos pórticos

$$I_1 = I_3 = 0,37 \text{ m}^4$$
$$I_2 = 1,64 \text{ m}^4$$

I_1 (pórtico 1)
I_3 (pórtico 3)
I_2 (pórtico 2)

$$I_{total} = 2 \times 0,37 + 1,64 = 2,38 \text{ m}^4$$
$$(F1)_1 = (F1)_3 = \frac{0,37}{2,38} \times 14,16 = 2,20 \text{ m}$$
$$(F1)_2 = \frac{1,64}{2,38} \times 14,16 = 9,75 \text{ m}$$

Largura equivalente que os pórticos suportam com o vento proporcional a sua rigidez.

pórtico 1

$$(F1)_1 = \frac{I_1}{I_t} \times \text{largura do prédio}$$

Influência pela rigidez dos pórticos

Forças	Vento/m	Pórtico1 = pórtico 3 (kgf)	Pórtico 2 (kgf)
F1	100,37	220,81	978,60
F2	245,90	540,98	2.397,52
F3	318,89	701,55	3.109,17
F4	346,72	762,78	3.380,52
F5	378,97	833,73	3.694,95
F6	390,69	859,51	3.809,22
F7	417,33	918,12	4.068,96
F8	431,15	948,57	4.203,71
F9	464,46	1.021,81	4.528,48
F10	464,46	1.021,81	4.528,48
F11	464,46	1.021,81	4.528,48
F12	472,64	1.039,80	4.608,24
F13	237,07	521,55	2.311,43
		vento × 2,2	**vento × 9,75**

Devemos dimensionar a estrutura para:

1) Vento + peso próprio
2) Vento + carga total

Como o vento pode atuar no sentido oposto, devemos considerar todos os momentos, cortantes e normais no dimensionamento das vigas e pilares com os valores de saída dos programas e também com os valores com sinal trocado. (usar o pior caso) e redimensionar as vigas e pilares.

CAPÍTULO 2

SELEÇÃO DE MATERIAIS E DE TÉCNICAS

2.1 TIPOS DE CIMENTO, COMO ESCOLHER

Vamos fazer um reconhecimento dos tipos de cimento existentes hoje no mercado brasileiro.

Todos os cimentos em estudo, são os chamados *cimento portland*, ou seja, uma mistura básica de *clinquer* e gesso. O *clinquer* é o produto que resulta da trituração e cozimento de uma mistura de pedra calcárea e produtos argilosos. Essa é a essência de tudo o que acontecerá daí para diante. A essa mistura chamada clinquer adiciona-se gesso para retardar sua ação de aglutinante (agromerante), quando umedecido. O cimento é o chamado *aglomerante hidráulico*, pois depende de água que adicionamos para atuar e fará duas coisas:

- transformará uma mistura seca em uma mistura colante;
- dará plasticidade à mistura, permitindo sua colocação em espaços bem confinados (apertados) (espaço entre as armaduras e armaduras e formas).

Se a água tem todas essas ações modificadoras e positivas no cimento, a adição exagerada de água faz com que a mistura plastificante perca parte de sua resistência ótima.

2.1.1 TIPOS DE CIMENTO

Pode-se adicionar ao *clinquer* e gesso vários outros produtos, resultando em vários tipos de cimento. Os produtos adicionados podem ser:

- calcáreo moído, mas não calcinado (não queimado);
- resíduos de alto forno siderúrgico;
- resíduos de cinzas de termoelétricas que, por terem características semelhantes a um material de origem vulcânica, são chamados de pozolana.

Com as adições geram-se os vários tipos de cimento *portland*.

Na prática, a existência de vários tipos de cimento não altera os critérios de dimensionamento de peças estruturais, e os tipos de cimento existem para contornar situações de agressividade do meio, ou por razões econômica de uso de produtos extras para baratear a produção do cimento.

Resistência, deformabilidade, formação de fissuras são aspectos que, pelo menos numa primeira abordagem em estruturas prediais, pouco têm a ver com o tipo de cimento a ser usado.

Velocidade de crescimento da resistência, resistência à ambientes agressivos, custo e durabilidade, esses critérios, sim, podem ser influenciados pelo tipo de cimento.

Nota-se que os números que se adicionam à abreviatura do cimento (25, 32 e 40) indicam os níveis de qualidade do cimento. É uma comparação cimento contra cimento. *Mesmo com cimento de menor classe pode-se produzir concreto de alta resistência*. É preciso observar que na resistência do concreto entram em cena vários fatores. Para testar facilmente a qualidade apenas do cimento, usam-se corpos de prova de argamassa (mistura de cimento, areia e água), que são levados para o rompimento em prensas. O teste da prensa é classificado como "rápido", pois do momento em que os corpos de prova são colocados na prensa até o momento que a prensa aplica uma tensão de compressão que destrói o corpo de prova, decorrem apenas alguns poucos minutos.

Assim, um cimento classe 32 é feito com a argamassa padrão fixada pela norma, o corpo de prova feito com essa argamassa deve romper com uma resistência de no mínimo 32 MPa (320 kgf/cm^2), 28 dias após ter sido moldado.

A escolha do tipo de cimento a ser usado depende:
- do tipo de obra;
- do preço;
- da disponibilidade no local.

Vejamos os tipos classes e siglas dos cimentos portland:

a) sigla E – adição de escória de alto-forno;
sigla Z – adição de material pozolânico;
sigla F – adição de material com filer (enchimento) carbonáceo.

b) cimento *portland* comum – sigla CP I – seria o cimento sem nenhuma adição. Não é facilmente encontrável;
cimento *portland* composto – sigla CP II – são os cimentos do dia a dia. Sempre tem algum tipo de adição;
cimento *portland* de alto-forno – sigla CP III – são cimentos com grande adição de material de alto-forno;
cimento *portland* pozolânico – sigla CP IV – são cimentos com grande adição de material pozolânico;
cimento *portland* de alta resistência inicial – CP V-ARI – devido ao fato de o clinquer ser altamente moído, suas reações de endurecimento são aceleradas.

Os cimentos CP III, CP IV e CP V têm características próprias e usos específicos.

c) há ainda os cimentos brancos estruturais e não estruturais (fixação de azulejos, por exemplo).

> **NOTA 1**
>
> Em janeiro de 2003, os cimentos mais comumente disponíveis nos pequenos depósitos de construção civil da cidade de São Paulo eram:
>
> CP - II - E - 32
> CP - II - F - 32
>
> O preço era de cerca de R$ 20,00 para o saco de 50 kg, preço à vista, lotes pequenos, sem transporte, e o dólar americano valia R$ 3,40.[1]

Roteiro de compreensão

Suponhamos que você tenha uma concreteira ou vai produzir concreto na obra e esteja numa cidade grande e que todos os tipos de cimento estejam disponíveis. O que varia de tipo para tipo, de classe para classe, é o preço. Engenharia e arquitetura têm de usar custos como ferramenta decisiva, nunca nos esqueçamos.

Vamos imaginar que você recebeu um pedido de cotação, acompanhado por uma detalhada especificação técnica do concreto a fornecer. Se a especificação técnica já impõe um tipo de cimento, por exemplo do tipo ARI, não há o que escolher do ponto de vista de tipo de cimento. Será o ARI. Numa outra hipótese, digamos que não há especificação de tipo de cimento. Aí é preciso afastar de vez o uso de cimentos especializados (CP III – Alto-forno, CP IV pozolânico, CP V ARI), pois cimento especializado *tende* a ser mais caro que cimento não especializado.

Logo, caímos nos tipos cimento I ou cimento II. É mais fácil encontrar cimento II que cimento I e, portanto, por leis de mercado, o cimento II deve ser mais barato que o cimento I. Como o cimento II tem mais material não cozido que o cimento I, há mais razões para o cimento II ser mais barato que o cimento I. Ficamos, pois, por razão de custo, com o cimento II.

Entre o cimento II, os de tipo E e F *costumam ser* mais comuns que o tipo Z. Logo, ficaremos com ou o CP II – E ou CP II – F.

Como escolher entre as classes 25 ou 32 ou 40 MPa, se o fck do cliente é fck = 30 MPa.

Acreditemos numa verdade: todas as classes de cimento podem produzir concreto com um dado fck. Seguramente, o cimento classe 25 é algo inferior ao da classe 32, e o da classe 32 é algo inferior ao da classe 40, mas todos podem produzir as resistências comuns do concreto. Mais uma vez, quem vai comandar a escolha vai ser custo[2]. Para produzir um fck = 30 MPa, vamos usar mais cimento classe 25 do que

---

[1] Em 3 de julho de 2018, a ABNT lançou a nova norma de cimentos, a NBR 16.697. Consulte sempre essa nova norma!
[2] Dizia o saudoso Prof. Eng. Eurico Cerruti: "Aula ou livro que não fala de custos, de alguma coisa pode ser, mas seguramente de engenharia não é..."

precisaríamos se usássemos o classe 32. Uma análise de consumo e custo, classe por classe, e usando para isso misturas experimentais e rigoroso estudo de consumos, nos indicará qual a classe de cimento mais econômico para nós da concreteira.

Na prática, é mais fácil encontrar no mercado para pequenas e médias compras o cimento classe 32. Logo, nossa escolha ficará centrada em cimentos das classes:

CP - II - E- 32 ou CP - II - F - 32.

2.2 ESCOLHA DO fck DO CONCRETO, A QUESTÃO DA RELAÇÃO ÁGUA/CIMENTO

Como sabemos, diz-se que uma massa de concreto tem um determinado valor fck (por exemplo, fck = 20 MPa), se dele forem tirados uma enorme quantidade de corpos de prova e, no máximo, 5% deles romper no teste da prensa (compressão), com valores inferiores ao fck fixado (no caso 20 MPa). Antes da simbologia fck (introduzido pela NB-1/78), a simbologia era σ_R, mas o conceito era o mesmo.

Entendamos o uso das letras que compõe a expressão fck:

f   vem do inglês e está relacionado com resistência,

c   é de concreto e

k   significa característico estatístico. (médio)

No mundo das normas de engenharia estrutural, toda vez que se usa k significa uma média estatística.

A nova norma NBR 6118 fixou o fck = 200 kgf/cm^2 (20 MPa) como o fck mínimo para ser usado como resistência estrutural. Concretos com fck inferiores só podem ser usados como concreto magro ou para enchimento. Para obras provisórias, como exceção, aceita-se até um concreto com fck = 15 MPa (item 8.2.1 da norma), pois as tensões nas fundações são baixas.

Chama-se concreto magro aquele que é usado para base ou camada de sacrifício. Exemplo: quando o concreto vai entrar em contato com o solo, o bom senso pede que se aplique a técnica de lançar antes uma camada de cerca de 5 a 10 cm de concreto magro.

Devemos nos lembrar que um concreto com maior fck, além da sua maior resistência, é menos permeável e, portanto, é mais durável e mais resistente às agressões. Quando se dimensiona uma estrutura convencional de concreto armado, a regra é fixar um único fck para lajes, vigas e pilares.

No caso de fundações em tubulões, situação em que o dimensionamento dos mesmos é governado pelas tensões limites do solo, costuma acontecer que as dimensões dos mesmos resultam enormes e com baixíssimas tensões de trabalho na estrutura de concreto armado. Aí pode-se trabalhar com fck menor que o fck do resto da estrutura. Por exemplo, o prédio é construído com fck = 25 MPa, e o tubulão com fck = 20 MPa (mínimo). Aliás, em tubulões pode-se usar, de forma controlada, até o procedimento de lançar na concretagem matacões de pedra (isso não está previsto na norma).

A razão de as normas tenderem a se usar fck maiores que os antigamente tradicionais fck = 150 ou 180 kgf/cm^2 está ligada, entre outras razões, à evolução da composição dos cimentos. Com a melhoria dos cimentos, é possível obter-se com altas relações água/cimento valores adequados de fck, mas que podem resultar em estruturas muito permeáveis e que tendem a ser menos duráveis.

Para se obter um concreto com um fck fixado pelo projetista da estrutura, podem ser usados os seguintes métodos:

- *dosagem experimental* – conhecendo-se os agregados graúdo, o miúdo e o tipo e marca do cimento, por determinação laboratorial fixa-se um traço (proporção) do agregado graúdo, agregado miúdo, cimento e água.

- *dosagem a partir de tabela de traços* – só para pequenas obras, parte-se de experiência anterior que está em livros e demais publicações. As mais conhecidas são as de Caldas Branco e Gildásio Silva.

A resistência do concreto é avaliada a partir de resultados obtidos em corpos de prova. Os corpos de prova são moldados com concreto fresco. Elas ficam as primeiras 24 horas no local da obra, em ambiente fresco, e sem sofrer ação direta do sol. Depois os corpos de prova são levados para laboratório, onde ficam mais 27 dias em uma câmara úmida. Em seguida, ou seja, depois de 28 dias de vida no total, os corpos de prova são rompidos em prensa. Então anota-se a força que gerou o esmagamento do corpo de prova. A tensão (força sobre área) do rompimento é a resistência do corpo de prova. A razão desses 28 dias é apenas de ordem prática. Como as concretagens são feitas em geral em dias úteis, com 28 dias de cura, o laboratório não terá que trabalhar aos domingos. Aliás, os prazos de controle de concretagem são, na maioria, sempre que possível, múltiplos de sete dias. A razão é sempre a mesma: não trabalhar aos domingos.

NOTA 2

Para evitar o uso irrealista de uma quantidade enorme de fck, estabeleceu- se o conceito de classe de resistência do concreto, ou seja, alguns valores padrões, que devem ser usados por projetistas e fabricantes de concreto de usina. São as classe do concreto.

Exemplo: fck = 250 kgf/cm^2 = concreto classe C 25.

As classes de concreto são (mudança com a NBR 6118/2014):

- menor que C 15 – concreto não estrutural (por exemplo, para concreto magro);
- C 15 – concreto só aceitável para obras provisórias;
- C 20 – mínima classe para estruturas de concreto armado, incluso fundações;
- C 25 e C 30 – para estruturas de concreto armado correntes;

NOTA 3

Os prédios de concreto armado, feitos na década de 1930-1940, tinham fck próximos a 10 MPa.

NOTA 4

Desde 2002 existe em São Paulo um edifício construído com fck de 125 MPa, ou seja, 1250 kgf/cm². Vê-se, assim, a evolução do uso do concreto.

Num anúncio da Associação Brasileira de Cimento Portland, vemos dados desse prédio:

fck = 125 MPa (1.250 kgf/cm²)
Construtora Tecnum
42 pavimentos
149 metros de altura do térreo à cobertura
52.000 m² de área construída

2.2.1 A QUESTÃO DA RELAÇÃO ÁGUA/CIMENTO

Quando se faz uma dosagem de concreto, tem-se em mira obter um concreto:

- com adequada resistência à compressão, expressa no fck;
- com durabilidade. Isso pode ser estimado pela sua resistência à penetração da umidade;
- moldável com facilidade, ou seja, que seja fácil de preencher os espaços da forma;
- de menor custo tecnicamente possível, condição básica da engenharia.

As dosagens de concreto fixam as proporções de agregado graúdo (pedras), agregado miúdo (areia), cimento e água.

Mostra a experiência que, aumentando um pouco o teor de água de uma mistura dos outros componentes, ganhamos na trabalhabilidade do concreto, *mas perdemos na resistência e na durabilidade*.

Há na obra uma tendência de se adicionar água em excesso, pois isso facilita o manuseio do concreto, pois ele tenderá facilmente a ocupar os espaços das formas, mas com as desvantagens citadas.

Diz-se, pois, que a resistência do concreto é função importante da relação água/cimento.

Quando se faz a dosagem do concreto na obra, temos de controlar as tendências aguaceiras dos mestres de obras, que adoram colocar mais água do que previsto no traço para dar maior trabalhabilidade à mistura e, com isso, acelerar as operações de lançamento e adensamento do concreto.

Quando se compra concreto usinado, temos de combater as mesmas tendências do mestre de obras.

2 — SELEÇÃO DE MATERIAIS E DE TÉCNICAS

Hoje, na compra ou especificação do concreto de uma obra, o certo é fixar-se:

fck $\mapsto$ define uma resistência;
slump $\mapsto$ define uma trabalhabilidade;
relação água/cimento $\mapsto$ para garantir durabilidade, limitar o máximo.
bombeamento do concreto $\mapsto$ opção construtiva.

Exemplo de especificação:

fck		20 MPa (200 kgf/cm^2)
slump (abatimento)	Exigência	5 ± 1 cm
relação água/cimento (a/c) (*)		0,58 kgf/kgf
bombeamento		não

(*) relação máxima

NOTA 5

Para mostrar a importância do uso de pouca água no concreto e a importância do adensamento, gerando obras que podem durar mais de cem anos, vamos transcrever relatório da obra de ponte ferroviária em arco na cidade de Socorro, SP. O relatório é de 1910, e o extraímos da obra *O concreto no Brasil,* do Dr. Augusto Carlos de Vasconcelos, página 14, 1985. A respeito da dosagem e aplicação do concreto:

"... feito com pedregulhos retirados do rio, com 250 kg de cimento por m^3, de traço !:3:6 e consistência *"farofa"*; foi lançado nas formas dos arcos de 15/40 cm em pequenos baldes e socado com um macete 'até lacrimejar'."

A consistência "farofa" do concreto indica visualmente a pouca utilização de água na mistura, e o "lacrimejo" significa que foi feita intensa vibração manual, até a pouquíssima água de mistura levemente aparecer.

Não é de surpreender que essa obra esteja inteira, e em pleno uso, quase cem anos depois...

2.3 CONCRETO FEITO NA OBRA OU CONCRETO USINADO?

O concreto estrutural pode ser misturado dos seguintes modos:

- Manualmente. Boa parte da população brasileira vive em casas em que o concreto estrutural foi misturado manualmente.

- Em betoneira fixa (estacionária) da obra.

- Nas centrais. Ou seja, pode ser comprado de cetrais de concreto e transportado por caminhão-betoneira, solução muito usada para obras de edificação de porte médio e grande a partir dos anos 1970.

Analisemos cada caso a seguir.

Concreto misturado manualmente – este só é aceitável para pequenas obras, pois a produção é limitada. A qualidade desse concreto preocupa, pois é difícil (mas não impossível) fazer seu controle. A realidade mostra, entretanto, por incrível que pareça talvez, que boa parte da população brasileira mora em simples edificações com estrutura de concreto armado, misturado manualmente.

Concreto misturado em betoneira fixa (denominada estacionária) – algumas construtoras, por razões econômicas ou por falta de concreteiras nas imediações, preferem produzir o concreto na própria obra. Se a dosagem do concreto for criteriosa, e com as devidas precauções, pode-se produzir um concreto correto. Lembremos que, até os anos 1970, quase todos os prédios existentes no País foram construídos com concreto produzido na obra. No prédio em que um dos autores neste exato momento escreve, o concreto foi produzido na obra em betoneira, e ele já morou em um sobrado cujo concreto foi misturado manualmente.

Concreto dosado em central – é a solução moderna e tende a dominar todo o mercado. A ABNT tem uma norma específica para essa solução tecnológica, que é a norma NBR 7212.

A especificação técnica da compra desse concreto, produzido na obra, determina:

- o fck que o concreto deve atender;
- sua plasticidade pela medida do *slump* do concreto;
- o limite da relação água/cimento.

Se o concreto é dosado em central, isso não significa que teremos de obrigatoriamente usar caminhões de concreto de terceiros. Em grandes obras, podemos ter concreto dosado em central dentro da obra. A central de concreto pode ser operada pela construtora ou terceirizada.

A maioria das centrais de concreto, que construíram nossas barragens hidrelétricas, foram de centrais de concreto das construtoras.

2.4 CONCRETO APARENTE, CONCRETO SEM REVESTIMENTO E CONCRETO COM REVESTIMENTO

Podemos dividir dos seguintes modos os tipos de concreto:
- armado a ser revestido (caso de obras prediais comuns);
- armado não revestido e sem exigências estéticas – por exemplo, de estruturas de pontes;
- armado aparente – que deve ter bela aparência.

Como produzir concreto aparente? Para isso, temos uma série de regras, cuidados dobrados e orientação especial da mão de obra.

- a grande chave é ter fôrmas de alta qualidade, por exemplo, plastificadas;

2 — SELEÇÃO DE MATERIAIS E DE TÉCNICAS

- em grandes obras onde o reúso justifique, deve-se optar pelas fôrmas de aço;
- obrigatoriamente deve-se usar desmoldante;
- o projeto das fôrmas deve ser tal que favoreça a desforma;
- as juntas de concretagem devem evitar a saída de argamassa;
- deve-se comprar concreto de maior trabalhabilidade (maior *slump*) evitando-se, assim, as bicheiras;
- o projeto arquitetônico deve excluir detalhes que dificultem a obra;
- se há juntas de concretagem, deve ser um elemento decorativo, integrado à solução estética da obra do concreto aparente.

Para termos um concreto aparente, é preciso trabalhar com concreto de maior trabalhabilidade, ou seja, com maior *slump*. Consegue-se isso, aumentando o teor de água na massa seca de componentes, ou seja, para manter o mesmo fck, adiciona-se mais água e mais cimento. Além disso, trabalha-se com pedras menores (brita 1), enquanto no concreto comum usa-se a brita 1 e a brita 2 misturadas.

Vejamos na revista *Construção Mercado*, edição de novembro de 2002, os preços de concreto de mesmo fck e diferentes *slump,* para analisar como a necessidade de trabalhar com concreto aparente resulta em concreto mais caro:

concreto fck 20 MPa – *slump* 5 cm brita 1 e brita 2 – preço por m^3 – R$ 139,51
concreto fck 20 MPa – *slump* 8 cm brita 1 – preço por m^3 – R$ 162,74

O fabricante de produtos químicos para a construção civil, Otto Baumgart, no seu *Manual Técnico Vedacit*, informa que existem dois produtos para desforma, um para concreto (comum) e outro para concreto aparente denominado Desmol®.

Diz o manual que o Desmol® forma uma fina camada oleosa entre o concreto e as formas, impedindo a aderência entre ambos e possibilitando grande reaproveitamento das formas. O Desmol® é indicado para concreto aparente em fôrmas de madeira e compensado comum ou resinado.

Usa-se Desmol® dissolvido em água, em proporções variadas, de acordo com o estado das fôrmas. Formas de madeira bruta exigem uma dissolução pequena em água, na proporção 1 parte de Desmol® para 10 partes de água. Fôrmas mais lisas como compensados permitem uma mistura de Desmol® para 25 partes de água. Cada reúso de uma fôrma exige, além da limpeza prévia, a aplicação do desmoldante. É necessário 1 litro de desmoldante para cerca de 100 a 200 m^2 de fôrmas.

Indicamos como referência as "Recomendações quanto à execução de concreto aparente" (Casos Bauer 019), que foram publicadas na revista Construção XXI n. 2266, em 15 de julho de 1991.

Vejamos, finalmente, como o famoso órgão paulista oficial de construções civis, o DOP[3], que já teve o engenheiro Euclides da Cunha entre seus funcionários, autor de *Os Sertões*, especifica como obter um concreto aparente.

---

[3] DOP, Departamento de Obras Públicas.

MANUAL DO DOP

DEPARTAMENTO DE OBRAS PÚBLICAS DO ESTADO DE SÃO PAULO

===== 1981 =====

CONCRETO APARENTE

Para execução do concreto aparente, além das normas já estabelecidas para o concreto armado comum, deverão ser observadas outras recomendações, face às suas características de material de acabamento:

a) As fôrmas deverão obedecer às especificações e detalhes contidos no projeto arquitetônico; sua confecção e escoramento contarão com projeto de execução previamente aprovado pelo departamento.

b) A superfície das fôrmas, em contato com o concreto aparente, deverá estar limpa e preparada com substância que impeça a aderência; as fôrmas deverão apresentar perfeito ajustamento, evitando saliências rebarbas e reentrâncias e produzindo superfícies de concreto com textura e aparência correspondentes à madeira de primeiro uso.

c) A armadura de aço terá o recobrimento recomendado pelo projeto, devendo ser apoiada nas fôrmas sobre calços de concreto pré-moldado. O recobrimento nunca poderá ser inferior a 2,5 cm.

d) O cimento a ser empregado será de uma só marca, e os agregados de uma única procedência, para evitar quaisquer variações de coloração ou textura.

e) As interrupções de concretagem deverão obedecer a um plano preestabelecido, a fim de que as emendas delas decorrentes não prejudiquem o aspecto arquitetônico.

f) A retirada das fôrmas será efetuada de modo a não danificar as superfícies do concreto, valendo os prazos mínimos já estabelecidos para concreto armado comum.

g) As eventuais falhas na superfície do concreto serão reparadas com argamassa de cimento e areia, procurando-se manter a mesma coloração e textura; será permitida, para isso, a adição de cimento branco à argamassa.

h) A amarração das fôrmas deverá ser efetuada por meio de ferros passantes em tubos plásticos ou através de orifícios deixados nos espaçadores de concreto. Os orifícios resultantes das amarrações deverão ser dispostos obedecendo a um alinhamento, tanto na horizontal como na vertical.

i) O consumo mínimo de cimento será de 350 Kg por m³; a granulometria do agregado graúdo deverá ser compatível com as dimensões das peças a serem concretadas.

2 — SELEÇÃO DE MATERIAIS E DE TÉCNICAS

Atualmente, o nome da entidade que substituiu o DOP é Companhia Paulista de Obras e Serviços - CPOS.

NOTA 6

O livro Acidentes estruturais na construção Civil vol. I, página 16, pondera:

"ou se evite o uso de concreto aparente nas regiões litorâneas, ou se tomem medidas especiais para evitar que a umidade e os ventos deteriorem o concreto".

NOTA 7

Em vários locais das estações do Metrô de São Paulo, onde o concreto é não revestido e não se espera dele que seja concreto aparente, foram usadas fôrmas de madeira crua, cheia de nós. Nesses nós havia uma resina que "carimbou" a imagem do nó no concreto. Uma informação valiosa para um futuro historiador da construção do metrô.

2.5 ESCOLHA DO AÇO, BITOLAS, TABELA-MÃE MÉTRICA

Os aços para concreto armado existentes no mercado nacional são:

CA-25 (A)	Dutilidade	Alta
CA-50 (A)		Alta
CA-60 (B)		Média

Entendamos como dutilidade, a capacidade de muito deformar antes de romper.

O aço CA-25 é para pequenas obras. Se não for feito o controle de sua qualidade de recebimento, o coeficiente de minoração de resistência deve ser multiplicado por 1,1, item 12.4.1 da norma[4]. Aços A permitem seu corte e solda a quente sem problemas. Pela norma (NBR 7480), não deve mais existir o aço CA-50 B. Mas hoje há fabricantes que ainda o produzem.

2.5.1 A DIFERENÇA ENTRE FIO E BARRA

Fio – é a denominação para peças de aço CA-60 de pequeno diâmetro (menor que 12 mm). O aço CA-60 é produzido por trefilação. Os aços CA-25 e CA-50 são produzidos por laminação à quente.

Barra é a denominação para peças de diâmetro superior a 5 mm.

Na falta de ensaios que mostrem o contrário, o módulo de elasticidade do aço é, para todas as características, igual a 210 GPa = 2100 tf/cm^2 = 2.100.000 kgf/cm^2 (1 GPa = 10.000 kgf/cm^2).

---

[4] Última linha da pg. 71 dessa norma.

2 — SELEÇÃO DE MATERIAIS E DE TÉCNICAS

Os aços têm sua classificação ligada à sua resistência à tração, que é igual à resistência à compressão. Na prática, a resistência à tração (fyk) é dividida pelo coeficiente de minoração de resistência e que vale 1,15. Daí resulta:

Tipo de aço	fyk (kgf/cm²)	fyd (kgf/cm²) = $\dfrac{fyk}{1,15}$
CA-25	2.500	2.170
CA-50	5.000	4.350
CA-60	6.000	5.220

Há uma tradição no mundo do concreto armado: só há controle de qualidade do concreto. O aço admite-se que atenda as normas. Vejamos, no entanto, um caso publicado na revista *Engenharia*, 2001, n.546, página 147. Uma obra teve complicações, e a construtora foi obrigada a fazer os reparos por conta própria. Algum tempo depois, o dono da construtora participou de um churrasco e notou que a churrasqueira improvisada fora construída com restos do aço da obra. Até aí nada demais, mas a churrasqueira depois de pouco mais de uma hora de uso começou a se deformar e a derreter, mostrando que não suportava temperaturas pouco superiores a 600°C, como as de uma precaríssima churrasqueira. Conclusão: o aço da obra tinha problemas...

A seguir, apresentamos a Tabela-Mãe Métrica, com as áreas da seção de fios e barras redondas.

Tabela-Mãe Métrica

Diâmetro	Diâmetro		Valores nominais para cálculo		Seção transversal das barras, cm²						
					Quantidade de fios ou barras						
	Fios (mm)	Barras (mm)	Peso (kgf/m)	Perímetro (cm)	1	2	3	4	5	6	7
1/8″	3,2	–	0,063	1,00	0,08	0,16	0,24	0,32	0,40	0,48	0,56
	4,0	–	0,10	1,25	0,125	0,25	0,375	0,50	0,625	0,75	0,875
3/16″	5,0	5,0	0,16	1,60	0,20	0,40	0,60	0,80	1,00	1,20	1,40
1/4″	6,3	6,3	0,25	2,00	0,315	0,63	0,945	1,26	1,575	1,89	2,205
5/16″	8,0	8,0	0,4	2,50	0,50	1,00	1,50	2,00	2,50	3,00	3,50
3/8″	10,0	10,0	0,63	3,15	0,80	1,60	2,40	3,20	4,00	4,80	5,60
1/2″	–	12,5	1,00	4,00	1,25	2,50	3,75	5,00	6,25	7,50	8,75
5/8″	–	16,0	1,60	5,00	2,00	4,00	6,00	8,00	10,00	12,00	14,00
3/4″	–	20,0	2,50	6,30	3,15	6,30	9,45	12,60	15,75	18,90	22,05
7/8″	–	22,02	3,05	6,97	3,88	7,76	11,64	15,52	19,40	23,28	27,16
1″	–	25,00	4,00	8,00	5,00	10,00	15,00	20,00	25,00	30,00	35,00
1 1/4″	–	32,00	6,30	10,00	8,00	16,00	24,00	32,00	40,00	48,00	56,00

2.6 JUNTAS DE DILATAÇÃO E JUNTAS DE RETRAÇÃO

Vejamos a seguir como são essas juntas.

2.6.1 JUNTAS DE DILATAÇÃO

São as que, ao sofrerem mudanças de temperatura em estrutura de concreto armado, permitem a deformação da estrutura sem causar impactos não previstos no cálculo. Por isso, há interesse e necessidade de se ter juntas de dilatação, que são dispositivos que permitem a acomodação da estrutura, diminuindo os esforços gerados pela dilatação da estrutura face à mudança da temperatura (ver revista *Techne* 19).

Nas juntas de dilatação, é comum colocar-se peça de plástico chamado de *mata junta*, fechando parcialmente o espaço, mas deixando que a junta trabalhe.

Na antiga Norma NB-1/78 há um texto pelo qual se podia concluir que há necessidade de juntas de dilatação para cada 30 m de estrutura contínua (ver item 3.1.1.4 – assunto Variação de temperatura). O texto era:

> *"Em peças permanentemente envolvidas por terra ou água e em edifícios que não tenham, em planta, dimensão não interrompida por junta de dilatação maior que 30 m, será dispensado o cálculo da influência da variação de temperatura."*[5]

Sugerimos consultar o *Manual da Vedacit* sobre juntas.

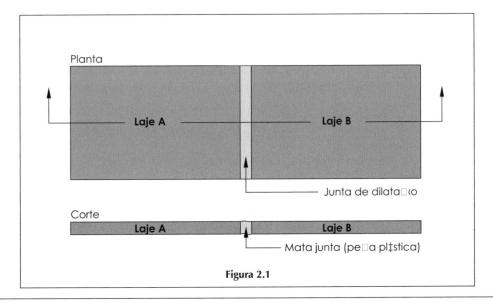

Figura 2.1

---

[5] Num importante metrô do Brasil essa recomendação é obedecida na laje de embarque.

Foto de uma junta de dilatação em um viaduto.

2.6.2 JUNTAS DE RETRAÇÃO

São aquelas usadas em lajes, paredes de maior espessura, onde a retração (perda de água do concreto com o tempo, causando redução das três dimensões e, principalmente, a dimensão de maior valor) pode atuar e deixar trincas. Evita-se isso, fazendo interrupções da concretagem principal, ou seja, deixando descontinuidades para o concreto poder se retrair (diminuir de volume). Depois de dias, concretam-se os trechos faltantes, com o velho concreto já retraído.

As juntas de retração são muito importantes quando existem peças de pouca rigidez ligadas à peças de grande rigidez.

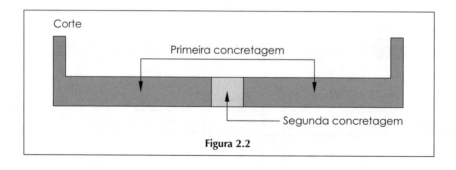

Figura 2.2

CAPÍTULO 3

PROCEDIMENTOS IMPORTANTES

3.1 NÚMEROS MÁGICOS E PRÁTICOS DE ANTEVISÃO E CONSUMO DE MATERIAIS DAS ESTRUTURAS DE CONCRETO ARMADO

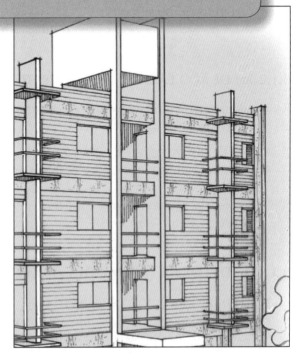

Este capítulo foi preparado principalmente a partir de dados coletados e cedidos por um colega, que trabalha em órgão público e que fiscaliza projetos. Esse colega solicitou anonimato.

A experiência crítica acumulada, pois há gente que acumula sem criticar, na engenharia, vai propiciando a criação de uma série de valores, números, índices, que permitem uma análise rápida e preliminar de soluções. Há também a crítica que alerta para soluções.

Vamos aos números e índices – números mágicos do mundo do concreto armado e como usá-los.

3.1.1 m^3 DE CONCRETO POR m^2 DE ÁREA CONSTRUÍDA

Para descobrir essa relação, introduzimos o conceito de espessura média, que é a relação entre o volume de concreto de toda a estrutura e a área construída. A espessura média seria a equivalente à de uma laje sobre a área construída:

- espessura média da superestrutura de um prédio com lajes, vigas e pilares 0,23 m;
- espessura média da superestrutura de um prédio com laje pré-moldada, vigas e pilares 0,13 m;
- espessura média da estrutura de fundação composta de sapata e baldrame 0,10 m;

- espessura média da estrutura da fundação composta de blocos e baldrame 0,045 m.

Assim, uma construção assobradada com 150 m^2 de construção terá um consumo de:

a) concreto da superestrutura $150 \times 23 \ = \ 34{,}5 \ m^3$
b) concreto da infraestrutura $150 \times 0{,}10 \ = \ 15 \ m^3$
$$total \ (a + b) = \ 49{,}5 \ m^3$$

3.1.2 kgf DE AÇO PARA m^3 DE CONCRETO

Esse índice mostra a relação entre o consumo de aço de concreto armado e o volume de concreto:

- 100 kgf/m^3 da superestrutura;
- 70 kgf/m^3 da fundação, se esta for de estaca e 40 kgf/m^3, se a fundação for de sapatas;
- Se houver interesse de se antever o consumo de aço por peça, então: pilares + vigas + lajes = 100 kgf/m^3.

3.1.3 m^2 DE FÔRMA PARA m^3 DE CONCRETO

- 12 m^2/m^3 concreto na superestrutura;
- 5,5 m^2/m^3 de concreto na infraestrutura, se for de blocos e baldrames;
- 7 m^2/m^3 de concreto na infraestrutura, se for de sapatas e baldrames.

3.1.4 CONSUMO DE ARAME N.18 RECOZIDO PARA ARMADURAS E SERVIÇOS GERAIS DE OBRA

0,02 kgf de arame n.18 recozido, por kgf de aço da armadura prevista.

3.1.5 PRODUÇÃO DE CONCRETO

- concreto usinado – cada caminhão-betoneira transporta de 5 a 10 m^3 de concreto;
- concreto feito na obra – por dia consegue-se, no máximo, com uma betoneira cerca de 16 viradas. As betoneiras pequenas têm 240 litros de capacidade de produção por virada, e as betoneiras maiores têm 400 litros de capacidade. Logo, a produção diária máxima de uma betoneira pequena é (no máximo) de cerca de 4 m^3 e a produção diária máxima de uma betoneira grande é de 5,6 m^3;
- uma edificação com cerca de 50 m^3 de concreto exigirá cerca de dez dias de concretagem, prazo que dificilmente se faz de maneira contínua, ou seja, o período que a betoneira deverá estar na obra é muito maior.

3.1.6 PREÇO DE CONCRETO ARMADO

Considerando o concreto armado pronto: fôrma, armadura e mão de obra por R$ 800,00, em maio/98 – preço que a construtora paga para ter isso na obra. Para venda ao cliente, incluir o BDI, isto é, as despesas indiretas e a margem de lucro (benefício).

Havendo interesse, podemos quebrar essa previsão de custo:
* concreto no canteiro – R$ 150,00/m^3;
* armadura – R$ 200,00/m^3;
* mão de obra – R$ 150,00/m^3;
* fôrmas – R$ 300,00/m^3;

3.1.7 ALVENARIA

Em prédios públicos, tem-se encontrado a seguinte relação: a área de alvenaria corresponde ao total da área construída.

3.1.8 EXEMPLO NUMÉRICO

Para tornar mais didático o uso desses números mágicos, vamos a um exemplo. Seja o prédio Jaú, nosso modelo didático, que tem quatro pisos, um piso térreo e três pisos de apartamentos, cada piso com 180 m^2, A área construída do prédio é de $3 \times 180 = 540$ m^2.

Para saber o volume da superestrutura (lajes, vigas e pilares), se as lajes forem maciças, o volume previsto será, então:

$$540 \text{ m}^2 \times 0{,}23 \text{ m} = 125 \text{ m}^3$$

Se o prédio usar lajes pré-moldadas, a estimativa do volume de concreto da superestrutura será:

$$540 \text{ m}^2 \times 0{,}13 \text{ m} = 70{,}2 \text{ m}^3$$

Para saber o volume de concreto armado da infraestrutura e admitindo-se que esta será construída com sapatas e baldrames, então:

$$540 \text{ m}^2 \times 0{,}10 \text{ m} = 54 \text{ m}^3 \text{ de concreto armado}$$

Cálculo de fôrmas:

Superestrutura

Admitindo-se que o volume de concreto da superestrutura seja de 125 m^3, a estimativa de fôrmas será de:

$$12 \text{ m}^2 \text{ de fôrma para } 1 \text{ m}^3 \text{ de concreto}$$
$$125 \text{ m}^3 \times 12 = 1.500 \text{ m}^2 \text{ de área de fôrma}$$

Infraestrutura

$54 \text{ m}^3 \times 7 = 378 \text{ m}^2$, se a fundação for com sapatas e baldrames

$54 \text{ m}^3 \times 5,5 = 297 \text{ m}^2$, se a fundação for com estacas e baldrames

Aço

A quantidade de aço dessa obra:

superestrutura – 125 m^3

aço – $100 \times 125 \text{ m}^3 = 12.500 \text{ kgf} = 12,5 \text{ t}_f$

infraestrutura – 54 m^3

aço $40 \times 54 = 2.160 \text{ kgf} \cong 2 \text{ t}_f$

A estimativa total de aço vale $12,5 + 2 = 14,5 \text{ t}_f$. Como complemento de uso, a estimativa de consumo de arame é de 0,02 kgf por kgf de aço. Isso resulta em:

$14.500 \times 0,02 = 290 \text{ kgf}.$

Um dos autores deste livro, que recebeu do colega esses dados, assistiu a uma cena típica do uso desses índices. Um orçamento chegou às mãos desse colega, como perito desempatador, pois uma firma construtora reclamava que o orçamento de uma obra, feito por terceiros, subestimava o volume necessário de concreto. Bastou o colega verificar que a obra, sendo de concreto armado com lajes maciças, não podia ter uma espessura média geral de 15 cm. Havia um erro na estimativa de concreto. Foi refeito o orçamento e detectou-se que tinha erro de passagem de dados. Esqueceram de considerar no orçamento importante parte da obra de concreto. Usando os índices, nosso colega detectou o erro em cerca de quinze minutos de trabalho e vinte anos de experiência.

3.2 PLANOS E JUNTAS DE CONCRETAGEM

Dificilmente uma obra de concreto armado pode ser concretada de uma só vez. A regra é fazer a concretagem por etapas. Somente obras muito pequenas podem ser concretadas de uma só vez, como o caso da concretagem de todas as lajes, vigas e pilares de um sobrado popular com cerca de 100 m^2. Para edifícios maiores, há necessidade de concretar por etapas. Cada etapa é um plano de concretagem. Haverá, portanto, concretagens feitas num dia e concretagens feitas dias depois.

Claro que a concretagem de grandes volumes, como a concretagem de maciços de barragens, pode ser feita de fôrma contínua, às vezes 24 horas por dia.

Para as estruturas prediais, por exemplo, em edifícios médios, o normal é um lance de concreto mais antigo receber depois de alguns dias um novo lance de concreto. É necessário estudar como separar os vários lances, ou seja, analisar os planos de concretagem.

A primeira questão é: onde parar cada lance de concretagem? Manda a boa técnica que não se deve, a não ser em casos excepcionais, separar por lances peças em flexão. Logo, não devemos parar a concretagem no meio em lajes ou vigas.

3 — PROCEDIMENTOS IMPORTANTES

NOTA 1

Deve-se parar a concretagem nas peças em compressão nos pilares, nas quais o esforço principal é normal à superfície (compressão).

Os pontos de ligação de duas concretagens são as chamadas "juntas de concretagem", que merecem cuidado especial. Quando se vai lançar concreto novo sobre concreto já endurecido, dias depois da concretagem anterior, deve-se limpar previamente a junta, retirando a nata de concreto antigo que fica sobre a junta. Faz-se isso pois a superfície do topo do pilar tem muita água que subiu pelo concreto novo, e essa superfície mais fraca, face ao excesso de água, deve ser removida.

A junta preparada deve ter superfície bem irregular para dar o melhor atrito entre o concreto novo e o velho. Cabe ao projetista da estrutura propor as juntas de concretagem, sempre de acordo com o pessoal da obra.

NOTA 2

Na fase de projeto, para cada lance de concretagem, deve o projetista indicar o volume de concreto necessário para sua execução

Os planos de concretagem são parte inerente do projeto estrutural e, sua preparação deve estar contida no plano de trabalho contratado junto ao cliente.

Consulte-se a Norma NBR 6118/2014, item 21.6, p. 178:

"O projeto de execução de uma junta de concretagem deve indicar, de forma precisa, o local e a configuração de sua superfície.

Sempre que não for assegurada a aderência e a rugosidade entre o concreto novo e o existente, devem ser previstas armaduras de costura, devidamente ancoradas em regiões capazes de resistir a esforços de tração."

NOTA 3

No boletim "Tecnologia do Concreto Armado em Notícias" de março de 1999 nas páginas 12 e 13, há um artigo *Plano de Concretagem - controlando intervenientes* que lista uma série de cuidados e precauções para se tomar para evitar problemas nas concretagens. Sugerimos uma leitura atenta.

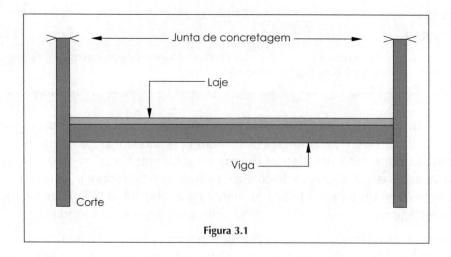

Figura 3.1

3.3 PARADAS NÃO PREVISTAS DE CONCRETAGEM

Como indicamos em outro capítulo deste livro, toda obra deve ter um plano de concretagem, indicando quais partes da obra serão concretadas por vez.

Acontece que, às vezes:

- falta energia elétrica na obra;
- gasta-se mais tempo que o previsto e tem-se que parar a concretagem;
- o concreto não foi preparado ou comprado corretamente e falta concreto na obra;
- e outros problemas.

Então ocorre uma parada não prevista de concretagem, e essa parada pode acontecer em qualquer parte da estrutura, por exemplo, nas partes submetidas à flexão como lajes e vigas.

Acontecendo a parada de concretagem, devemos:

- considerar a necessidade de reforçar o escoramento, para evitar flechas não previstas;
- ao retomar a concretagem, corrigidas as falhas que levaram à parada não prevista, deve-se limpar a junta de concretagem com água com muita velocidade (dita pressão) e picotar essa superfície de concreto;
- lançar concreto novo sobre a junta. Estudar a necessidade de aplicar um adesivo na junta não prevista;
- colocar barras de aço no concreto lançado nas fôrmas que servirão de amarração com a nova camada de concreto a ser lançada (armadura de costura).

> **NOTA 4**
>
> Se a parada não prevista de concretagem for de concreto aparente, a marca da junta poderá ficar sempre visível. Exigirá, para minorar o problema, uma lixação, raspagem e cuidados de reparos estéticos.

3.4 AS ÁGUAS DE CHUVA E AS ESTRUTURAS DE CONCRETO ARMADO

Se a umidade puder penetrar no concreto e o cobrimento da armadura assim o permitir, poderá haver oxidação dessa armadura, aumento de seu volume face à oxidação, surgimento de fissuras, mais entrada de umidade e assim o processo é progressivamente danoso.

Portanto, urge afastar a armadura do contato das águas de chuva, da água em geral e da umidade.

A luta contra a entrada de água e os seus efeitos deletérios podem ser propiciados com com os seguintes procedimentos:

- recobrimento adequado da armadura;
- revestimento adicional (emboço etc.);
- pintura externa;
- uso de concreto com baixa relação água/cimento;
- colocação de aditivo impermeabilizante na preparação do concreto;
- revestindo o concreto com películas impermeabilizantes;
- fazendo cura adequada do concreto.

Mas como afastar ao máximo a água do concreto?

- fazendo bons telhados;
- dando declividade às superfícies, para que a água escoe em direção ao seu descarte;
- fazendo buzinotes (tubos de saída) e ralos em áreas planas;
- instalando rufos;
- fazendo detalhes de fachadas que expulsem a água.

Os livros técnicos destacam que os prédios da velha arquitetura, com fachadas lotadas de ornatos, reentrâncias e detalhes, protegiam muito mais suas fachadas que a arquitetura moderna com suas fachadas limpas e sem detalhes.

OBSERVAÇÕES

Não é prático em grandes áreas de concreto expostas a chuvas dar declividade para que a água escoe. Temos, então, de buscar a água usando muitos ralos e grelhas com grandes extensões.

70   3 — PROCEDIMENTOS IMPORTANTES

O problema do recolhimento de águas de chuva gera mais um problema: como dispor das mesmas, sendo que o destino ideal dessa água é a condução enterrada até a sarjeta da rua. Nunca se deve jogar águas de chuva em redes sanitárias de esgotos.

Nas marquises, o problema da disposição das águas de chuva é essencial.

Ao preparar este livro, um dos autores observou uma marquise num pequeno prédio comercial, totalmente malconservada e com acúmulo de poeira, fezes de pássaros etc. O sistema de drenagem da marquise entupiu e, com isso, acumulou um tipo de terra na marquise. Além disso, com a umidade e esporos vegetais trazidos pelos ventos, surgiu uma vegetação nessa marquise.

Levando em conta que a sujeira segura a umidade e, com isso, a entrada de água nas fissuras superiores da marquise acelera-se atacando a armadura, que se acredita esteja na posição alta (ferro negativo). Com o tempo, a armadura pode não mais resistir. Como a marquise é uma peça isostática (vínculos estritamente necessários), se a armadura se romper, a marquise vem abaixo.

No caso da citada marquise, para recuperá-la, dever-se-ia fazer o seguinte:

- inspeção e plano de ataque;
- retirar a sujeira e a vegetação;
- limpar o sistema de drenagem;
- recuperar o concreto, eliminando ao máximo as fissuras;
- melhorar a drenagem;
- impermeabilizar a marquise;
- recomendar inspeção anual da marquise;
- verificar, usando sacos de areia (miniprova de carga) a resistência da marquise;
- ter coragem para recomendar a demolição da marquise, se for o caso.

Para trabalhar na reforma dessa marquise suspeita, é imprescindível contar com a correta aplicação das regras de segurança do trabalho.

3.5 IMPERMEABILIZAÇÃO DE ESTRUTURAS DE CONCRETO ARMADO

Em capítulo anterior, mostramos que cuidados com sistemas de impermeabilização não correspondem sempre ao que deles se espera. Neste item, vamos estudar com mais detalhes como proteger a estrutura de concreto pela melhoria de suas características, oriundas de seu método de produção.

A água é a grande inimiga das obras civis, incluindo aí alvenaria, madeiramento do telhado e pintura. A água também é inimiga do concreto armado, pois as estruturas de concreto armado, *em presença permanente da água*, podem sofrer ataque às suas armaduras.

3 — PROCEDIMENTOS IMPORTANTES

Para melhorar a resistência do concreto ao ataque da umidade, temos de ter os seguintes cuidados:

- trabalhar com concretos com baixa relação água/cimento, o que significa trabalhar com concretos de alto fck;
- com a posição das armaduras, para que estas durante a montagem não se aproximem das faces do concreto;
- colocar adequado recobrimento do concreto, usar produtos impermeabilizantes na superfície do concreto como vernizes, mantas etc.;
- usar, na preparação do concreto, produtos que incorporados ao concreto, como os hidrofugantes, obstruem os caminhos da água, aumentando a impermeabilização do concreto;
- fazer uma cura muito benfeita do concreto, pois a cura aumenta enormemente a capacidade de o concreto em evitar a penetração da umidade[1].

Esses cuidados devem ser tomados para obras:

- de reservatórios de água ou outros produtos;
- perto ou dentro do mar ou outros corpos de água.

Uma construtora que erigiu prédios residenciais na área litorânea teve de fazer custosas obras de reparos, devido ao descaso com o concreto quanto ao ambiente marinho. Ela cuidou da estrutura, mas ao fazer as sacadas, usou ornamentos pré-moldados de concreto armado com alta porosidade (alta relação água/cimento) e o ambiente hostil da praia atacou esses ornamentos.

Consultar a norma NBR 6118/2014 nos seus itens 7.2.1 e 7.2.2, p. 18.

> **NOTA 5**
>
> Às vezes, as pastilhas espaçadoras, feitas com argamassa nas obras, podem ser elementos que permitem que a umidade avance dentro do concreto e ataque a armadura. As pastilhas de argamassa devem ser feitas com pequena relação água/cimento.

Como referência, sugerimos a leitura da *Concretexto*, ano XV, n. 78, maio de 1993, na qual há o artigo "Impermeabilização – Como proteger o concreto das agressões do tempo". No livro *A técnica de edificar*, o engenheiro Walid Yázigi dá orientação sobre como produzir um bom concreto, que já nasça bastante impermeável, antes de sofrer ação de hidrofugadores.

" Para obtenção de concretos impermeáveis, usar traços com consumo de cimento superior a 300 kg/m³. O traço indicado é o de 350 kg/m³, obedecendo ao fator água/cimento inferior a 0,5. Poderá ser reduzido o fator A/C com o uso de plastificante, hidrofugando o sistema capilar restante

---

[1] Uma maneira de garantir a qualidade da cura do corpo de prova do concreto é a seguinte: quando um corpo de prova vai para laboratório esperar a chegada dos 28 dias, o local onde ele fica estocado deverá ter altíssima umidade (névoa permanente) para otimizar sua cura.

com pasta impermeabilizante (1% sobre o peso do cimento). É preciso adensar o concreto com o máximo cuidado, observando o recobrimento da ferragem (2,5 cm no mínimo). Dessa forma obter-se-á concreto com baixa absorção de água e grande resistência à corrosão."

> **NOTA 6**
>
> É constante o cuidado para que a umidade não suba pelas paredes. Paredes de barro ou de tijolos ou blocos são estruturas porosas que permitem que, pela capilaridade, a umidade do terreno suba pelas paredes. Nas casas de taipa, quando não existiam produtos industriais impermeabilizantes, ou faziam-se alicerces de pedra até fora do terreno ou se besuntavam os alicerces de alvenaria (por onde a umidade pode subir), envolvendo-os e usava-se para isso azeite de baleia.

A NBR 6118/2014, no seu item 7.4.2, p. 18, dá uma correspondência entre classes de agressividade e a relação água/cimento.

	Classe I	Classe II	Classe III	Classe IV
Relação água/cimento	≤ 0,65	≤ 0,60	≤ 0,55	≤ 0,45
Classe do concreto (fck, MPa)	≥ 20	≥ 25	≥ 30	≥ 40

Exemplos simples de classes:

classe I – lugar rural ou urbano seco;
classe II – local marinho mas sem contato com água;
classe III – banheiros;
classe IV – local muito úmido.

3.5.1 CURIOSIDADE TECNOLÓGICA

Local muito úmido é ótimo para a cura do concreto, tanto é que o corpo de prova é mantido em ambiente com névoa por 28 dias. Todavia, o ambiente úmido permanente por anos pode atacar a armadura do concreto armado. Logo, o que é bom para o concreto não é necessariamente bom para o concreto armado.

3.6 USANDO TELAS SOLDADAS

A tela soldada é um produto industrial composto de armadura cruzada de barras de aço. As informações que se seguem foram retiradas e adaptadas dos catálogos dos fabricantes desse produto. A norma assim define a malha soldada:

"É uma armadura pré-fabricada, formada por fios de aço longitudinais e transversais sobrepostos e soldados entre si em todos os pontos de cruzamento (nós), por corrente elétrica (caldeamento) formando malhas quadradas ou retangulares."

O projeto de uso das telas soldadas segue as rotinas gerais de uso de estruturas de concreto armado. A tela nada mais é do que uma pré-fabricação da armadura de aço da estrutura, com a vantagem de rapidez, maior controle de qualidade e todas as vantagem e características de produtos industrializados.

A malha de tela soldada pode ser usada para múltiplos fins entre os quais:

- fabricação de tubos de concreto armado;
- lajes;
- pisos;
- canal de escoamento de águas etc.

As telas soldadas são muito usadas em países mais desenvolvidos e em situações em que a padronização e pré-fabricação é a regra. Por exemplo, nos Estados Unidos, na construção de calçadas, o uso da tela soldada é regra geral. A péssima qualidade de nossas calçadas deveria ser um incentivo para o uso de telas soldadas. As telas são padronizadas, e podem ser fornecidas em rolos ou painéis, dependendo do diâmetro dos fios longitudinais.

Rolos – fios longitudinais de até 4,2 mm de diâmetro (inclusive).

Painéis – fios longitudinais acima de 4,2 mm.

Diâmetros padronizados. Aço CA-60 (o aço CA-60 só existe na classe B) – (mm)
3,0 - 3,4 - 4,2 - 4,5 - 5,0 - 5,6 - 6,0 - 7,1 - 8,0 - 9,0.

Os espaçamentos entre as barras são: 10, 15 e 30 cm.

Largura das telas: 2,45 m

Comprimento do rolo: 60 e 120 m, painel: 4,2 e 6,0 m.

Denomina-se franja a extremidade da tela após o último fio soldado.

A ABNT tem a NBR 7481 – Telas de aço soldadas para armaduras de concreto.

Referências:

Publicações do IBTS; Instituto Brasileiro de Telas Soldadas; "Telas soldadas – informações técnicas"; "Uso de telas soldadas na armação de lajes de concreto armado" de Anibal Knijnik; "Telas soldadas – Especificações Atualizadas". Disponível em: <www.ibts.org.br>.

Telas soldadas nervuradas para estuturas de concreto armado

Aço CA-60		Espaçamento entre fios (cm)		Diâmetro (mm)		Seções (cm/m)		Apresen-tação	Dimensões (m)		Peso	
Série	Designa-ção	Longitu-dinal	Transver-sal	Longitu-dinal	Transver-sal	Longitu-dinal	Transver-sal	Rolo/painel	Largura	Compri-mento	kg/m²	kg/peça
61	Q 61	15	15	3,4	3,4	0,61	0,61	Rolo	2,45	120,00	0,97	285,2
75	Q 75	15	15	3,8	3,8	0,75	0,75	Rolo	2,45	120,00	1,21	355,7
92	Q 92	15	15	4,2	4,2	0,92	0,92	Rolo	2,45	60,00	1,48	217,8
	Q 92	15	15	4,2	4,2	0,92	0,92	Painel	2,45	6,00	1,48	21,8
	T 92	30	15	4,2	4,2	0,46	0,92	Rolo	2,45	60,00	1,12	329,3
113	Q 113	10	10	3,8	3,8	1,13	1,13	Rolo	2,45	60,00	1,80	264,6
	L 113	10	30	3,8	3,8	1,13	0,38	Rolo	2,45	60,00	1,21	177,9
138	Q 138	10	10	4,2	4,2	1,38	1,38	Rolo	2,45	60,00	2,20	323,4
	Q 138	10	10	4,2	4,2	1,38	1,38	Painel	2,45	6,00	2,20	32,3
	R 138	10	15	4,2	4,2	1,38	0,92	Painel	2,45	6,00	1,83	26,9
	M 138	10	20	4,2	4,2	1,38	0,69	Painel	2,45	6,00	1,65	24,3
	L 138	10	30	4,2	4,2	1,38	0,46	Rolo	2,45	60,00	1,47	216,1
	T 138	30	10	4,2	4,2	0,46	1,38	Rolo	2,45	60,00	1,49	219,0
159	Q 159	10	10	4,5	4,5	1,59	1,59	Painel	2,45	6,00	2,52	37,0
	R 159	10	15	4,5	4,5	1,59	1,06	Painel	2,45	6,00	2,11	31,0
	M 159	10	20	4,5	4,5	1,59	0,79	Painel	2,45	6,00	1,90	27,9
	L 159	10	30	4,5	4,5	1,59	0,53	Painel	2,45	6,00	1,69	24,8
196	Q 196	10	10	5,0	5,0	1,96	1,96	Painel	2,45	6,00	3,11	45,7
	R 196	10	15	5,0	5,0	1,96	1,30	Painel	2,45	6,00	2,60	38,2
	M 196	10	20	5,0	5,0	1,96	0,98	Painel	2,45	6,00	2,34	34,4
	L 196	10	30	5,0	5,0	1,96	0,65	Painel	2,45	6,00	2,09	30,7
	T 196	30	10	5,0	5,0	0,65	1,96	Painel	2,45	6,00	2,11	31,0
246	Q 246	10	10	5,6	5,6	2,46	2,46	Painel	2,45	6,00	3,91	57,5
	R 246	10	15	5,6	5,6	2,46	1,64	Painel	2,45	6,00	3,26	47,9
	M 246	10	20	5,6	5,6	2,46	1,23	Painel	2,45	6,00	2,94	43,2
	L 246	10	30	5,6	5,6	2,46	0,82	Painel	2,45	6,00	2,62	38,5
	T 246	30	10	5,6	5,6	0,82	2,46	Painel	2,45	6,00	2,64	38,8
283	Q 283	10	10	6,0	6,0	2,83	2,83	Painel	2,45	6,00	4,48	65,9
	R 283	10	15	6,0	6,0	2,83	1,88	Painel	2,45	6,00	3,74	55,0
	M 283	10	20	6,0	60	2,83	1,41	Painel	2,45	6,00	3,37	49,5
	L 283	10	30	6,0	6,0	2,83	0,94	Painel	2,45	6,00	3,00	44,1
335	Q 335	15	15	8,0	8,0	3,35	3,35	Painel	2,45	6,00	5,37	78,9
	L 335	15	30	8,0	6,0	3,35	0,94	Painel	2,45	6,00	3,48	51,2
	T 335	30	15	6,0	8,0	0,94	3,35	Painel	2,45	6,00	3,45	50,7
396	Q 396	10	10	7,1	7,1	3,96	3,96	Painel	2,45	6,00	6,28	92,3
	L 396	10	30	7,1	6,0	3,96	0,94	Painel	2,45	6,00	3,91	57,5
503	Q 503	10	10	8,0	8,0	5,03	5,03	Painel	2,45	6,00	7,97	117,2
	L 503	10	30	8,0	6,0	5,03	0,94	Painel	2,45	6,00	4,77	70,1
	T 503	30	10	6,0	8,0	0,94	5,03	Painel	2,45	6,00	4,76	70,0
636	Q 636	10	10	9,0	9,0	6,36	6,36	Painel	2,45	6,00	10,09	148,3
	L 636	10	30	9,0	6,0	6,36	0,94	Painel	2,45	6,00	5,84	85,5
785	Q 785	10	10	10,0	10,0	7,85	7,85	Painel	2,45	6,00	12,46	183,2
	L 785	10	30	10,0	6,0	7,85	0,94	Painel	2,45	6,00	7,03	103,3
Aço Ca-50												
1227	LA 1227	10	30	12,5	7,1	12,27	1,32	Painel	2,45	6,00	10,87	159,8

A tela Q 61 é fabricada com arames lisos. A largura, como se vê, é padronizada.

3.7 EMBUTIDOS

Em projetos industriais e semindustriais, como hospitais, por exemplo, há uma quantidade grande de tubos, chumbadores, dispositivos e outros produtos e equipamentos que devem ficar imersos e amarrados à lajes, vigas e pilares.

Essas informações são enviadas ao projetista das estruturas, por meio de dezenas de desenhos A1 e A4 dos fabricantes dos equipamentos a usar. Como passar isso para a obra? Para isso, listar os desenhos dos fabricantes, não é suficiente, pois o construtor não recebe esses desenhos. A solução é usar desenhos específicos, que incorporam e organizam as informações para a obra. São os chamados desenhos de embutidos.

O fabricante de um equipamento avisa das características de seu equipamento e o tipo de chumbador recomendado. Cabe ao projetista da estrutura fazer com que os esforços do equipamento, transmitidos pelos chumbadores à estrutura, sejam absorvidos por esta sem problemas. Para mais detalhes, sugerimos que sejam consultados o item 13.2.6, p. 76 da norma NBR 6118/2014.

> **NOTA 7**
>
> No item 13.2.6, a norma 6118 fala que elementos estruturais não devem conter canalizações embutidas com pressões internas (do líquido, enfatiza-se) de 0,3 MPa. Canalizações de água com essa pressão equivalem a ter água com pressão de 30 metros de coluna de água. Lembrando:
>
> $$10 \text{ m.c.a.} = 1 \text{ kgf/cm}^2 = 0,1 \text{ MPa}.$$

Num desenho de um fabricante de embutidos, (Figura 3.2) para fixação de postes, veem-se os seus dados. Com esses dados, o projetista da estrutura deve criar as condições para não movimentar o poste.

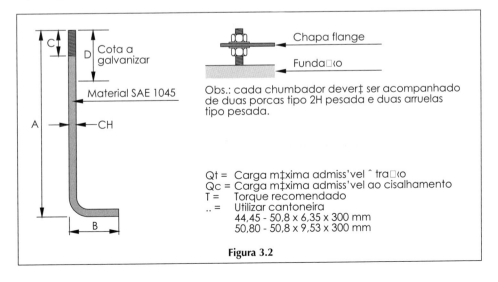

Figura 3.2

CH (mm)	CH (pol)	A (mm)	B (mm)	C (mm)	D (mm)	Qt (tf)	Qc (tf)	T (kgm)	AN (cm²)	Peso (kg)
12,70	1/2	368	60	80	150	1,77	1,01	9	0,78	0,50
15,88	5/8	420	80	80	150	2,77	1,58	13	1,31	0,92
19,05	3/4	550	110	100	180	3,99	2,28	19	1,96	1,75
22,23	7/8	640	110	120	180	5,43	3,10	25	2,72	2,70

3.8 TELHADOS E OUTRAS COBERTURAS DE PRÉDIOS E SUAS INFLUÊNCIAS NO PROJETO ESTRUTURAL

Há várias soluções possíveis em coberturas de edificações, e sua escolha deve ficar resolvida antes do início do projeto da estrutura de concreto armado.

Por exemplo, podem ser usados telhados com:

- telhas cerâmicas e estrutura de madeira;
- telhas de cimento-amianto, vulgo calhetões com estrutura de madeira aliviada;
- cobertura com laje de concreto armado com a devida impermeabilização e sistema de escoamento de águas pluviais.

As cargas tipo das estruturas de cobertura são:

- do telhado com telha cerâmica – inclui tesouras, caibros e ripas, além das telhas dando uma carga de 80 kgf/m²;
- do telhado com telhas de cimento-amianto com 6 mm de espessura e estrutura de madeira – 40 kgf/m².

As características do telhado, especialmente quanto ao posicionamento e vãos das tesouras e meias tesouras, determinarão as posições e valores das cargas concentradas que o telhado aplicará sobre a estrutura de concreto armado.

Se houver telhado e a cobertura for uma laje de concreto armado, isso exigirá uma impermeabilização com:

- argamassa de regularização;
- camadas de impermeabilização constituídas de feltro asfáltico ou mantas plásticas;
- camada de argamassa para proteção mecânica da impermeabilização.

Essas camadas contribuem com carga de projeto de até 100 kgf/m². Se além disso houver uma camada de brita para proteção de raios solares, essa carga deverá também ser estimada.

É preciso considerar também a carga acidental de 50 kgf/m² prevista pela Norma NBR 6120. Não é permitido que a construção do telhado gere esforços concentrados não previstos na estrutura. Deve-se distribuir esforços sobre as lajes e nunca esquecer de fazer adequada drenagem das águas de chuva.

Com o tempo, sempre alguma telha – de barro ou de cimento amianto – trinca. Se não for reposta, entrará alguma umidade que fará com que a estrutura de madeira de suporte comece a se defôrmar e depois apodrecer. Com isso, as telhas saem de sua posição e permitem a entrada de mais água. Rapidamente e num processo auto-acelerado, a estrutura do telhado começa a ceder, e a água a entrar no prédio com danos à pintura, danos à saúde etc. Um bom projeto predial começa com um bom projeto de telhados.

A Norma NBR 6118/2014 é bem cautelosa quanto ao efeito deletério do acúmulo não previsto de água. Devem ser observados os itens: 7.2.1 e 11.4.1.3.

> **NOTA 8**
>
> O maior inimigo das edificações é a entrada de umidade não prevista, que pode danificar o madeiramento do telhado e pinturas, além de criar um ambiente propício ao desenvolvimento de microrganismos, tornando o ambiente insalubre.

Combater a entrada de água é criar condições ótimas de preservação das edificações e melhorar sua utilização. Lajes de cobertura substituindo telhados, mesmo com impermeabilização, não são solução brilhante. Com o tempo, a impermeabilização se vai e o concreto deixa passar a água.

Tabela de dados de projeto para telhados			
Telha	Inclinação mínima	Quantidade por m^2	Peso em projeção $kg/m^{2(*)}$
Francesa	25%	24	90
Coloniais	25%	16	120
Fibrocimento	5%	–	30

(*) Incluso a armação de madeira.

3.9 MAIOR VÃO DE VIGA DE CONCRETO ARMADO

Segundo depoimento de colegas, na prática os maiores vãos de vigas de concreto armado giram em torno de 20 m, casos de edifícios comercias, galpões etc.

3.10 ARMADURA DE COSTURA (SUGESTÃO)

Quando temos uma junta de concretagem para se ter o melhor resultado da ligação concreto novo com o concreto velho, devemos deixar no concreto velho já imerso nesse concreto velho alguma armadura que se prolongará e deverá ficar também dentro do concreto novo. Sugestão: para as vigas deste livro 4Ø12,5 mm, 10 cm para cada trecho da concretagem.

Aqui, você faz suas anotações pessoais

CAPÍTULO 4

DIMENSIONAMENTO E EXECUÇÃO DO PROJETO

4.1 TABELAS DE DIMENSIONAMENTO DE VIGAS E LAJES, SEGUNDO A NORMA NBR 6118/2014

Os critérios de dimensionamento à flexão de lajes maciças e vigas, segundo a nova Norma NBR 6118/2014, seguem os critérios de dimensionamento da edição anterior dessa norma (1978) e têm os mesmos critérios da muito velha edição de 1960 dessa norma.

Permanecem, portanto, válidas as tabelas de dimensionamento muito usadas no Brasil e que adotam os coeficientes k_3, k_6 e k_x. Esses coeficientes foram usados e divulgados pelo saudoso engenheiro John Ulic Burke Jr., mestre de gerações de engenheiros estruturais, ao qual os autores deste livro prestam homenagem.

No campo específico de dimensionamento, a modificação foi exigir que o fck mínimo fosse de 20 MPa (200 kgf/cm^2).

Vamos, pois, apresentar essas tabelas com os fck, agora recomendados para estruturas de baixa altura, a saber fck de 20 MPa, 25 MPa e 30 MPa. A razão de se incluir também o fck de 15 MPa é o fato de a norma aceitar esse valor para o projeto de obras provisórias.

A razão de a nova norma não mais aceitar fck menores (a antiga Norma NB-1/78 aceitava até fck de 9 MPa) deve-se ao temor que estruturas com menor fck sejam menos duráveis.

4 — DIMENSIONAMENTO E EXECUÇÃO DO PROJETO

NOTA 1

As tabelas que se seguirão têm os coeficientes de segurança embutidos, ou seja, entramos com as condições de serviço (as que, teoricamente, podem numericamente ocorrer) e as tabelas já dão os resultados do dimensionamento.

Lembrando:

γ_c = fator de minoração da resistência do concreto = 1,4;
γ_s = fator de minoração da resistência do aço = 1,15;
γ_f = fator de majoração das ações = 1,4.

As unidades da tabela são bw (largura da viga ou da faixa de laje), d (altura útil da viga ou da laje) tudo em cm. A unidade do momento fletor é tcm.

Em casos de precárias condições de execução da obra, deve-se multiplicar o momento fletor Mk por 1,1 (acréscimo de 10%) (item 12.4.1 da norma - pg. 71).

NOTA 2

Utilizar nas tabelas de lajes e vigas o coeficiente k_6 acima do indicado significa que você está jogando dinheiro fora.

Não use também k_6 inferiores aos mostrados.

NOTA 3 – PERGUNTA DE UM LEITOR

"Qual a diferença entre fck e fcd do concreto?"

Resposta:

fck é a resistência que o concreto deve ter pronto e após 28 dias da concretagem. Depois de 28 dias a resistência fck aumenta, mas não é considerada. Quando dimensionamos a estrutura definimos o fck que a estrutura deverá ter. E no dimensionamento dividimos por segurança o fck pelo coeficiente de ponderação γ_m, que é sempre maior que 1. Da divisão resulta o fcd:

fcd = fck/γ_m. Ver também o item 12.3.1, pgs. 70 e 71 da NBR 6118/2014.

Passemos agora às tabelas de k_6, k_3 e k_x, coeficientes esses nossos muito conhecidos, desde o Volume 1 dessa coleção.

4 — DIMENSIONAMENTO E EXECUÇÃO DO PROJETO

Tabela de dimensionamento de lajes e vigas à flexão $k_x = \dfrac{x}{d}$				
fck = 150 kgf/cm² (15 MPa) $\quad k_6 = \dfrac{bw \times d^2}{Mk} \quad As = \dfrac{k_3 \times Mk}{d}$				
k_x	k_6	k_3 para aço		
		CA-25	CA-50	CA-60
0,02	968,5	0,649	0,325	0,270
0,04	488,2	0,654	0,327	0,273
0,06	328,1	0,660	0,330	0,275
0,08	248,1	0,665	0,333	0,277
0,10	200,2	0,671	0,335	0,280
0,12	168,2	0,676	0,338	0,282
0,14	145,4	0,682	0,341	0,284
0,16	128,3	0,688	0,344	0,287
0,18	115,0	0,694	0,347	0,289
0,20	104,4	0,700	0,350	0,292
0,22	95,1	0,706	0,353	0,294
0,24	88,57	0,712	0,356	0,297
0,26	82,48	0,719	0,359	0,299
0,28	77,28	0,725	0,363	0,302
0,30	72,79	0,732	0,366	0,305
0,32	68,86	0,739	0,369	0,308
0,34	65,41	0,745	0,373	0,311
0,36	62,36	0,752	0,376	0,313
0,38	59,63	0,759	0,380	0,316
0,40	57,19	0,767	0,383	0,319
0,42	54,99	0,774	0,387	0,323
0,44	53,00	0,782	0,391	0,326
0,46	51,19	0,789	0,395	
0,48	49,55	0,797	0,399	
0,49	48,78	0,801	0,400	
0,50	48,04	0,805	0,402	
0,52	46,66	0,810	0,407	
0,54	45,39	0,821	0,411	
0,56	44,22	0,830	0,415	
0,58	43,14	0,839	0,419	
0,60	42,14	0,847	0,424	
0,62	41,21	0,856	0,428	
0,63	40,78	0,861	0,434	
0,64	40,36	0,866		
0,66	39,56	0,875		
0,68	38,82	0,885		
0,70	38,13	0,894		
0,72	37,48	0,904		
0,73	37,18	0,910		
0,74	36,89	0,915		
0,76	36,33	0,925		
0,77	36,06	0,931		

h Ð Altura total
d Ð Altura œtil

Seção de viga

NOTA 4

Este fck = 15 MPa só é aceitável para obras provisórias. Para outras obras o fck deve ser igual ou superior a 20 MPa.

4 — DIMENSIONAMENTO E EXECUÇÃO DO PROJETO

Tabela de dimensionamento de lajes e vigas à flexão $k_x = \dfrac{x}{d}$

fck = 200 kgf/cm² (20 MPa) $\quad k_6 = \dfrac{bw \times d^2}{Mk} \quad As = \dfrac{k_3 \times Mk}{d}$

k_x	k_6	k_3 para aço		
		CA-25	**CA-50**	**CA-60**
0,02	726,4	0,649	0,325	0,270
0,04	366,2	0,654	0,327	0,273
0,06	246,1	0,660	0,330	0,275
0,08	186,1	0,665	0,333	0,277
0,10	150,1	0,671	0,335	0,280
0,12	126,2	0,676	0,338	0,282
0,14	109,1	0,682	0,341	0,284
0,16	96,23	0,688	0,344	0,287
0,18	86,28	0,694	0,347	0,289
0,20	78,32	0,700	0,350	0,292
0,22	71,83	0,706	0,353	0,294
0,24	60,43	0,712	0,356	0,297
0,26	61,86	0,719	0,359	0,299
0,28	57,96	0,725	0,363	0,302
0,30	54,59	0,732	0,366	0,305
0,32	51,65	0,739	0,369	0,308
0,34	49,06	0,745	0,373	0,311
0,36	46,77	0,752	0,376	0,313
0,38	44,72	0,759	0,380	0,316
0,40	42,89	0,767	0,383	0,319
0,42	41,24	0,774	0,387	0,323
0,44	39,75	0,782	0,391	0,326
0,46	38,39	0,789	0,395	
0,48	37,16	0,797	0,399	
0,49	36,58	0,801	0,400	
0,50	36,03	0,805	0,402	
0,52	34,99	0,810	0,407	
0,54	34,04	0,821	0,411	
0,56	33,16	0,830	0,415	
0,58	32,35	0,839	0,419	
0,60	31,60	0,847	0,424	
0,62	30,91	0,856	0,428	
0,63	30,58	0,861	0,434	
0,64	30,27	0,866		
0,66	29,67	0,875		
0,68	29,11	0,885		
0,70	28,59	0,894		
0,72	28,11	0,904		
0,73	27,88	0,910		
0,74	27,66	0,915		
0,76	27,25	0,925		
0,77	27,05	0,931		

h Ð Altura total
d Ð Altura œtil

Seção de viga

4 — DIMENSIONAMENTO E EXECUÇÃO DO PROJETO

Tabela de dimensionamento de lajes e vigas à flexão $k_x = \dfrac{x}{d}$				
fck = 250 kgf/cm^2 (25 MPa) $\quad k_6 = \dfrac{bw \times d^2}{Mk} \quad$ As $= \dfrac{k_3 \times Mk}{d}$				
k_x	k_6	k_3 para aço		
		CA-25	CA-50	CA-60
0,02	581,1	0,649	0,325	0,270
0,04	292,9	0,654	0,327	0,273
0,06	196,9	0,660	0,330	0,275
0,08	148,9	0,665	0,333	0,277
0,10	120,1	0,671	0,335	0,280
0,12	100,9	0,676	0,338	0,282
0,14	87,24	0,682	0,341	0,284
0,16	76,99	0,688	0,344	0,287
0,18	69,02	0,694	0,347	0,289
0,20	62,66	0,700	0,350	0,292
0,22	57,46	0,706	0,353	0,294
0,24	53,14	0,712	0,356	0,297
0,26	49,49	0,719	0,359	0,299
0,28	46,37	0,725	0,363	0,302
0,30	43,37	0,732	0,366	0,305
0,32	41,32	0,739	0,369	0,308
0,34	39,25	0,745	0,373	0,311
0,36	37,41	0,752	0,376	0,313
0,38	35,78	0,759	0,380	0,316
0,40	34,31	0,767	0,383	0,319
0,42	32,99	0,774	0,387	0,323
0,44	31,80	0,782	0,391	0,326
0,46	30,72	0,789	0,395	
0,48	29,73	0,797	0,399	
0,49	29,27	0,801	0,400	
0,50	28,82	0,805	0,402	
0,52	27,99	0,810	0,407	
0,54	27,23	0,821	0,411	
0,56	26,53	0,830	0,415	
0,58	25,88	0,839	0,419	
0,60	25,28	0,847	0,424	
0,62	24,73	0,856	0,428	
0,63	24,47	0,861	0,434	
0,64	24,21	0,866		
0,66	23,73	0,875		
0,68	23,73	0,885		
0,70	22,88	0,894		
0,72	22,49	0,904		
0,73	22,31	0,010		
0,74	22,13	0,915		
0,76	21,80	0,925		
0,77	21,64	0,931		

h Ð Altura total
d Ð Altura œtil

Seção de viga

4 — DIMENSIONAMENTO E EXECUÇÃO DO PROJETO

Tabela de dimensionamento de lajes e vigas à flexão $k_x = \dfrac{x}{d}$

$\text{fck} = 300 \text{ kgf/cm}^2 \ (30 \text{ MPa}) \quad k_6 = \dfrac{\text{bw} \times d^2}{\text{Mk}} \quad \text{As} = \dfrac{k_3 \times \text{Mk}}{d}$

k_x	k_6	k_3 para aço		
		CA-25	CA-50	CA-60
0,02	484,3	0,649	0,325	0,270
0,04	244,1	0,654	0,327	0,273
0,06	164,1	0,660	0,330	0,275
0,08	124,1	0,665	0,333	0,277
0,10	100,1	0,671	0,335	0,280
0,12	84,10	0,676	0,338	0,282
0,14	72,70	0,682	0,341	0,284
0,16	64,15	0,688	0,344	0,287
0,18	57,52	0,694	0,347	0,289
0,20	52,22	0,700	0,350	0,292
0,22	47,89	0,706	0,353	0,294
0,24	44,28	0,712	0,356	0,297
0,26	41,24	0,719	0,359	0,299
0,28	38,64	0,725	0,363	0,302
0,30	36,39	0,732	0,366	0,305
0,32	34,43	0,739	0,369	0,308
0,34	32,71	0,745	0,373	0,311
0,36	31,18	0,752	0,376	0,313
0,38	29,82	0,759	0,380	0,316
0,40	28,59	0,767	0,383	0,319
0,42	27,49	0,774	0,387	0,323
0,44	26,50	0,782	0,391	0,326
0,46	25,60	0,789	0,395	
0,48	24,77	0,797	0,399	
0,49	24,39	0,801	0,400	
0,50	24,02	0,805	0,402	
0,52	23,33	0,810	0,407	
0,54	22,69	0,821	0,411	
0,56	22,11	0,830	0,415	
0,58	21,57	0,839	0,419	
0,60	21,07	0,847	0,424	
0,62	20,61	0,856	0,428	
0,63	20,39	0,861	0,434	
0,64	20,18	0,866		
0,66	19,78	0,875		
0,68	19,41	0,885		
0,70	19,06	0,894		
0,72	18,74	0,904		
0,73	18,59	0,010		
0,74	18,44	0,915		
0,76	18,16	0,925		
0,77	18,03	0,931		

h Ð Altura total
d Ð Altura œtil

Se□‹o de viga

4 — DIMENSIONAMENTO E EXECUÇÃO DO PROJETO

4.2 DIMENSÕES GEOMÉTRICAS MÍNIMAS

A Norma 6118/2014, no seu item 13.2, p. 73, impõe como medidas mínimas:

- **Vigas**

  - largura mínima de 12 cm e, em casos especiais, chegando até 10 cm.

- **Vigas parede**

  - para grandes alturas de vigas, largura mínima de 15 cm.

- **Lajes maciças – espessuras (h)**

  a) 7 cm para lajes de cobertura não em balanço;

  b) 8 cm para lajes de piso não em balanço;

  c) 10 cm para lajes que suportem veículos de peso total menor ou igual a 30 kN (3.000 kgf);

  d) 10 cm para lajes em balanço;[1]

  e) 12 cm para lajes que suportem veículos com peso total maior que 30 kN (3.000 kgf).

  f) 15 cm para lajes com protensão apoiadas em vigas, $\ell/42$ para lajes de piso bi- -apoiadas e $\ell/50$ para lajes de piso contínuas.

  g) 16 cm para lajes lisas e 14 cm para lajes cogumelo.

NOTA 3

O peso padrão de uma pessoa é de 70 kgf, ou seja, 7 kN. Um carro lotado com cinco pessoas pesa, além de seu próprio peso, mais 5 x 70 = 350 kgf (3,5 kN).

- **Pilares**

  - a menor dimensão deve ser de 19 cm. Em casos especiais, pode-se chegar aos 14 cm, desde que seja usado um coeficiente de segurança adicional indicado pela norma, γn e a seção transversal não seja ínferior a 360 cm^2.

Tabela NBR 6118/2014 **item 13.2.3, p. 73**		a b		b menor dimensão do pilar (cm)	
Valores do coeficientes adicional γn					
b	14	15	16	17	18	≥19
γn	1,25	1,20	1,15	1,10	1,05	1

---

[1] Para lajes em balanço, considerar adicionalmente $\gamma n = 1,95 - 0,05\, h$ (item 13.2.4.1).

4.3 CÁLCULO DE LAJES MACIÇAS EM FORMATO "L"

Os livros técnicos, inclusive o *Concreto Armado, Eu te amo,* Volume 1, fornecem tabelas para o cálculo de lajes maciças retangulares com quatro apoios. Alguns livros dão tabelas para lajes com três apoios, lajes de formatos não retangulares como lajes circulares e lajes triangulares. Programas de computador calculam lajes dos formatos os mais diversos. Um tipo de laje muito comum, na arquitetura brasileira para prédios residenciais, é a laje em formato de L, ou sejam, dois retângulos contíguos. Vamos ver artifícios que permitem o cálculo desse tipo de laje, usando as tabelas de lajes retangulares com quatro apoios (Tabelas de Czerny, por exemplo).

Solução 1

Seja a laje maciça em formato de L ABCDEF com os "vértices virtuais" G e H, correspondentes aos prolongamentos CD e FC. Teríamos, então, as lajes retangulares AHEF e ABGD para as quais faltam os apoios HC e GC respectivamente.

Uma solução para o cálculo da laje em L ABCDEF é calcular as lajes AHEF e ABGD, como se existissem os trechos virtuais.

Na laje AHEF, a armadura principal vence o menor vão AH = EF, e temos uma armadura secundária que cobre os vãos AE = HF.

Na laje ABGD, a armadura principal vence o menor vão AG = BD.

O artifício está em desprezar as armaduras secundárias e prolongar as armaduras principais até as extremidades das lajes.

Solução 2

Criar vigas chatas ou em HC ou em GC. Digamos que criamos a viga chata HC. Então, calcularíamos as lajes retangulares AHEF e HCBD. A carga na viga chata seria a somatória das cargas transmitidas por AHEF e HBCD.

Exemplo

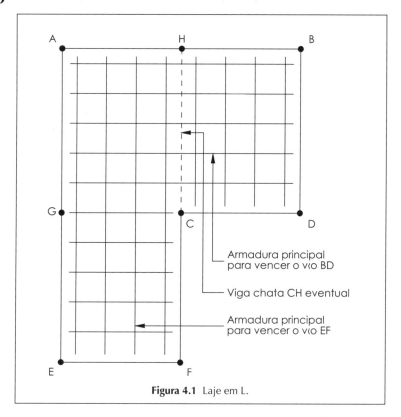

Figura 4.1 Laje em L.

4.4 APOIO INDIRETO

Nas vigas que se apoiam em outras vigas, a carga da viga apoiada chega à viga de suporte, sempre nas proximidades do banzo inferior da viga apoiada (Figura 4.2). Isto ocorre mesmo quando existem barras dobradas perto do apoio, por causa da maior rigidez das bielas de compressão.

A analogia da treliça indica, na Figura 4.3, a existência de um tirante V no cruzamento das vigas (I) apoiada no (II) suporte, mostrando a necessidade de uma *armadura de suspensão* para resistir ao esforço no tirante.

Armadura de suspensão
  a) a face inferior da viga apoiada está acima da face inferior da viga de apoio. (Figura 4.2 a 4.9)

$$A_{\text{susp}} = \frac{Rd}{fyd} \times \frac{a_{\text{I}}}{a_{\text{II}}} \qquad Rd = 1{,}4R$$

b) a face inferior da viga apoiada está abaixo da face inferior da viga suporte (Figura 4.10).

$$A_{susp_1} = \frac{Rd}{fyd} \qquad \text{Estribos T1}$$

$$A_{susp_{12}} = \frac{0,5Rd}{fyd} \qquad \text{Estribos T2, Figura 4.9}$$

A armadura de suspensão não precisa ser somada à armadura necessária para cortante. Devemos colocar a maior das duas (suspensão ou cortante).

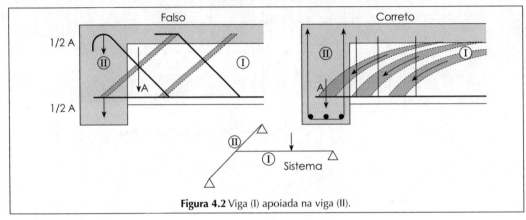

Figura 4.2 Viga (I) apoiada na viga (II).

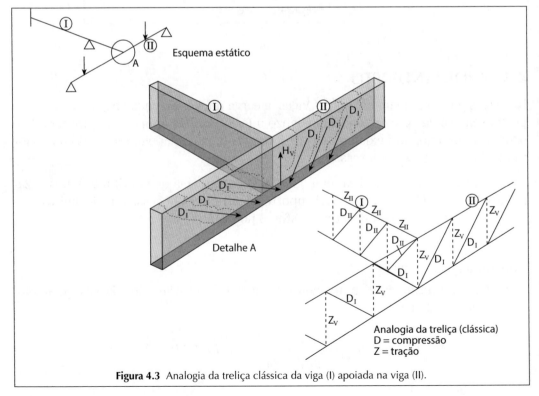

Figura 4.3 Analogia da treliça clássica da viga (I) apoiada na viga (II).

4 — DIMENSIONAMENTO E EXECUÇÃO DO PROJETO

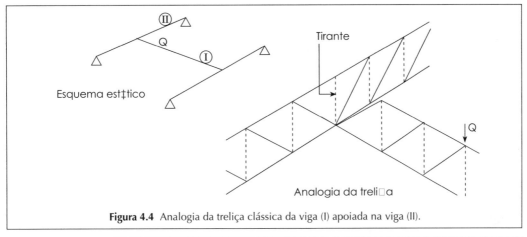

Figura 4.4 Analogia da treliça clássica da viga (I) apoiada na viga (II).

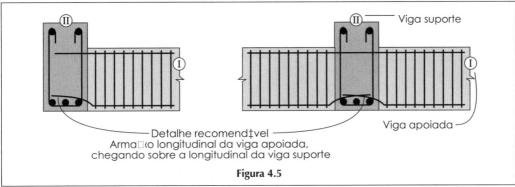

Figura 4.5

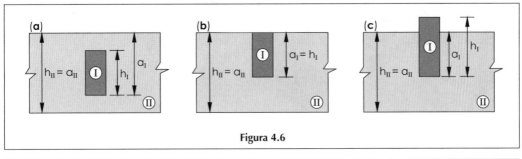

Figura 4.6

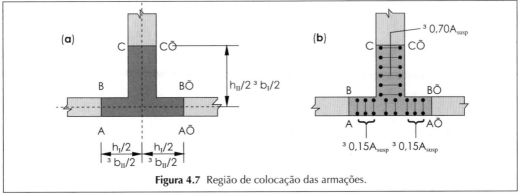

Figura 4.7 Região de colocação das armações.

90   4 — DIMENSIONAMENTO E EXECUÇÃO DO PROJETO

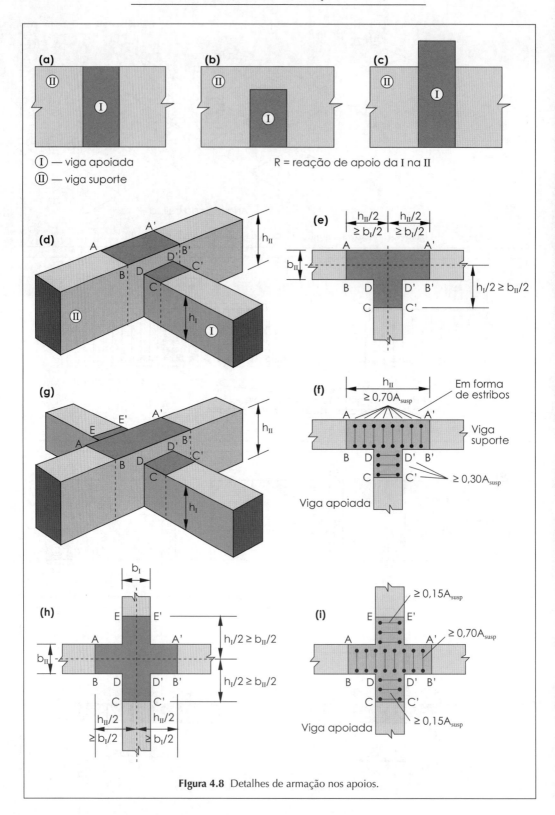

Figura 4.8 Detalhes de armação nos apoios.

4 — DIMENSIONAMENTO E EXECUÇÃO DO PROJETO

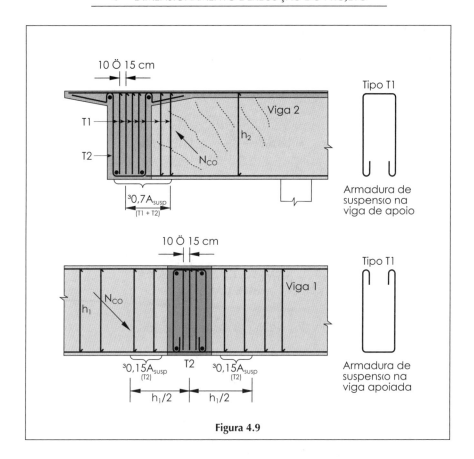

Figura 4.9

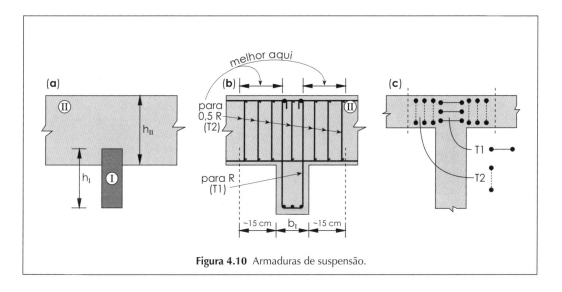

Figura 4.10 Armaduras de suspensão.

Armadura de extremidade dos balanços

Deve-se ancorar, na extremidade da viga, armadura longitudinal de área As_{ext} dada pela expressão:

Aço CA-50

$$As_{ext} = 18Rk\frac{\phi}{a+10\phi} \geq \begin{cases} As/3 \\ 0,24Rk \\ As_{min} \end{cases}$$

As (cm^2), Rk (tf)

Aço CA-25

$$As_{ext} = 36Rk\frac{\phi}{a+10\phi} \geq \begin{cases} As/3 \\ 0,48Rk \\ As_{min} \end{cases}$$

para $(a + c) < 10\,\phi$ alterar o valor de ϕ para que se tenha:

$$(a + c) \geq 10\,\phi$$

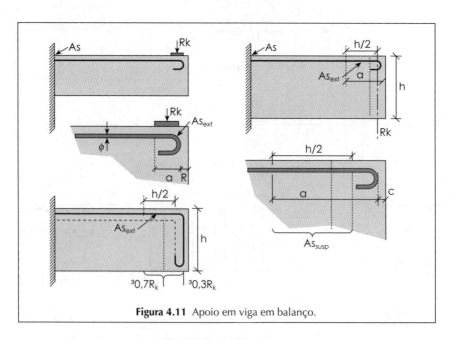

Figura 4.11 Apoio em viga em balanço.

- Para carga indireta, deve-se tomar para "a" o valor indicado na figura acima. Devemos lembrar que as cargas indiretas devem ser suspensas por estribos. No caso de barras longitudinais finas ($\phi \leq 12,5$ mm), não existe inconveniente de descer parte, ou todas as barras, até o nível inferior da viga que está sendo suspensa, desde que se suponha suspendido por este processo 30% de Rk.

Quando há laje superior (zona tracionada), uma parte de *As* obrigatoriamente deve ser colocada na laje, sendo constituída de barras finas ($\phi \leq hf/10$). Essas barras podem ser dobradas da laje para o interior da viga suspensa, terminando em gancho junto ao fundo da viga que transmite a carga *Rk* ao balanço.

Exemplo

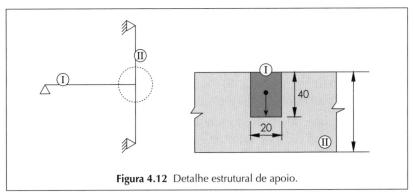

Figura 4.12 Detalhe estrutural de apoio.

esquema estático:

$$Rk = 100{,}37 \text{ tf}$$
$$Rd = 1{,}4 \times 20 = 28 \text{ tf}$$
$$fyd = \frac{5.000}{1{,}15} = 4.348 \text{ kgf/m}^2$$

$a_I = h_I = 40$ cm,
$a2 = h_{II} = 60$ cm.

$$A_{\text{susp}} = \frac{Rd}{fyd} \times \frac{a_I}{a_{II}} = \frac{28.000}{4.348} \times \frac{40}{60} = 4{,}30 \text{ cm}^2$$

$0{,}7 A_{\text{susp}} = 0{,}7 \times 4{,}30 = 3{,}01$ cm²   10 ϕ 6,3 mm (5 estribos de Ø6,3 mm)
$0{,}3 A_{\text{susp}} = 0{,}15 \times 4{,}30 = 1{,}30$ cm²   4 ϕ 6,3 mm (adotaremos mínimo de 3 estribos de Ø6,3 mm)

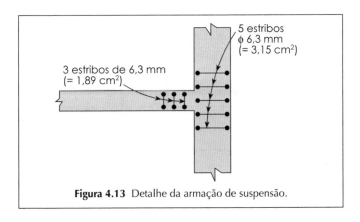

Figura 4.13 Detalhe da armação de suspensão.

4.5 CUIDADOS ESTRUTURAIS NA FASE DE PROJETO, QUANDO DA EXISTÊNCIA DE ELEVADORES EM PRÉDIOS RESIDENCIAIS DE PEQUENO PORTE

Esta coleção de livros *Concreto Armado, Eu Te Amo* destina-se ao ensino do projeto estrutural de prédios residenciais de até quatro pavimentos, prédios esses que não costumam ter elevadores. Pode acontecer, entretanto, que em algum caso específico apareça um prédio onde os mesmos sejam necessários. Como considerar isso no projeto estrutural desse prédio?

Cuidados:

1. Verifique o peso de cada conjunto motor-elevador e dispositivos complementares. Consultar o fornecedor do elevador e motor.
2. Procure fazer a laje de apoio do maquinário com uma espessura acima da espessura comum, no caso de não ter esse equipamento.
3. Procure fazer com que os elevadores fiquem o mais perto possível de vigas, para diminuir deformações nas lajes.
4. Coloque cada equipamento principal em cima de uma base que tenha o peso desse equipamento, para diminuir vibrações.
5. Entre o equipamento e a base coloque elemento bem deformável (grossa placa de borracha) para amortecer ao máximo as vibrações.
6. Calcule a laje de apoio, levando em conta o peso dos equipamentos e da base, podendo, em termos de cálculo, considerar esses pesos como uniformemente distribuídos sobre toda a laje em que ele se apoia.

O itens 2, 3, 4 e 5 têm o objetivo de diminuir ao máximo as vibrações da estrutura. Consultar as normas ABNT de elevadores. Entre elas: 10892; 12892; NM 313; 14364; 5666; NM 207.

Obs. NM – Norma Mercosul.

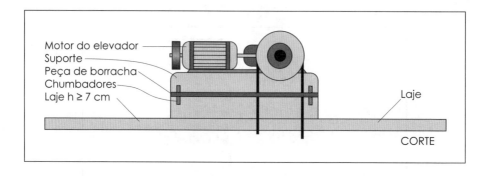

4.6 DISPOSITIVOS DE ANCORAGEM (GANCHOS) PARA MANUTENÇÃO DE FACHADA DE EDIFÍCIOS

Vejamos o que diz uma norma de segurança do Ministério do Trabalho e Emprego, sobre o assunto:

"18.15.56, Ancoragem (incluído pela Portaria SIT n. 157, de 10 de abril de 2006)

18.15.56.1 As edificações com no mínimo quatro pavimentos ou altura de 12 m (doze metros), a partir do nível do térreo, devem possuir previsão para a instalação de dispositivos destinados a ancoragem de equipamentos de sustentação de andaimes e de cabos de segurança para o uso de proteção individual, a serem utilizados nos serviços de limpeza, manutenção e restauração de fachadas".

18.15.56.2 Os pontos de encoragem devem:

a) estar dispostos de modo a atender todo o perímetro da edificação;
b) suportar uma carga pontual de 1.200 kgf (mil e duzentos quilogramas-força);
c) constar do projeto estrutural da edificação;
d) ser constituídos de material resistente às intempéries, como aço inoxidável ou material de características equivalentes.

18.15.56.3 Os pontos de ancoragem de equipamentos e dos cabos de segurança devem ser independentes.

18.15.56.4 O item 18.15.56.1 desta norma regulamentadora não se aplica às edificações que possuírem projetos específicos para instalação de equipamentos definitivos para limpeza, manutenção e restauração de fachadas".

Vejamos qual é a barra de aço que suporta 1.200 kgf.

Cálculo da força de projeto

$$Fd = F \times \text{coefic. ponderações de ações} = 1.200 \times 1{,}4 = 1.700 \text{ kgf}$$

Tipo de aço – CA-50, com resistência característica de 5.000 kgf/cm^2. Resistência de projeto (de c'laculo) do aço.

$$5.000/1{,}15 = 4.300 \text{ kgf/cm}^2$$

onde 1,15 é o fator de ponderação da resistência do aço.

Cálculo da área do aço

$$S = F/R = 1.700 \text{ kgf}/4.350 \text{ kgf/cm}^2 = 0,39 \text{ cm}^2$$

A armadura (barra) de 8 mm de diâmetro tem 0,50 cm² por barra. Esse pode ser o diâmetro da barra.

Recomenda-se, entretanto, por cautela (uso humano) o uso do aço de 12,5 mm de diâmetro e a pintura sobre esse gancho para diminuir a corrosão. Em termos estritos de obediência dessa prescrição técnica, essa barra de aço deve ser de aço inoxidável (liga de aço com cromo).

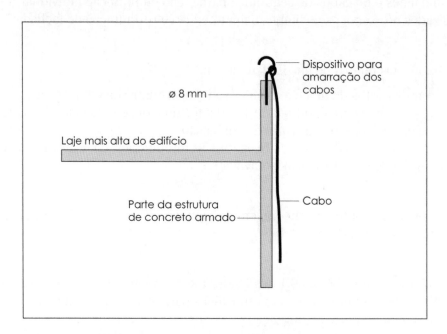

4.7 PRESCRIÇÕES COMENTADAS SOBRE FÔRMAS E ESCORAMENTOS DA VELHA E SEMPRE SAPIENTE NORMA NB-1/78 E QUE SE TRANSFORMOU, EVOLUINDO NA NBR 6118

A velha e sempre honrada norma de concreto armado emitida pela ABNT em 1978 englobava projeto, construção e uso das estruturas de concreto armado para edifícios. Não abrangia concreto protendido e pontes.

A edição NBR 6118 em 2007 superou a velha norma, mas alguns aspectos dessa velha senhora devem ser de conhecimento de todos, como dizem:

"nos velhos livros, as eternas verdades".

Façamos alguns resumos e comentários dos autores dessa norma NB-1/78.

4 — DIMENSIONAMENTO E EXECUÇÃO DO PROJETO

3ª Parte – Execução

9 – Fôrmas e escoramentos

9.1 Fôrmas

Fôrmas são as peças de uso provisório que dão forma às estruturas. Os principais materiais das fôrmas são a madeira e o aço.

9.2 Dimensionamento das fôrmas

Levar em conta as normas de uso de madeira e de aço.

As fôrmas devem ser resistentes para evitar flechas e se abrir quando é lançado o concreto. Para grandes vãos, prever contraflecha.

A fôrma pode ter peças de plásticos (tubos) que impedem seu embarrigamento de tal forma que a fôrma abra na na hora de receber o concreto.

As fôrmas devem ser intensamente molhadas antes de receber o lançamento do concreto. Fôrmas secas (às vezes fôrmas velhas muito secas) podem absorver a água do concreto lançado nelas. Não se deve aguar peças de madeira em posição vertical, pois isso dificulta a necessária penetração da água que as deve moldar. Colocar as madeiras na posição horizontal e aguá-las abundantemente. *"É proíbido roubar água do concreto fresco"* (pensamento de um velho mestre de obra).

Se for reutilizar a fôrma, usar desmoldante. Na falta de desmoldante, passe água com sabão nas faces internas das lajes e vigas, e, com isso, o concreto fresco terá menos possibilidade de aderir ao material da fôrma.

O uso de madeira com nós em concreto que não vai ser revestido pode manchar a superfície do concreto, face à resina que existe nos nós da madeira e que ataca o concreto. Num metrô usaram fôrmas com nós, e, hoje, os pontos do concreto em contato com os nós apresentam pequenas saliências.

9.3 Escoramente usando madeira

As peças verticiais que suportarão o peso das fôrmas, o peso do concreto e a vibração do lançamento deverão fazer essa tarefa sem ceder. Para isso:

- Os pontaletes (pilaretes) não devem se apoiar no chão, no caso de andar térreo, e, sim, em uma tábua, para distribuir esforços. Apoio direto no solo pode causar (e quase sempre o faz) um recalque (afundamento).

- A dimensão mínima da seção transversal dos pontaletes deve ser no mínimo de 5 cm para madeiras duras, e de 7 cm para madeiras mais moles. É difícil dizer quais são as madeiras duras e moles do Brasil, pois elas têm nomenclatura popular a mais diversa.

- Pontaletes com mais de 3 m de altura devem ser contraventados e a prática mostra que na verdade todos os pontaletes devem ser contraventados (peça de ligação de um pontalete com o outro), em virtude de uma obra ser um local de movimento, deslocamento de equipamentos e materiais, e a mão de obra que aí trabalha não é cuidadosa.

- Pontaletes de madeira devem ter no máximo uma emenda, sendo que, no local da junta, os dois pontaletes devem ter superfície de ligação bem plana. Colocar cobrejunta no local de ligação.

- O escoramento deve ser desmontado com cuidado para não transferir esforços ao concreto ainda fresco.

Item 14.2.1 Retirada de fôrma e escoramento

Os prazos de retirada de fôrma e do escoramento (cimbramento) devem levar em conta:

- resistência do concreto colocado na fôrma;
- deformabilidade do concreto colocado na fôrma e que é medido pelo famoso "E" – módulo de deformabilidade.

Por vezes, por falha de obra ou falha na fabricação do cimento, pode acontecer que o concreto leve tempo para ganhar resistência e ganhar o E desejado, e que está ligado à resistência do concreto. Em obras importantes, por vezes, antes de fazer a retirada dos apoios, fazem-se testes com esclerometria ou outro processo expedito de medida de resistência do concreto, para orientar a retirada dos apoios.

Em situações normais, a velha norma recomendava como prazos mínimos para a retirada dos elementos:

- faces laterais – 3 dias após a concretagem;
- faces inferiores, deixando-se os pontaletes bem cunhados e convenientemente espaçados – 14 dias;
- faces inferiores, sem pontaletes – 21 dias.

NOTA 4

1. Em obras complexas deve haver um plano de retirada de fôrmas e de retirada de apoios de pontaletes.

2. Em grandes obras, para acompanhar a evolução com o tempo ganho da resistência do concreto, além do concreto usado em corpos de prova, que vão para o teste rotineiramente (28 dias), produzem-se corpos de prova adicionais para teste de resistência (e de deformabilidade) a 3 dias, 7 dias e 21 dias.

3. Notar que as normas, sempre que possível, usam tempos para a execução de testes, múltiplos do número 7 (7, 14, 21 e 28), pois, assim, se a concretagem tiver sido realizada em dia útil, o teste de laboratório também será em dia útil.

4.8 COMO CONSIDERAR A REDUÇÃO DE CARGAS EM FUNÇÃO DO CRESCIMENTO DO NÚMERO DE ANDARES DE UM PRÉDIO RESIDENCIAL OU COMERCIAL COM ANDARES TIPO

Na publicação TQS News (boletim da empresa de informática para projetos estruturais TQS) ano XIV, n. 30 de fevereiro de 2010, p. 9, há um justo alerta sobre a correta interpretação da norma de cargas para o projeto de prédios de concreto armado (norma NBR 6120).

Objetivamente, vejamos como interpretar essa norma no que diz respeito à redução de cargas acidentais de projeto, andar por andar, no caso de prédios com andares tipo.

Justifica-se essa redução de cargas, pois dificilmente um prédio terá 100% de sua ocupação com a carga acidental de projeto da norma. O que vale para carga acidental não vale para o peso próprio da estrutura. Para o peso próprio não deve haver redução, pois o peso próprio é uma carga permanente 100% do tempo.

Por razões didáticas, imaginemos um prédio com seis pavimentos e vejamos as cargas acidentais de projeto da estrutura andar por andar e que mandarão essa carga acidental para os pilares, pois cada andar é calculado de forma padrão, se assim indicar sua arquitetura. Imaginemos que a carga acidental por andar seja de:

$$500 \text{ m}^2 \times 3 \text{ kN/m}^2 = 1.500 \text{ kN}$$

onde 500 m^2 é a área padrão do andar e 3 kN/m^2 (300 kgf/cm^2) é a carga acidental usada no projeto do prédio. A carga acidental total (e que será transmitida as vigas) por andar será 1.500 kN, valor a distribuir pelos pilares andar por andar.

Vejamos a redução de carga acidental que vai para as vigas e para os pilares:

- Cobertura – 0% de redução, os pilares que sustentarão a cobertura receberão a carga de 1.500 kN mais o peso próprio da estrutura.
- Primeiro pavimento tipo, abaixo da cobertura – 0% da redução da carga acidental, então a carga acidental do andar será de 1.500 kN.
- Segundo pavimento tipo, abaixo da cobertura – 0% de redução e, portanto, a carga acidental desse andar enviada aos pilares será de 1.500 kN.
- Terceiro pavimento tipo, abaixo da cobertura – 20% de redução, sendo então a carga acidental do andar de $(1 - 0,2) \times 1.500 \text{ kN} = 1.200 \text{ kN}$.
- Quarto pavimento tipo, abaixo da cobertura – 40% de redução, proporcionando uma carga acidental de $(1 - 0,4) \times 1.500 \text{ kN} = 900 \text{ kN}$.
- Quinto pavimento tipo, abaixo da cobertura – 60% de redução, sendo, portanto, a carga acidental de $(1 - 0,6) \times 1.500 \text{ kN} = 600 \text{ kN}$.

Notar que a redução de cargas acidentais só deve ser considerada nos pilares e estes vão crescendo em carga pela adição crescente, andar por andar, das cargas acidentais mais o peso próprio da estrutura, que não sofre redução, pois o peso próprio da estrutura não depende do uso, e, sim, do peso da própria estrutura.

4.9 LAJES TRELIÇA – COMO USAR

Premissa: o texto que se segue tem o objetivo de demonstrar o uso de lajes treliças:
- com uma única direção das peças premoldadas treliçadas;
- simplesmente apoiada nas extremidades.

Não nos esqueçamos: as lajes maciças correspondem a cerca de 50% do consumo de concreto numa construção convencional de prédios, e, portanto, a 50% do peso próprio que vai para as fundações. Economizar, pois, nas lajes com o devido apoio tecnológico, é algo importante. Os principais fornecedores de armaduras treliçadas para as fábricas de lajes, têm programas de computador para o dimensionamento.

A evolução do assundo lajes foi:

1. Inicialmente, o uso de lajes maciças de concreto armado com seu enorme peso e grande consumo de fôrmas e escoramento.

2. Surge a laje nervurada, diminuindo o consumo de concreto, aliviando o peso que vai para as fundações, mas com solução cara em fôrmas. Só se aplica a laje nervurada em salões com grandes vãos.

3. Laje pré-moldada comum (usando peças pré-moldadas chamadas de trilho), economizando concreto e, adicionalmente, diminuindo o peso que vai para as fundações com enorme economia de fôrmas e escoramento. Tem como desvantagem o fato de muitas vezes aparecerem fissuras que não preocupam quanto à resistência, mas são esteticamente indesejáveis. Pequena capacidade.

4. Surge, então, a chamada laje treliça, que tem as vantagens da laje pré-moldada comum, mas com:
   - muito menor risco de fissuras;
   - maior capacidade de cargas, diminuindo o consumo de concreto e, consequentemente, diminuindo o peso que vai para as fundações.

O que é e como funciona uma laje treliça?

Trata-se de um pré-moldado unidirecional (a do tipo bidirecional é menos comum e fora do escopo deste livro), fabricado em centrais de fornecimento, composto de:
- treliça metálica espacial (sinusoide);
- base de concreto;
- bloco cerâmico, bloco de concreto ou bloco de EPS (o nome comercial é Isopor), como fôrmas.

Após colocar a laje treliça no lugar, coloca-se o concreto preparado (chamado de capa) na obra.

Complementam, se for o caso:
- armadura negativa nos apoios, para diminuir a possibilidade de fissuras;
- armadura positiva complementar, no caso de resistir a grandes cargas (ou grandes vãos);
- dispositivo de travamento ortogonal à direção da laje principal.

4 — DIMENSIONAMENTO E EXECUÇÃO DO PROJETO

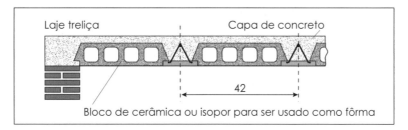

Laje treliçada unidirecional

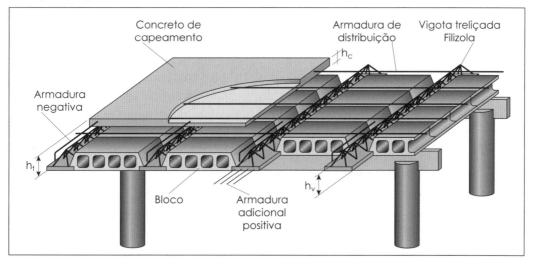

Veja-se, a seguir, o elemento pré-moldado produzido e entregue pelo fabricante de lajes treliça.

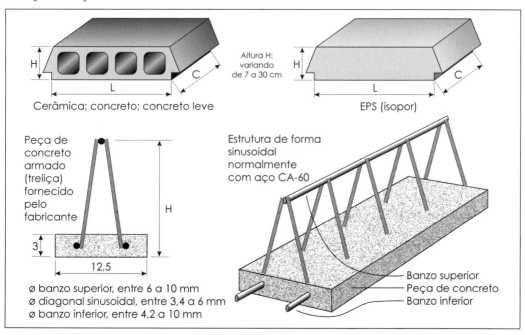

Do catálogo do fabricante das Armações Treliçadas Puma[1] extraímos o texto de comparações dos vários tipos de lajes, a seguir:

Laje maciça

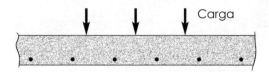

- Atende tecnicamente bem aos casos de vãos e cargas, em que a solução implique em lajes com alturas menores ou iguais a 15 cm de altura acabada.
- Possui consumo de concreto e peso próprio bastante elevados e indesejados, no que diz respeito à relação custo-benefício da obra.
- É uma estrutura moldada *in loco*, e isso onera de maneira significativa os custos de mão de obra.
- É uma estrutura moldada *in loco*, e isso implica num alto custo de madeira para fôrmas e escoramento.
- É uma estrutura moldada *in loco*, e isso impica em custos de encargos sociais bastante elevados, levando a estrutura à uma relação custo-benefício nada atraente.
- É uma estrutura moldada *in loco*, e isso implica em um período de tempo para execução da obra bastante extenso, diminuindo, assim, a rentabilidade do empreendimento.
- O alto peso próprio das lajes maciças não permite racionalizar e otimizar as definições técnicas e econômicas dos demais elementos estruturais, tais como: vigas, colunas, fundações etc.

Laje pré-moldada comum

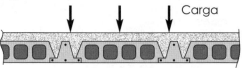

- Possui vocação técnica limitada pela ausência de ferragem transversal (estribos), e este fato impossibilita a laje de combater elevadas tensões de cisalhamento.
- A necessidade de óleo desformante implica numa superfície das vigotas muito lisa, e isso leva a uma condição de má aderência entre concreto da capa e vigotas, aumentando, assim, as possibilidades de fissuras.

---

[1] Tradicional e respeitado fornecedor de armações treliçadas para fabricantes de lajes treliça <www.puma.com.br>.

- Não é permitido aplicar cargas concentradas diretamente sobre a laje, isto deve-se às limitações técnicas do sistema construtivo.
- Não é permitido utilizar esta laje em obras verticais, pelo fato de que este sistema construtivo não garante a monoliticidade da estrutura.
- É incapaz de vencer grandes vãos livres e suportar grandes cargas acidentais.
- A necessidade de possuir vigamento de concreto armado sob cada parede divisória eleva o valor da relação custo-benefício, diminuindo, assim, a eficiência do sistema estrutural da edificação.
- Não permite a colocação nas vigotas de ferragens superiores a 8 mm e a quantidade máxima de até 3 fios positivos.

Laje nervurada

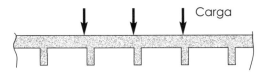

- É capaz de vencer grandes vãos livres e suportar grandes cargas, com alturas relativamente baixas.
- É capaz de suportar paredes diretamente sobre a laje, fazendo-se previamente as definições necessárias.
- É uma estrutura moldada *in loco*, e isso onera de maneira significativa o custo de mão de obra.
- É uma estrutura moldada *in loco*, e isso implica num alto custo de fôrmas e escoramento.
- É uma estrutura moldada *in loco*, e isso implica em custo de encargos sociais bastante elevados, levando a estruturta à uma relação custo-benefício nada atraente.
- É uma estrutura moldada *in loco*, e isso implica em um período de tempo para execução da obra bastante extenso, diminuindo, assim, a rentabilidade do empreendimento.
- Não possui ferragem, para combater cisalhamento, com geometria espacial e solda por eletrofusão.

Laje treliça

- É capaz de vencer grandes vão livres e suportar grandes cargas, com alturas relativamente baixas.
- É capaz de suportar paredes diretamente sobre a laje, fazendo-se previamente as definições necessárias.
- É de fácil manuseio e transporte horizontal e vertical e possui baixo peso próprio, reduzindo, assim, as reações nos apoios, bem como aumentando a eficiência da laje.
- Possibilita reduzir a quantidade de colunas e vigas do sistema estrutural de uma edificação.
- Elimina a possibilidade de trincas e fissuras pela condição que oferece de total aderência entre as vigotas e o concreto do capeamento.
- Reduz o custo final da obra em até 40%, entre economia de: aço, concreto, madeira e mão de obra.
- Apresenta perfeita condição de monoliticidade da estrutura, possibilitando executar qualquer tipo de obra, quer seja horizontal ou vertical com altura elevada.
- Há três alternativas de elementos intermediários: lajota cerâmica, bloco de concreto leve e bloco de EPS (isopor).

Vejamos as armaduras adicionais (não fornecidas pelo fabricante de lajes) e que devem ser colocadas na obra pelo construtor.

Ferragem de distribuição

Esta ferragem combate o cisalhamento entre alma e vigota, além de proporcionar a distribuição das cargas aplicadas sobre a laje.

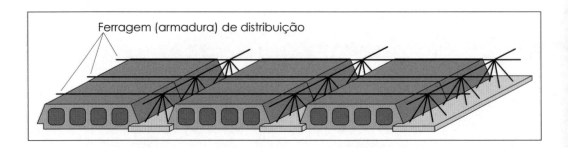

4 — DIMENSIONAMENTO E EXECUÇÃO DO PROJETO

Este trabalho ora em leitura refere-se a lajes com apoios simples, e a única função da armadura negativa nos apoios é diminuir a possibilidade de formação de fissuras.

Ferragem negativa

Faz a ligação entre lajes e vigas, proporcionando rigidez e monoliticidade ao conjunto dos elementos estruturais. Distribui também as fissuras, evitando ataques de oxidação (corrosão), dando assim uma melhor performance à vida útil da estrutura.

Nos casos de engaste parcial e engaste total[2], a ferragem negativa também combate tensões de tração oriundas da flexão gerada por momentos fletores negativos, o que não ocorre nos casos de apoios simples.

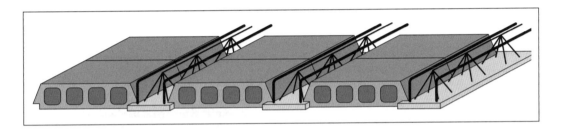

Detalhes

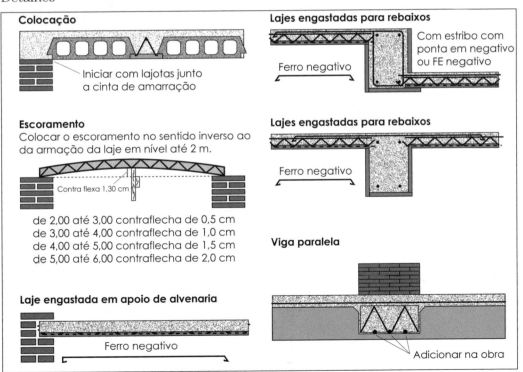

---
[2] Fora do escopo deste livro.

Nervuras de travamento

As nervuras de travamento têm a função de dar estabilidade lateral às vigotas, travando o painel da laje e aumentando assim a rigidez do conjunto. Todas as lajes treliças armadas em uma única direção necessitam de nervuras de travamento.

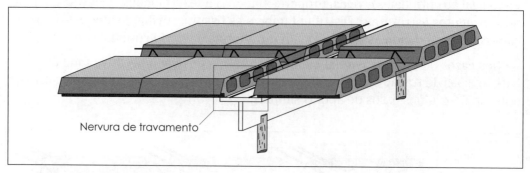

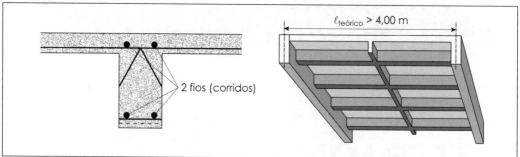

Vão livre	Quantidade de nervuras
0 a 3,9 m	0
4,0 a 5,9 m	2
6,0 6,8 m	3

Beta = H + capa (cm)	Nervura de travamento	
	Armadura mínima	largura (cm)
10-12	4 fios 6,00 mm	8
12-17	4 fios 6,00 mm	8
18-21	4 fios 6,00 mm	10
22-25	4 fios 8,00 mm	10
26-30	4 fios 8,00 mm	1
31-35	4 fios 10,00 mm	1
36-40	4 fios 10,00 mm	15
41-45	4 fios 12,50 mm	15
46-50	4 fios 12,50 mm	20
51-60	4 fios 12,50 mm	20

Escoramento (cimbramento)

Tem a função de receber todo o peso nas fases construtivas de montagem: vigotas, lajotas, ferragens auxiliares, concreto, pessoas etc.

Além disso, é através do cimbramento que se consegue aplicar a contraflecha no meio do vão de cada vigota.

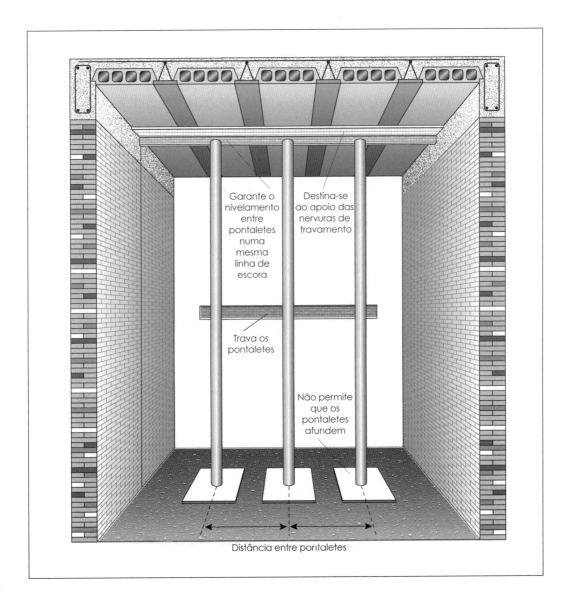

Informações genéricas sobre o uso de lajes treliça.

1. O fabricante das lajes treliça fornece:

- o elemento premoldado que pode ter:
  várias alturas H;
  variação da armadura positiva.

- peças de enchimento (fôrmas) sem função resistente estrutural, podendo ser:
  lajotas cerâmicas;
  lajota de concreto simples; ou
  peças de isopor.

Essas peças devem ter o menor peso possível, pois não têm função resistente, e, sim, de enchimento.

- projeto estrutural do sistema.

2. Com o vão a vencer (dado da arquitetura fornecido pelo cliente) e a carga acidental a ser fixada pelo cliente face ao tipo de uso da laje, cabe ao fabricante projetar o sistema, escolhento tecnicamente.

- a altura H da treliça;
- a altura da capa, sendo que se usa a expressão:
  beta = H + espessura da capa.

A capa é de concreto moldado *in loco* e sua espessura é fixada pelo projeto a ser entregue pelo fabricante das lajes ao cliente.

- a quantidade de armadura positiva é colocada no pré-moldado ainda na fábrica;
- recomendar o número de nervuras que darão travamento as lajes;
- armadura negativa para evitar fissuras.

O fornecedor das lajes treliça deve apresentar, depois de contratado para o fornecimento:

- o projeto de solução (veja exemplo a seguir);
- a Anotação de Responsabilidade Técnica, emitida pelo engenheiro responsável pela fábrica;
- instruções de montagem;
- não cabe ao fabricante o fornecimento do concreto da capa, nem da armadura negativa, da armadura de distribuição que vai na capa, e nem da armadura para as nervuras de travamento.

Os quadros a seguir mostram, para cada tipo de laje, tipo de lajotas e carga acidental (carregamento), os seus vãos máximos. Origem: Pereira Aguiar – *Lajes e ferragens prontas* (lajes@pereiraaguiar.com.br) Jacareí, SP. Esses quadros podem variar em função do fabricante.

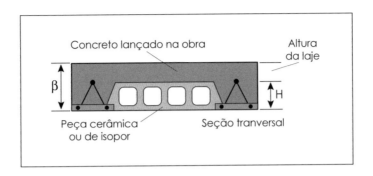

Especificação da laje	Bloco cerâmico								
	LT 11 (7 + 4) = β			LT 16 (11 + 5) = β			LT 20 (15 + 5) = β		
β – altura[1]	11,00 cm			16,00 cm			20,00 cm		
Capa[2]	4,00 cm			5,00 cm			5,00 cm		
Consumo[3]	51,00 t/m²			76,00 t/m²			87,00 t/m²		
Peso[4]	180,00 kgf/m²			262,16 kgf/m²			308,00 kgf/m²		
Intereixo[5]	48 cm			48 cm			48 cm		
Sobrecarga[6]	100,00	300,00	500,00	100,00	300,00	500,00	100,00	300,00	500,00
Vãos (m)	Cargas nos apoios (kg/m)								
2,00	280,01	480,01	680,01	362,16	562,16	762,16	408,00	608,00	808,00
2,50	350,01	600,01	850,1	451,70	702,70	952,70	510,00	760,00	1.010,00
3,00	420,02	720,02	1.020,02	543,24	843,24	1.143,24	612,00	912,00	1.212,00
3,50	490,02	840,02	1.190,02	633,78	983,78	1.333,78	714,00	1.064,00	1.414,00
4,00	560,02	960,02	1.360,02	724,32	1.124,32	1.524,32	816,00	1.216,00	1.616,00
4,50	630,02	1.080,02		814,86	1.264,86	1.714,86	918,00	1.368,00	1.818,00
5,00	700,03			905,40	1.405,40	1.905,40	1.020,00	1.520,00	2.020,00
5,50				995,94	1.545,94		1.122,00	1.672,00	2.222,00
6,00				1.086,48			1.224,00	1.824,00	
6,50							1.326,00		

(1) β – altura da laje = h + capa; (2) Capa de concreto; (3) Consumo de concreto; (4) Peso próprio; (5) Distância entre os eixos da vigas treliçadas; (6) em kgf/m².
Observações gerais: fck ≥ concreto 20 MPa, aço CA-60 e atendimento à NBR 6118.

Laje treliça unidirecional (sobrecarga × vão livre × reação nos apoios) – apoio simples

Especificação da laje	Bloco de EPS (isopor)								
	LT 11 (7 + 4) = β			LT 16 (11 + 5) = β			LT 20 (15 + 5) = β		
β – altura[1]	11,00 cm			16,00 cm			20,00 cm		
Capa[2]	4,00 cm			5,00 cm			5,00 cm		
Consumo[3]	50,00 t/m²			72,00 t/m²			81,00 t/m²		
Peso[4]	153,49 kgf/m²			197,48 kgf/m²			228,83 kgf/m²		
Intereixo[5]	48 cm			49 cm			49 cm		
Sobrecarga[6]	100,00	300,00	500,00	100,00	300,00	500,00	100,00	300,00	500,00
Vãos (m)	Cargas nos apoios (kg/m)								
2,00	253,49	453,49	653,49	297,48	497,48	697,48	323,83	523,83	723,83
2,50	316,86	566,86	816,86	371,85	621,85	871,85	404,79	654,79	904,79
3,00	380,24	680,24	908,24	446,22	746,22	1.046,22	485,75	785,75	1.085,75
3,50	443,61	793,61	1.306,98	520,59	870,59	1.220,59	566,70	916,70	1.266,70
4,00	506,98	906,98		594,96	994,96	1.394,96	647,66	1.047,66	1.447,66
4,50	570,35	1.020,35		659,33	1.119,33	1.569,33	728,62	1.178,62	1.628,62
5,00	633,78			743,70	1.243,70	1.743,70	809,58	1.309,58	1.809,58
5,50				818,07	1.368,07		890,53	1.440,53	1.990,53
6,00				892,44			971,49	1.571,49	
6,50							1.052,45		

(1) β – altura da laje = h + capa; (2) Capa de concreto; (3) Consumo de concreto; (4) Peso próprio; (5) Distância entre os eixos da vigas treliçadas; (6) em kgf/m².
Observações gerais: fck < concreto 20 MPa, aço CA-60 e atendimento à NBR 6118.

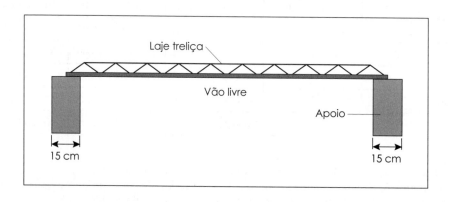

INFORMAÇÕES BÁSICAS

Colocação:

- Escorar todos os vãos, com intervalos de 1,30 m, com uma travessa de madeira em espelho pontaletada, mais alta que o nível do respaldo, obedecendo aos índices da tabela de escoramento. Esse escoramento será retirado 20 dias após a concretagem.

  Depois de observar rigorosamente a direção, quantidade e comprimento das vigas dos respectivos vãos, colocá-las sobre os apoios encostados aos tijolos intermediários, uma ao lado da outra, formando a laje. Iniciar sempre a primeira fiada com lajota sobre parede.

Ferragem:

- Para resistir a momentos negativos, adicionar ao topo das vigas ferros negativos. Sobre a laje, no sentido transversal, colocar um ferro corrido de distribuição. Ver detalhe que servirá de ligação com a capa no apoio da laje. É importante observar a ferragem das cintas ou viga armada, conforme projeto estrutural.

Eletricidade:

- Colocar os condutores e caixas logo após a colocação das lajes, antes da concretagem.

Concretagem:

- Molhar bem as lajes antes do lançamento do concreto, preparado com: cimento, areia e pedra n. 1 na proporção 1 : 2 : 3, nas nervuras, cintas de amarração e capa. Manter a laje úmida durante dois dias depois de terminada. Concreto = fck = 20 MPa.

  Observação: Durante a concretagem, andar apenas sobre tábuas apoiadas nas vigas, nunca sobre a laje.

3. Cuidados no chapiscamento da superfície inferior das lajotas de EPS. Por vezes, o chapisco convencional (areia, cimento e água) nesse local não pega bem, por falta de aderência ao EPS. Nesse caso, adicionar à massa de chapisco que será usada um produto químico colante, como, por exemplo, o adesivo Bianco. Por vezes, o uso da lajota de EPS é abandonado, trocado por lajotas de cerâmica ou de concreto, face ao problema do chapisco não pegar.

4. Etiquetas das lajes – As lajes treliça são entregues na obra etiquetadas, seguindo a colocação indicada no projeto. Isso deve ser seguido e nunca colocar as treliças seguindo apenas as dimensões, pois treliças certas devem ser colocadas em posição certa. Podemos ter treliças com o mesmo comprimento e capacidades resistentes diferentes.

5. Escolha entre os três tipos de lajota, levar em conta:
   - o bloco cerâmico de pequenas alturas pode se romper quando se lança o concreto bombeado sobre ele;
   - o bloco de concreto resiste bem, mas é muito pesado;
   - o bloco de EPS exige cuidados de chapiscamento;
   - preço;
   - prazo de fornecimento.
6. Normas (ABNT) aplicáveis:
   - NBR 14859-1 à Laje Pré-fabricada – Requisitos – Parte 1: Lajes Unidirecionais.
   - NBR 14859-2 à Laje Pré-fabricada – Requisitos – Parte 2: Lajes Bidirecionais.
   - NBR 14860-1 à Laje Pré-fabricada – Pré-laje – Requisitos – Parte 1: Lajes Unidirecionais.
   - NBR 14860-2 à Laje Pré-fabricada – Pré-laje – Requisitos – Parte 1: Lajes Bidirecionais.
   - NBR 14861 à Laje Pré-fabricada – Painel Alveolar de Concreto Protendido – Requisitos.
   - NBR 14862 à Armaduras Treliçadas Eletrossoldadas – Requisitos
   - NBR 6118/2014
   - NBR 6120 Cargas Acidentais Mínimas

4.9.1 ENCONTRO

Detalhe genérico laje/viga

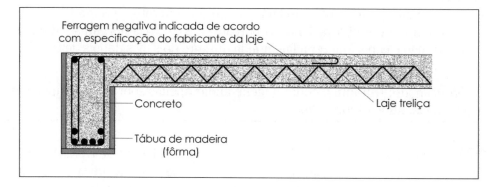

Detalhe do posicionamento de pontaletes no escoramento das lajes.

Os pontaletes deverão ter os seus posicionamentos alternados.

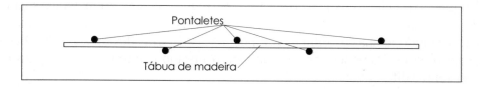

Detalhe de apoios de lajes treliça, extraídos do livro *Lajes Treliça*.

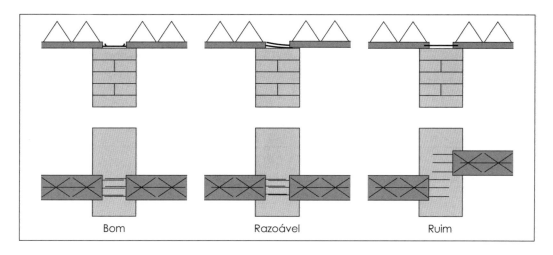

Solidarização das lajes treliça com as demais vigas do pavimento. No caso desses elementos pré-moldados serem apoiados em vigas da estrutura, deverão ser tomados cuidados especiais durante a execução, com os detalhes de escoramento.

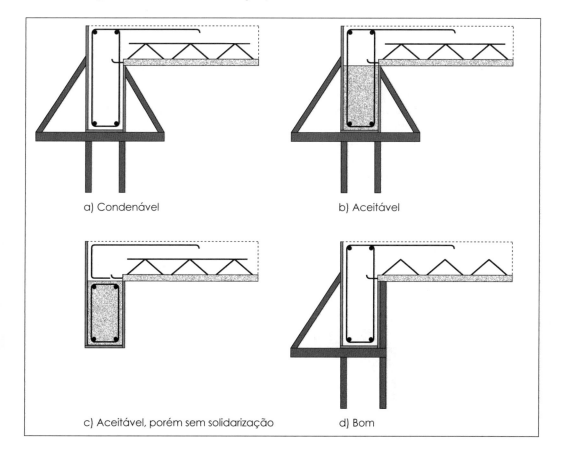

Apoios das treliças.

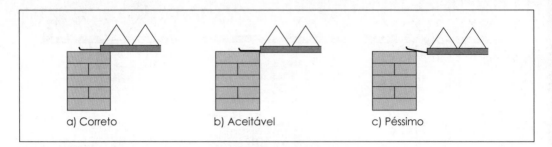

No caso de não concordância de medidas, usar:

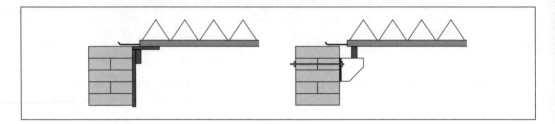

Disposição de lajotas e os pré-moldados.

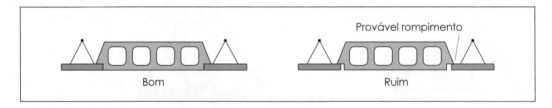

Colocação longitudinal junto aos apoios.

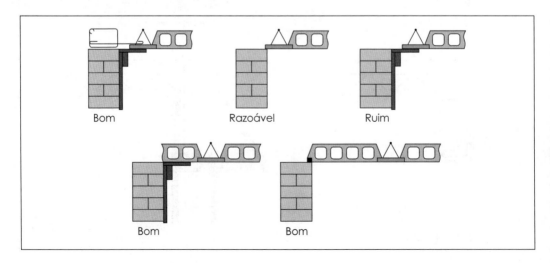

4.9.2 PREÇO DE VENDA DE LAJES TRELIÇA

Outubro de 2010, <www.piniweb.com.br>. Referência.

Código	Material	R\$/m^2
03415.3.1.6	Laje pré-fabricada treliça para piso ou cobertura com taxa de armadura (espessura: 200 mm; vão livre: 3,00 m; peso próprio: 280 kgf/m^2; sobrecarga: 150 kgf/m^2; armação da treliça: TR16756; altura eps: 160 mm)	41,80
03415.3.1.7	Laje pré-fabricada treliça para piso ou cobertura com taxa de armadura (espessura: 250 mm; vão livre: 3,20 m; peso próprio: 315 kgf/m^2; sobrecarga: 150 kgf/m^2; armação da treliça: TR20756; altura eps: 200 mm)	49,11
03415.3.1.8	Laje pré-fabricada treliça para piso ou cobertura com taxa de armadura (espessura: 300 mm; vão livre: 4,40 m; peso próprio: 260 kgf/m^2; sobrecarga: 300 kgf/m^2; armação da treliça: TR25856; altura eps: 250 mm)	62,10
03415.3.1.9	Laje pré-fabricada treliça para piso ou cobertura com taxa de armadura (espessura: 350 mm; vão livre: 4,70 m; peso próprio: 286 kgf/m^2; sobrecarga: 300 kgf/m^2; armação da treliça: TR30856; altura eps: 300 mm)	71,22
03415.3.2.4	Pré-laje treliçada para piso ou cobertura (capeamento: 30 mm; vão livre: 10 m; espessura do painel: 300 mm; peso próprio: 329 kgf/m^2; sobrecarga: 200 kgf/m^2; armação da treliça: TR25856; altura eps: 210 mm; capeamento inferior)	65,65
03415.3.2.3	Pré-laje treliçada para piso ou cobertura (capeamento: 30 mm; vão livre: 7 m; espessura do painel: 200 mm; peso próprio: 222 kgf/m^2; sobrecarga: 200 kgf/m^2; armação da treliça: TR16746; altura eps: 130 mm; capeamento inferior)	44,30
03415.3.2.2	Pré-laje treliçada para piso ou cobertura (capeamento: 40 mm; vão livre: 4,50 m; espessura do painel: 120 mm; peso próprio: 166 kgf/m^2; sobrecarga: 200 kgf/m^2; armação da treliça: TR08644; altura eps: 50 mm; capeamento inferior: 4)	47,00
03415.3.1.2	Laje pré-fabricada convencional para piso ou cobertura (espessura: 80 mm; vão livre: 3,50 m; peso próprio: 205 kgf/m^2; sobrecarga: 150 kgf/m^2)	20,77
03415.3.1.5	Laje pré-fabricada convencional para piso ou cobertura (espessura: 120 mm; vão livre: 3 m; peso próprio: 215 kgf/m^2; sobrecarga: 150 kgf/m^2)	28,35
03415.3.1.1	Laje pré-fabricada convencional para forro (espessura: 80 mm; vão livre: 3 m; peso próprio: 155 kgf/m^2; sobrecarga: 50 kgf/m^2)	19,28

Condições de pagamento: à vista
Normas técnicas: NBR 6118
Entrega/retirada: preço dos materiais "posto obra"
Lote básico de comercialização: 15 m^2
Prazo de entrega: 10 dias
www.pereiraaguiar.com.br

O fabricante de lajes treliça Pereira Aguiar Lajes e Ferragens Prontas Jacareí Ltda., gentilmente autorizou a reprodução de um de seus fornecimentos (plantas a seguir).

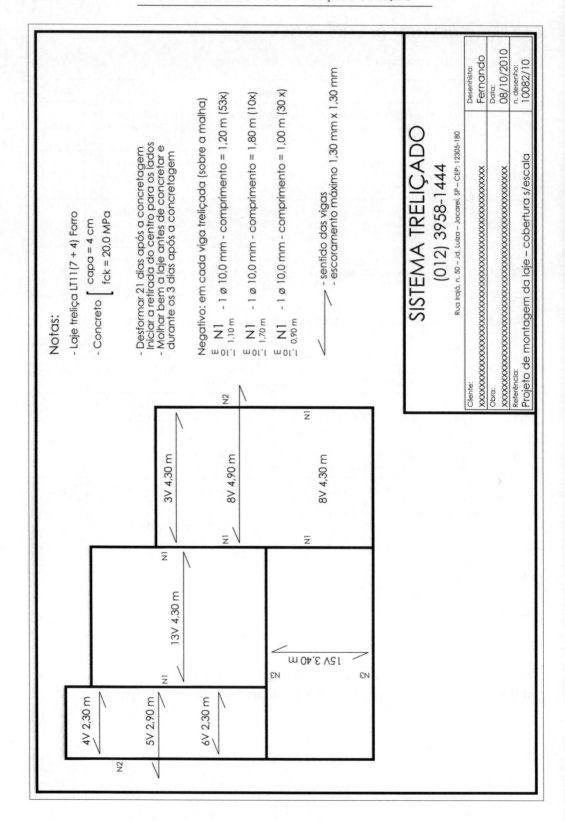

4 — DIMENSIONAMENTO E EXECUÇÃO DO PROJETO

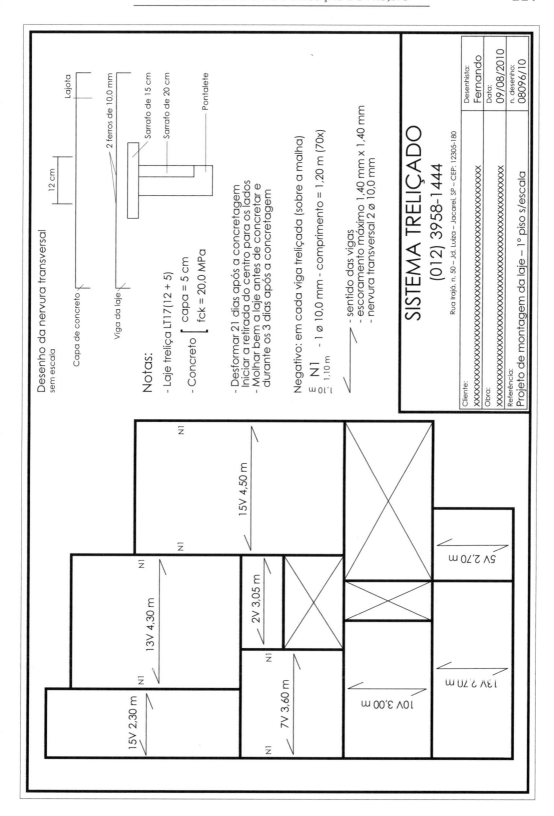

FORMAS DAS VIGAS DE COBERTURA
Sobrecarga 100 kg/m^2

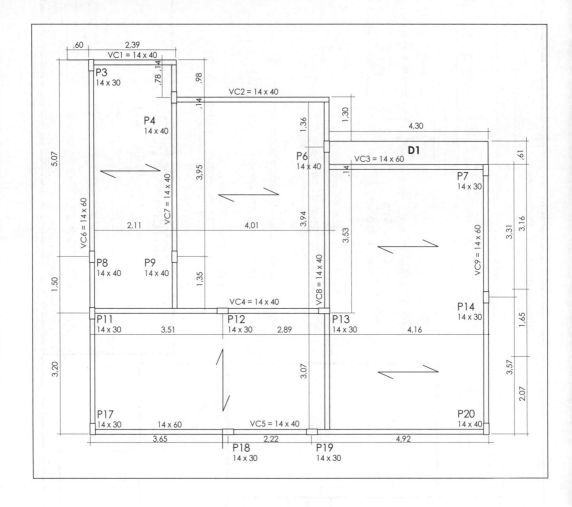

FORMAS DAS VIGAS DO PAVIMENTO SUPERIOR
Sobrecarga 500 kg/m²

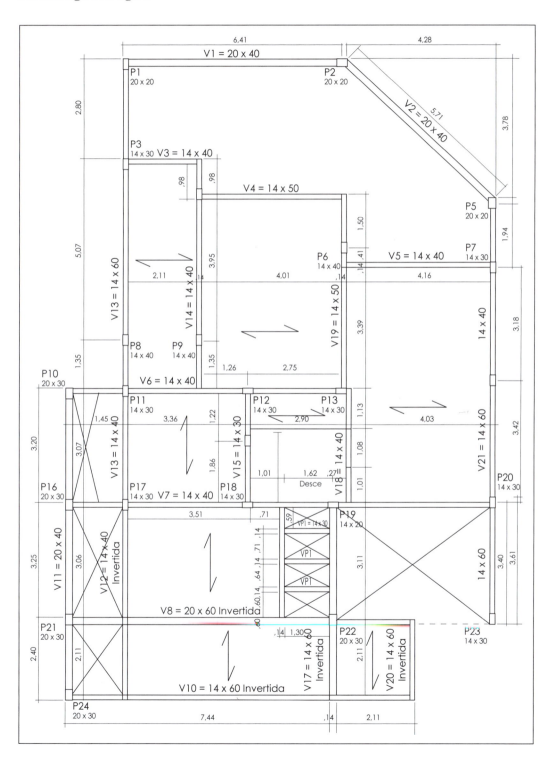

FORMAS DAS VIGAS BALDRAME

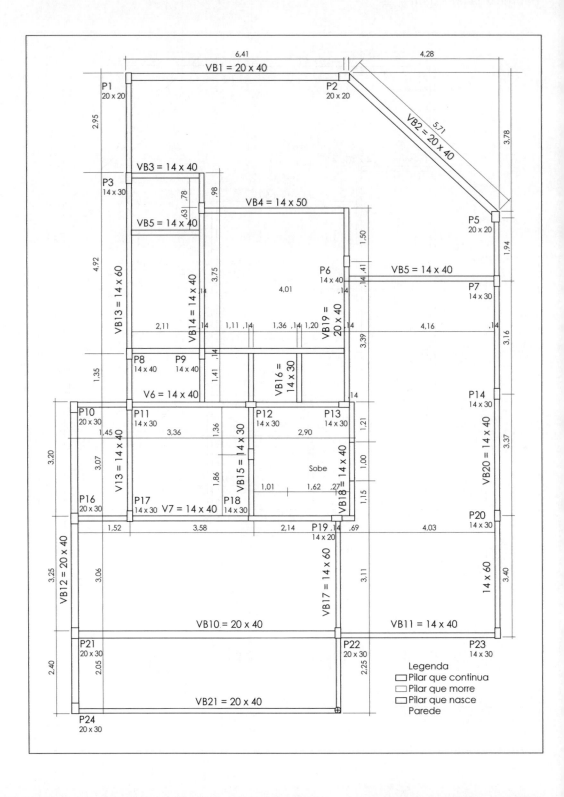

4.10 POUSO EVENTUAL DE HELICÓPTERO EM LAJE SUPERIOR DE PRÉDIOS

Como sabemos, as normas da ABNT são lei e, portanto, devem ser seguidas quando não existe um regulamento oficial que as contradiga. No antigo Código de Obras do Município de São Paulo havia uma prescrição de que lajes de cobertura sem telhados ou outras interferências deveriam ter condições estruturais para a descida e pouso (em situação de emergência) de helicópteros (helipontos).

Tinhamos, então, de atender (nos limites do município de São Paulo) a essa exigência. Em outros municípios valem seus Códigos de Obra específicos.

Recomendamos, com base a essa postura, no município de São Paulo:

- Prever com sinalização a área de pouso de helicóptero (heliponto) na laje superior de prédios. A localização do heliponto (por sinalização) deve ser sempre nos pontos que geram os menores momentos fletores, ou seja, o mais próximo possível de vigas e de cruzamentos de vigas.
- Considerar a carga de helicópteros lotados, pois o pouso nesses locais não tradicionais será **com enorme possibilidade, em situações de emergência, e, nesses casos, o helicóptero estará possivelmente lotado.**

As cargas de helicópteros, segundo site do fabricante Helibras, são de acordo com o tipo de helicóptero:

- mínimo de 2.800 kgf e máximo de 4.300 kgf.

Essas são as cargas máximas de decolagem de cada tipo de aeronave desse fabricante. Sempre consultar os sites dos fabricantes, pois essa é uma tecnologia em constante desenvolvimento.

Em lajes com telhado ou com outros tipos de obstáculos, essa carga adicional não se aplica. E saibamos:

- Heliponto – local de simples pouso de helicópteros.
- Heliporto – local de pouso de helicópteros, com instalações adicionais de apoio, como depósito de combustível, local de guarda e reparo de aeronaves.

Informações adicionais:

1. Segundo o site <www.jhelicopteros.com.br> valem os seguintes cuidados:

As marcas oficiais

Do mesmo modo que a localização e as dimensões, as marcas pintadas nos helipontos obedecem à Portaria n. 18/GM5, e seguem um padrão internacionalmente aceito. Os helipontos podem ser quadrados ou circulares, mas devem ter, no centro, a letra indicativa da sua condição inserida num triângulo cuja ponta está voltada para o norte magnético.

Essas letras são: "H", para helipontos públicos; "P" para helipontos privados; "M" para helipontos militares. Os helipontos que servem a hospitais não têm o triângulo, mas uma cruz com braços de 3 m de largura e 3,50 m de comprimento, tendo no centro a letra "H".

Os helipontos de emergência possuem marca externa circular, mas não têm letra alguma pintada no centro.

Todos os helipontos, porém, obrigatoriamente, precisam de trazer pintado um número que indica a carga máxima (em toneladas) a que resiste. No caso de resistir a menos que 1 tonelada, o número precedido de um zero, indica a resistência em quilos (exemplo: 07, indica que o heliponto pode receber helicópteros de, no máximo, 700 kg).

2. Segundo o site <www.abadia.eng.br> vejamos alguns detalhes sobre a norma técnica IT – 26 do Corpo de Bombeiros de Minas Gerais:

5.5 Helipontos elevados

5.5.1 Configuração de Área de Pouso

a) desde que não seja possível construir um heliponto ao nível do solo, pode-se prever sua instalação em local elevado;
b) a área de pouso pode abranger a totalidade da superfície do terreno ou apenas parte dele;
c) terraços em edifícios considerados resistentes, mediante cálculo estrutural, podem suportar a carga de um helicóptero pela instalação de uma plataforma de distribuição de carga. Se a plataforma for construída, recomenda-se que sua altura não seja inferior aquela dos peitoris do terraço e não dificulte o pouso e decolagem da aeronave.

5.5.2 Projeto estrutural

5.5.2.1 A área de pouso e decolagem deve ser dimensionada para as características (peso e dimensões) do maior helicóptero que irá utilizá-la, além daquelas previstas para acúmulo de pessoas (área de refúgio), equipamentos etc.

5.5.2.2 As áreas de pouso/decolagem devem ser sinalizadas conforme Anexo A.

5.5.3 Áreas de pouso e decolagem de emergências para helicópteros

5.5.3.1 A construção de áreas de pouso e decolagem de emergência para helicópteros com a finalidade de prever a evacuação dos ocupantes de edifícios em caso de incêndio ou outra calamidade dependem de autorização da Autoridade Aeronáutica Regional, após análise dos obstáculos contituídos por outros edifícios.

5.5.4 Área de refúgio para helipontos

5.5.4.1 As áreas de refúgio para helipontos devem atender aos seguintes quesitos:

a) possuir área superior à metade da área total do último pavimento;
b) ser precedida de porta corta-fogo (PCF) de 90 minutos no seu acesso;
c) as vias de acesso devem ser dotadas de paredes resistentes ao fogo para 120 minutos, conforme IT 06, e dimensionadas em função da população do prédio, conforme IT 08 – Saídas de Emergência nas Edificações;
d) o piso deve ser incombustível e ter isolamento térmico;
e) a escada para acesso à área de refúgio pode ser construída fora da prumada da escada de segurança principal, sendo que a ligação entre ambas deve ser feita através de uma circulação direta, mantendo as condições de enclausuramento:...
f) possuir guarda-corpo com 1,10 m de altura em paredes com tempo de resistência ao fogo de 120 minutos, conforme IT 06, quando delimitada pela fachada da edificação.

3. Consultar na época do projeto do prédio, em detalhes, a norma do Ministério da Aeronáutica, Portaria n. 18/GM5 e outras posturas desse ministério.

O texto (sumarizado) da lei municipal de São Paulo do antigo Código de Edificações dizia:

> Lei n. 8.266
> Seção H – Condições Construtivas Especiais
> Art. 45 – As edificações com altura (h) superior a 35 m serão dotadas de cobertura ligada à escada de uso comum ou coletivo e constituída de laje dimensionada para proteger pessoas do calor originado dos andares inferiores e para suportar o eventual pouso de helicópteros, em casos de extrema urgência.
> Parágrafo Primeiro
> Nas coberturas de que trata este artigo, não serão admitidos quaisquer obstáculos, como anúncios, para-raios, chaminés, torres ou outros sobre elevações, em posição que possa prejudicar o eventual pouso de helicóptero.

Aqui, você faz suas anotações pessoais

CAPÍTULO 5

ESTRUTURA

5.1 PAREDES EM CIMA DE LAJES

Por vezes, temos de aceitar certas condições e restrições arquitetônicas. Uma dessas situações é quando, num prédio residencial, precisamos ter uma parede em cima de uma laje, sem que possamos ter uma viga de suporte dessa carga da parede.

Vejamos as alternativas para resolver esse problema:

- uso de parede de material extremamente leve como de gesso ou outro material leve;

- uso de parede seja de meio-tijolo, ou seja, a largura da parede seja a largura do tijolo mais o revestimento, fugindo assim da parede de um tijolo (parede com a espessura do comprimento do tijolo + revestimentos).

Se a arquitetura aceitar uma dessas ideias, vamos simplesmente considerar o peso da parede, como se fosse uma carga distribuída sobre a laje a se somar com a carga acidental e o peso próprio. Todavia, se tiver que ser uma parede de um tijolo, uma das soluções será:

- considerar uma viga chata debaixo da parede, com largura igual ao dobro da espessura da parede e armar essa viga para resistir à carga da parede. Isso resolve o assunto resistência, mas não resolve o assunto flecha. Calcular a flecha para ver se ela fica aceitável e lembrando que flecha se combate não com armadura, e sim com a espessura da laje, que pode ser que venha a ter de 8 a 10 cm em vez dos tradicionais 7 cm.

Para o cálculo da flecha, deve-se usar a expressão da Resistência dos Materiais

$$\frac{5pl^4}{384EI} < \frac{l}{300}, \qquad I = \frac{bh^3}{12}$$

onde :

p = carga distribuída (peso da parede)
l = vão da laje por onde corre a parede
E = módulo de elasticidade do concreto
I = momento de inércia da viga chata
b = largura da viga chata
h = altura da viga chata

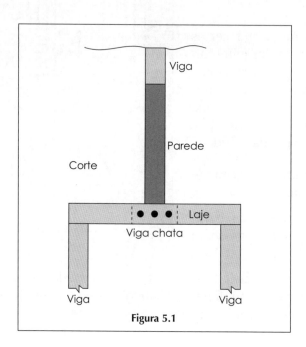

Figura 5.1

5.2 VIGAS – *COBERTURA DE DIAGRAMAS, ANCORAGEM DE EXTREMIDADES, ENGASTAMENTO DOS VÃO EXTREMOS*

5.2.1 COBERTURA DO DIAGRAMA DE MOMENTOS FLETORES E DECALAJEM DO DIAGRAMA

A norma recomenda que para início do ponto de interrupção das barras longitudinais nas peças fletidas, deve-se deslocar o diagrama de momentos do valor $a\ell$ no sentido desfavorável.

5 — ESTRUTURA

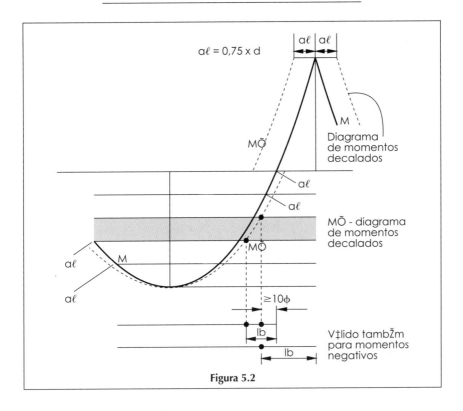

Figura 5.2

Comprimento de ancoragem lb (NBR 6118)

$\ell b = \dfrac{\phi}{4}\dfrac{fyd}{fdb}$	fck (MPa)	ℓb (CA-50) Boa	ℓb (CA-50) Má	ℓb (CA-25) Boa	ℓb (CA-25) Má
	20	44ϕ	63ϕ	49ϕ	70ϕ
	25	38ϕ	54ϕ	43ϕ	61ϕ

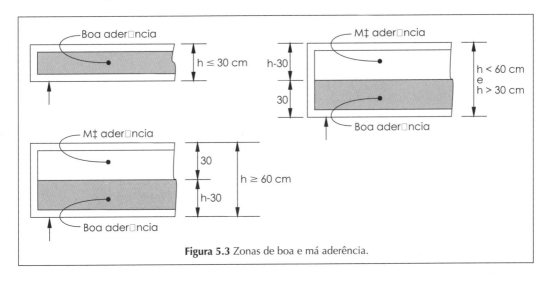

Figura 5.3 Zonas de boa e má aderência.

5.2.2 ANCORAGEM NOS APOIOS EXTREMOS (pilar de extremidade)

Quando for utilizado o trecho de extremidade, a barra deverá prolongar-se, além da face do pilar de comprimento mínimo igual a $r + 5{,}5\,\phi \geq 6$ cm (r = raio interno efetivo do gancho).

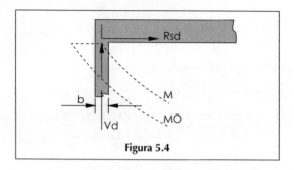

Figura 5.4

$$R_{sd} = \frac{al}{d} - Vd = 0{,}75\ Vd$$

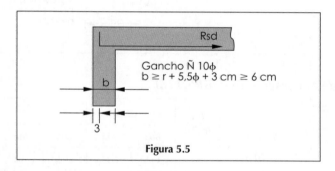

Figura 5.5

- Comprimento de ancoragem disponível:
$$ld = (b - 3) + 10\,\phi$$
- Tensão efetiva que se pode ancorar:
$$\sigma sd = \frac{ld}{lb} \times fyd$$
- Armadura necessária no apoio:
$$A_{\text{sapo}} = \frac{Rsd}{\sigma sd}$$

Diâmetro interno de curvatura (*D*)			
	CA-25	**CA-50**	**CA-60**
Bitola < 20	4φ	5φ	6φ
Bitola ≥ 20	5φ	8φ	

Exemplo: pilar de extremidade

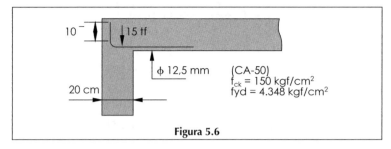

Figura 5.6

- Largura mínima do pilar A para ϕ 12,5 mm

  $b \geq r + 5{,}5\phi \geq 6$ cm
  $b \geq 2{,}5\phi + 5{,}5\phi + 3$ cm $= 8\phi + 3$ cm $= 8 \times 1{,}25 + 3 = 13$ cm (O.K.) temos 20 cm.

- Comprimento de ancoragem disponível

  $ld = (b - 3) + 10\phi = 20 - 3 + 10 \times 1{,}25 = 29{,}5$ cm
  fck = 200 kgf/cm^2 – (boa aderência) (20 MPa) $\rightarrow lb = 44\phi = 44 \times 1{,}25 = 55$ cm

- Tensão efetiva que se pode ancorar

  $$\sigma sd = \frac{ld}{lb} \times fyd = \frac{29{,}5}{55} \times 4.348 \cong 2.332 \text{ kgf/cm}^2$$

- Armadura necessária no apoio

  $$A_{\text{sapo}} = \frac{15.750}{2.332} = 6{,}75 \text{ cm}^2 \qquad 6\phi 12{,}5 \text{ mm} \quad \text{(no apoio)}$$

  $$Rsd = 0{,}75 \, Vd = 0{,}75 \times 1{,}4 \times 15.000 = 15.750 \text{ kgf}$$

5.3 VIGA-PAREDE (Viga de grande altura comparada com o vão)

5.3.1 RECOMENDAÇÕES PARA O CÁLCULO, DIMENSIONAMENTO E DETALHAMENTO DE VIGAS-PAREDES

Vão teórico

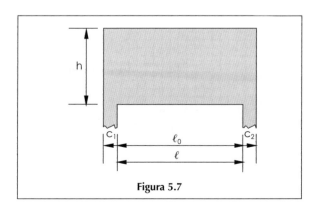

Figura 5.7

Para apoios diretos

$$\ell = \ell_0 + \frac{c_1}{2} + \frac{c_2}{2} \leq 1{,}15\,\ell_0$$

Para apoios indiretos

$$\ell = \ell_0 + \frac{c_1}{2} + \frac{c_2}{2}$$

5.3.2 DIMENSIONAMENTO DA ARMADURA PRINCIPAL LONGITUDINAL

Filosofia adotada

Não tem sentido, no estágio atual de conhecimentos sobre vigas-paredes, adotar braços de alavanca no antigo estádio II, que é maior e conduziria a armaduras ainda menores que as retiradas da teoria elástica; com isso, apenas aumentar-se-ia a abertura de fissuras e torna-se-iam piores as condições de ancoragem.

Para o dimensionamento dos casos correntes, é suficiente adotar fórmulas empíricas, onde o braço de alavanca z dos esforços internos R_{sd} e R_{cd} (Z e D) é adotado aproximadamente como no estádio I.

Para o cálculo dos momentos fletores e forças cortantes (entidades que na realidade não têm muito sentido em vigas-paredes, mas são um meio cômodo para o cálculo), podem-se usar as teorias correntes da resistência dos materiais.

Nestes cálculos, recomenda-se especial atenção ao fato de que em vigas-paredes o acréscimo da rigidez a flexão (EI usado na teoria de barras) não se dá na proporção do cubo da altura (h^3) que se verifica nas vigas normais, (barras). Isto se deve ao fato de que a distribuição das tensões, principalmente nos apoios, é bem diferente da obtida pela resistência; e observe-se que nas vigas com $h > \ell$, a parte superior funciona como um pilar e não colabora na resistência à flexão.

Vigas-paredes de um só vão – armadura longitudinal

Determina-se o máximo momento com todos os carregamentos, diretos e indiretos, a armadura longitudinal será:

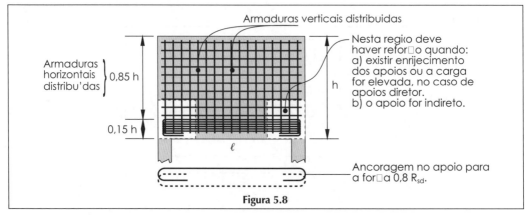

Figura 5.8

5 — ESTRUTURA

131

Dimensionamento do tirante

a) Esforço no tirante

$$R_{sd} = \frac{M_{d\,max}}{z}$$

b) Braço de alavanca z

$$z = 0,15\,(\ell + 3he)$$

Sendo

$$\boxed{he = h \le \ell}\qquad \text{Altura eficaz}$$

Sendo

$h \mapsto$	$0,5\,\ell$	$0,6\,\ell$	$0,7\,\ell$	$0,8\,\ell$	v$0,9\,\ell$	$\ge \ell$
$z \mapsto$	$0,75\,h$	$0,70\,h$	$0,66\,h$	$0,64\,h$	$0,62\,h$	$0,60\,h$

c) A armadura será dada por

$$A_{s\ell} = \frac{R_{sd}}{f_{yd}}$$

Leonhardt $f_{yd} < 4.350\ \text{kgf/cm}^2$. O CEB recomenda $f_{yd} < 3.650\ \text{kgf/cm}^2$ para prevenir fissuração.

d) Armadura mínima do tirante

Proposta adotada:

Para $h \ge \ell$ $A_{s\,min} = 0,05\%\ b\ell$
Para $h < \ell/2$ $A_{s\,min} = 0,15\%\ bh$
Para $\ell/2 < h < \ell$ Interpolar linearmente

$h \mapsto\ \le$	$0,5\,\ell$	$0,6\,\ell$	$0,7\,\ell$	$0,8\,\ell$	v$0,9\,\ell$	$\ge \ell$
$\dfrac{A_{s\,min}(*)}{bh}$	$0,15\%$	$0,13\%$	$0,11\%$	$0,09\%$	$0,07\%$	$0,05\%\,b\ell$

(*) porcentagem de armadura máxima

Ancoragem do tirante

a) Laços

Pode-se admitir, por analogia, a ancoragem de estribos, que laços com $\o \le 12,5$ em apoios diretos e $\o \le 10\ (3/8")$ em apoios indiretos, fiquem totalmente ancorados na extremidade, desde que existam barras com $\o \le \o$ laço nos cantos. Os raios poderão ser os de gancho.

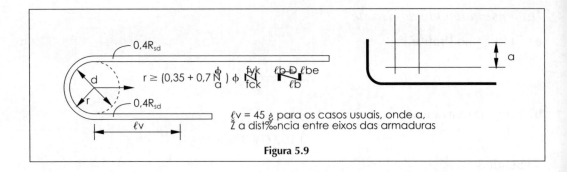

Figura 5.9

b) Dispositivos de ancoragem, placas ou perfis soldados

Ver página 49 do volume 3 de Leonhardt.

c) Não devem ser usados ganchos na vertical

Vigas-paredes contínuas, armadura longitudinal

a) Momentos fletores

Devem ser avaliados pelo processo normal da resistência, tomando-se todas as cargas e para os valores mais desfavoráveis da sobrecarga. Com isso, obtém-se $M_{máx}$ apoios e $M_{máx}$ vão.

b) Braços de alavanca z

Serão adotados os braços de alavanca preconizados por Leonhardt].

Nos vãos extremos e primeiro apoio intermediário:

$$z = 0,10 \ (2\ell + 2,5 \ he) \quad \text{com} \quad he = h \leq \ell$$

Nos vãos e apoios intermediários

$$z = 0,15 \ (\ell + 2 \ he) \quad \text{com} \quad he = h \leq \ell$$

Estes valores de z são menores que os do estádio I no vão e maiores que os do apoio no estádio I. Isto é feito para levar em conta o fato de que os momentos negativos do estádio I (teoria elástica) são menores que os obtidos pela resistência, em contrapartida, os do vão são maiores que os obtidos pela resistência.

c) Esforço de tração nos banzos e armaduras

Nos vãos

$$R_{sd} = \frac{M_{d \, max}}{z}$$

O CEB recomenda $f_{yd} \leq 3.650 \ \text{kgf/cm}^2$.

Nos apoios

$$R_{sd\ominus} = \left| \frac{Md_{max\oplus}}{Z} \right| \quad e \quad A_{s\ominus} = \frac{R_{sd\oplus}}{f_{yd}}$$

Leonhardt $f_{yd} \leq 4.350$ kgf/cm^2.

d) Zona de distribuição das armaduras

As zonas de distribuição de $A_{s\ominus}$ e $A_{s\ominus}$ estão indicadas na FIgura 5.10. A disposição da armadura sobre os apoios foi concebida de maneira a limitar a abertura de fissuras da peça em serviço. Esta zona é a primeira a apresentar um comportamento não elástico, após o aparecimento de fissuras nesta zona. As primeiras fissuras da viga aparecem no vão, mas são adequadamente controladas pelo tirante tracionado do vão.

Deve-se ter armadura $A_s > A_{s\,min}$ pelo menos no tirante inferior da viga parede. É conveniente também a colocação de barras mais fortes no bordo superior do mesmo para $h > \ell$.

5.3.3 VERIFICAÇÃO DAS TENSÕES DE COMPRESSÃO NO CONCRETO

a) Tensões de compressão devidas à flexão

Estas tensões, via de regra, não são críticas, desde que se tenha a largura da viga $b_w \geq \ell/20$ maior que 10 cm (em peças moldadas *in loco*).

Se esta largura for menor que $\ell/20$, é necessário uma mesa de compressão com $b_f \geq \ell/20$ para impedir uma flambagem lateral ou uma flambagem de chapa no bordo comprimido.

b) Tensões de compressão das bielas inclinadas que chegam no apoio

Como se viu anteriormente, existem diferenças de comportamento entre apoios diretos e apoios diretos com enrijecedores ou indiretos, sendo conveniente adotas as seguinte limitações.

Para apoios diretos sem enrijecedores:

$$R_d \leq 0,80\, b(c + hf)f_{cd} \quad \text{em apoios extremos}$$
$$R_d \leq 1,20\, b(c + 2hf)f_{cd} \quad \text{em apoios intermediários}$$

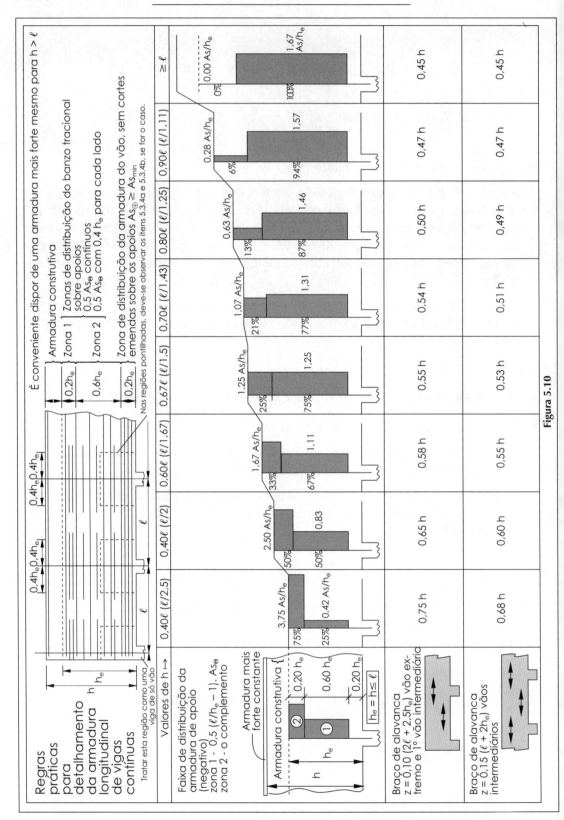

Figura 5.10

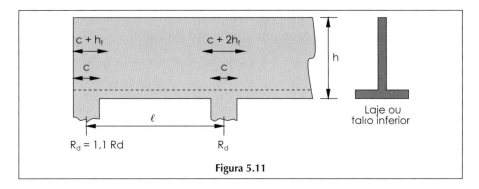

Figura 5.11

$$b - \text{largura do apoio} \geq b_w$$
$$c_{\text{cálculo}} \leq \ell_{\min}/5 - \text{comprimento do apoio}$$

Para apoios indiretos ou apoios diretos com enrijecedores (pilar ou nervura vertical):

$$\frac{V_d}{b_w h_e} \leq 0{,}11 \times f_{cd} \frac{1}{(1 - c/\ell)}$$

$c_{\text{cálculo}} < \ell_{\min}/5$ – comprimento do apoio (não tomar c maior que $0{,}2\,\ell_{\min}$)

Os valores acima são os recomendados no boletim 139 do CEB: *Complements au Code-Modele CEB-FIP 1987*.

5.3.4 ARMADURAS DE ALMA

Deve-se prever em vigas-paredes uma armadura ortogonal, formada por barras longitudinais e estribos verticais dispostas nas faces, e com valor mínimo de:

$$\left.\begin{array}{l} Ash_{\text{longitudinais}} \\ Asv_{\text{estribos}} \end{array}\right\} \geq (\text{em cm}^2/\text{m}) \begin{cases} \text{CA-50} & 0{,}15\% \quad b_w \cdot \ell \text{ por face,} \\ & \qquad\qquad\qquad \text{segundo Leonhardt} \\ & 0{,}075\% \; b_w \cdot \ell \text{ por face, segundo o} \\ & \qquad\qquad\qquad \text{Cód. Modelo do CEB/FIB}[1] \\ \text{CA-25} & 0{,}25\% \quad b_w \cdot \ell \text{ por face} \\ & 0{,}125\% \; b_w \cdot \ell \text{ por face, segundo o} \\ & \qquad\qquad\qquad \text{Cód. Modelo do CEB/FIB} \end{cases}$$

Ex.: $b_w = 40$ cm $\rightarrow As = \dfrac{0{,}15}{100} \times 100 \times 40 = 6$ cm^2/m

Pode-se considerar esta armadura como parte da armadura dos tirantes $A_{s\oplus}$ e $A_{s\ominus}$ desde que ela seja devidamente ancorada nos extremos e possua emendas adequadas. Deve-se ter os seguintes espaçamentos máximos:

$$s_h \text{ e } s_v \leq \begin{cases} 2\,b_w \\ 30 \text{ cm} \end{cases}$$

---

[1] CEB – Comitê Europeu do Betão (concreto) e FIB – Federação Internacional do Betão.

Quando a viga-parede funcionar também como laje (caixas-d'água), devem ser respeitadas as armaduras e espaçamentos mínimos de laje.

Esta armadura de alma deve ser completada pelas armaduras localizadas necessárias nos seguintes casos:

a) Apoio direto com enrijecedor ou com carga elevada

É necessário de uma armadura horizontal e vertical detalhada na Figura 5.12:

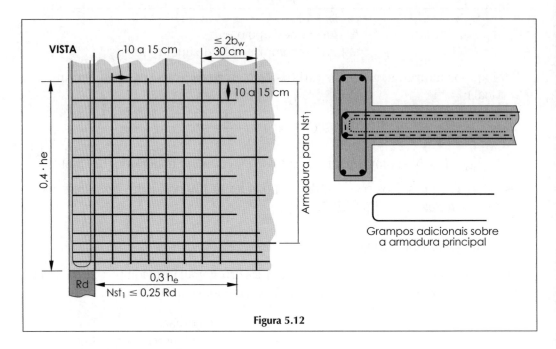

Figura 5.12

b) Apoios indiretos

Nos apoios indiretos, a carga da parede apoiada tende a se apoiar no terço inferior da viga suporte. Isto dá condições boas de apoio para poucas bielas como pode ser observado na ruptura da viga, descrita anteriormente. É necessária, então, a armadura de suspensão da carga especificada na Figura 5.13.

A armadura de suspensão localizada deve ser disposta em malha ortogonal, com grampos horizontais e verticais, pouco espaçadas e resistir a uma força de $0,8\,R_d$, isto para forças cortantes baixas $V_d \leq 0,5\,V_u$ sendo que

$$(V_u = 0,11\ bw\ h\, fcd\ \ell/(\ell - c/\ell).$$

A armadura de suspensão total (estribos verticais) será definida adiante.

Para forças cortantes mais elevadas, $V_d > 0,5\,V_u$, é conveniente a utilização de estribos inclinados em forma de grampos dimensionados para o esforço $0,5\,R_d$.

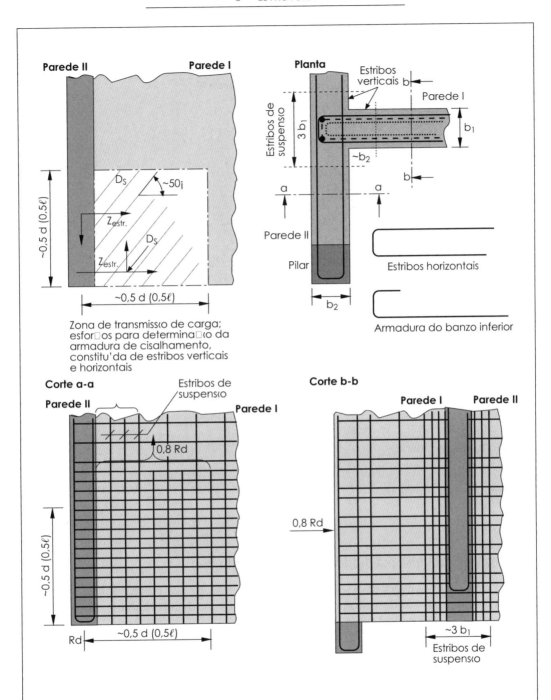

Figura 5.13 Detalhes da armadura na zona de transmissão de carga da parede I, apoiada indiretamente na parede--suporte II, com estribos verticais e horizontais, no caso de solicitação moderada.
$V_d \leq 0,5\ V_u$.

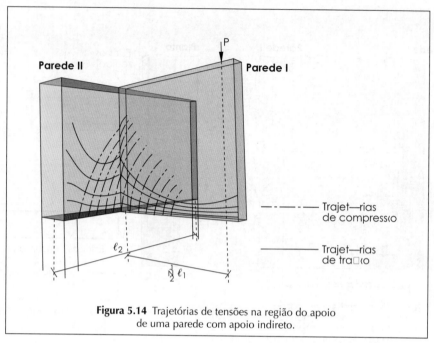

Figura 5.14 Trajetórias de tensões na região do apoio de uma parede com apoio indireto.

Malha ortogonal:

$$A_{sv} = A_{sh} = \frac{0,8\,R_d}{0,5\,he\,f_{yd}} = \frac{1,6\,R_d}{he\,f_{yd}}$$

Armadura inclinada:

$$A_{s,\,incl} = \frac{0,5\,R_d}{\sqrt{2}/2 \cdot 0,45\,he \cdot fyd} \times fyd \cong \frac{1,6\,R_d}{he\,fyd} \quad (cm^2/m)$$

c) Cargas distribuídas penduradas por baixo (indiretas)

Deve-se dispor, neste caso, de armadura de suspensão constituída de estribos com pequeno espaçamento ou em malha que suspenda a totalidade da carga indireta e mais uma parcela do peso próprio.

$$A_{susp} = \frac{p}{\sigma_{sd}} \qquad \sigma_{sd} \leq 3,1\ \text{tf/cm}^2$$

para limitar a fissuração, resulta uma tensão em serviço de $\sigma_s \cong 3,1/1,4 = 2,2$ tf/cm² ($\sigma_s = 2,2$ tf/cm²).

Quando $h \leq 1,2\ell$ todos os estribos devem ir até a face superior.

Quando $h > 1,2\ell$ levar a armadura até aproximadamente a um semicírculo, como o indicado na Figura 5.16.

5 — ESTRUTURA

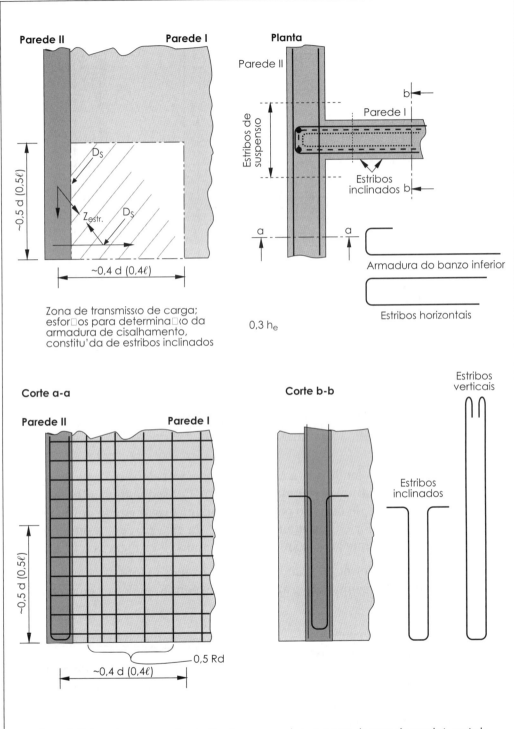

Figura 5.15 Armadura com estribos inclinados, na zona de transmissão de carga da parede I, apoiada indiretamente, no caso de solicitações elevadas. $V_u \geq V_d \geq 0,5\ V_u$.

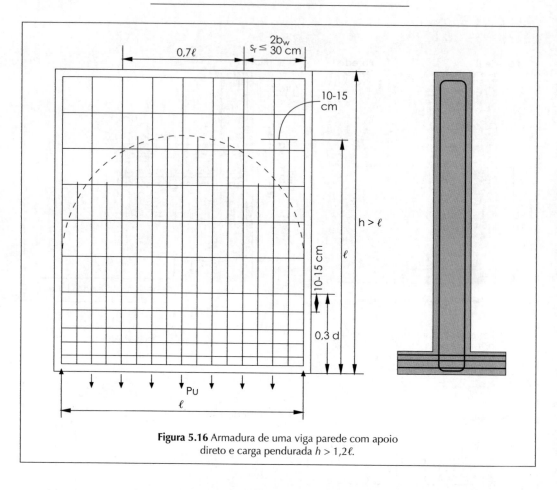

Figura 5.16 Armadura de uma viga parede com apoio direto e carga pendurada $h > 1,2\ell$.

Leonhardt recomenda ainda que a armadura de suspensão deve envolver a zona de apoio da peça estrutural que transmite a carga. Consequentemente, a armadura inferior de uma laje de um piso pendurado em uma viga-parede deve apoiar-se sobre a camada inferior da armadura do banzo da viga parede, a fim de que as bielas de compressão que lá chegam possam se apoiar. Ver Figuras 5.17 e 5.18.

No caso da viga-parede ser de grande altura e a execução for feita em várias juntas de construção horizontais, a armadura de suspensão pode ser emendada por transpasse.

d) Cargas concentradas indiretas

Para estes carregamentos indiretos, deve-se prever uma armadura de suspensão dimensionada para a totalidade da carga. Para cargas moderadas, essa suspensão pode ser constituída por estribos verticais dispostos na largura $3b_1$ da viga suporte e mais na largura b_2 da viga apoiada.

Para cargas altas importantes, é conveniente uma estrutura de suspensão constituída por barras curvadas ($d \geq 20$) dispostas como na Figura 5.19. Essa armadura vertical deve absorver 40% da carga, os restantes 60% serão absorvidos por estribos verticais.

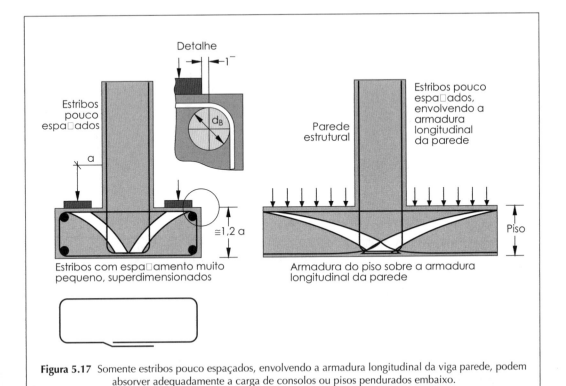

Figura 5.17 Somente estribos pouco espaçados, envolvendo a armadura longitudinal da viga parede, podem absorver adequadamente a carga de consolos ou pisos pendurados embaixo.

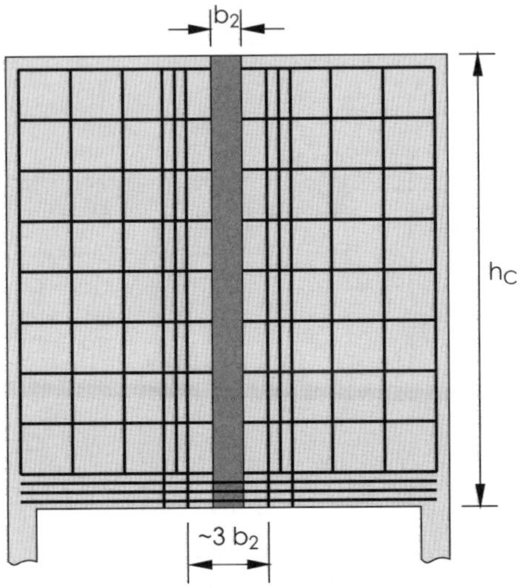

$$As_{\text{vert. total}} = \frac{Vd}{\sigma sd}$$

$$\sigma sd \leq 3{,}1 \text{ tf/cm}^2$$

Figura 5.18

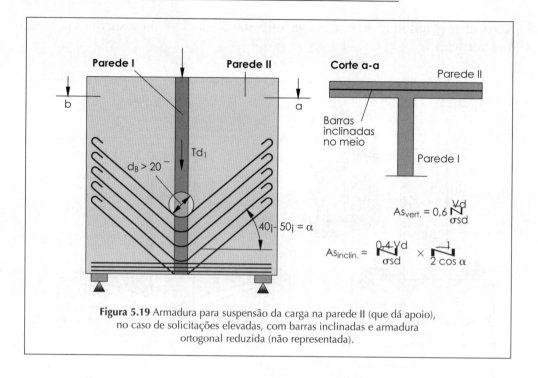

Figura 5.19 Armadura para suspensão da carga na parede II (que dá apoio), no caso de solicitações elevadas, com barras inclinadas e armadura ortogonal reduzida (não representada).

e) Cargas concentradas localizadas

Toda "entrada" de cargas concentradas deve ser analisada em termos das tensões de fendilhamento, que surgem no entorno de seu ponto de aplicação. Essas tensões podem ser obtidas analisando esse pedaço da estrutura como bloco parcialmente carregado. Nas figuras seguintes, são mostrados alguns exemplos.

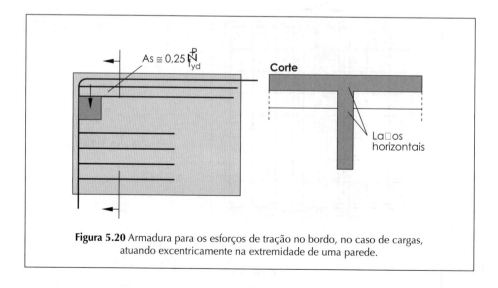

Figura 5.20 Armadura para os esforços de tração no bordo, no caso de cargas, atuando excentricamente na extremidade de uma parede.

5 — ESTRUTURA

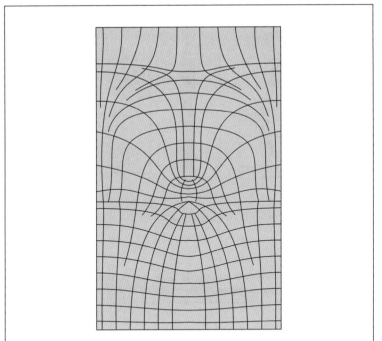

Figura 5.21 Trajetórias das tensões principais em uma chapa solicitada por uma carga atuante no seu interior.

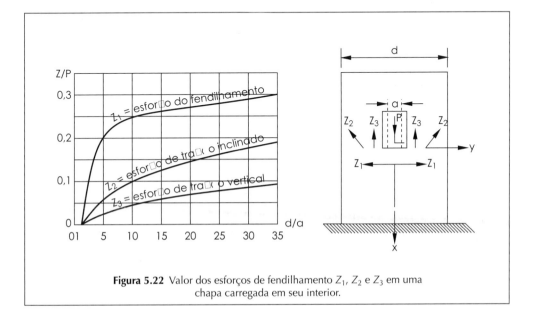

Figura 5.22 Valor dos esforços de fendilhamento Z_1, Z_2 e Z_3 em uma chapa carregada em seu interior.

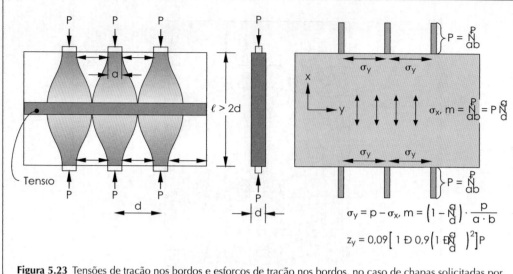

Figura 5.23 Tensões de tração nos bordos e esforços de tração nos bordos, no caso de chapas solicitadas por cargas sistemáticas em ambas as faces.

5.4 EXEMPLOS DE DETALHAMENTO DE VIGAS-PAREDE SEGUNDO LEONHARDT

Nas figuras a seguir, estão alguns exemplos de detalhamento de vigas-paredes contínuas.

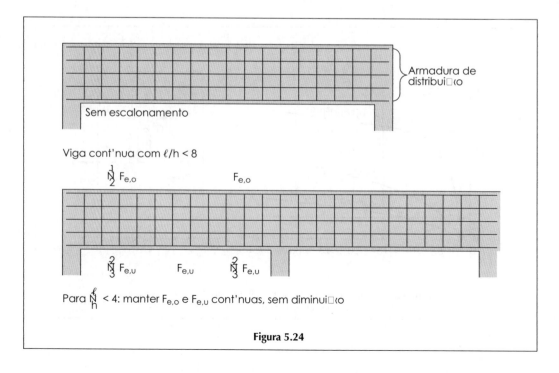

Figura 5.24

5 — ESTRUTURA

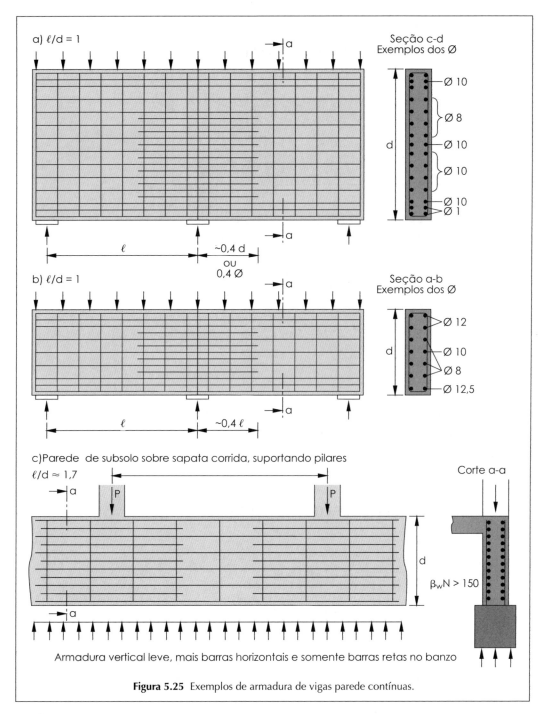

Figura 5.25 Exemplos de armadura de vigas parede contínuas.

É importante observar que, para vigas normais, cuja altura $\ell/8 < h < \ell/2,5$, é conveniente seguir um detalhamento de armadura misto entre vigas e vigas-paredes.

Note-se que, neste caso são, necessários os estribos como armadura de cisalhamento.

Exemplo de viga-parede

Dada a viga-parede abaixo, calcular as armaduras.

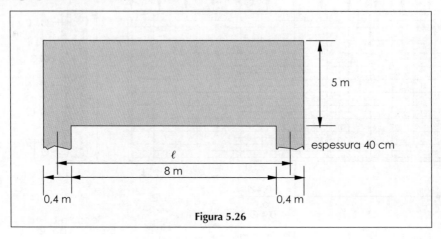

Figura 5.26

a) cálculo de h e l

$l = 8 + 0,2 + 0,2 = 8,4$ m; $\quad h = 5$ m

$$\ell = \ell_0 + \frac{c_1}{2} + \frac{c_2}{2}$$

b) cálculo do braço de alavanca Z $(h < l)$

$Z = 0,15 \times (8,4 + 3 \times 5) = 3,51$ m
$Z = 0,15 \times (\ell + 3\,he)$

c) cálculo do momento fletor

peso próprio da viga-parede = $0,4 \times 5 \times 2,5 = 5$ tf/m
laje = 3 tf/m

$$M = \frac{pl^2}{8} = \frac{(5+3) \times 8,4^2}{8} = 70,56 \text{ tfm}$$

d) cálculo da armadura: $As = \dfrac{Md}{Z \times fyd}$

$$As = \frac{70,56 \times 1,4}{3,51 \times 4,35} = 6,46 \text{ cm}^2$$

$$\frac{h}{\ell} = \frac{5}{8,4} = 0,595 \rightarrow \frac{As_{min}}{bh} = 0,13\%$$

$$As_{min} = \frac{0,13}{100} \times 40 \times 500 = 26 \text{ cm}^2 \quad (13\phi16 \text{ mm})$$

e) armaduras horizontais e verticais

$$As_h = \frac{0{,}15}{100} \times 40 \times 100 = 6 \text{ cm}^2/\text{m} \quad \text{(por face)} \quad \phi 12{,}5 \text{ c/20}$$

$$As_v = \frac{0{,}15}{100} \times 40 \times 100 = 6 \text{ cm}^2/\text{m} \quad \text{(por face)} \quad \phi 12{,}5 \text{ c/20}$$

Detalhamento da armação

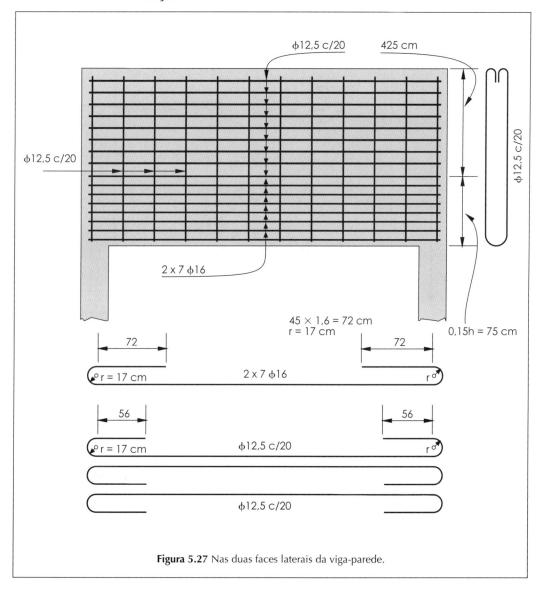

Figura 5.27 Nas duas faces laterais da viga-parede.

5.5 CONSOLOS CURTOS

Segundo Kris e Raths (Robinson), temos:

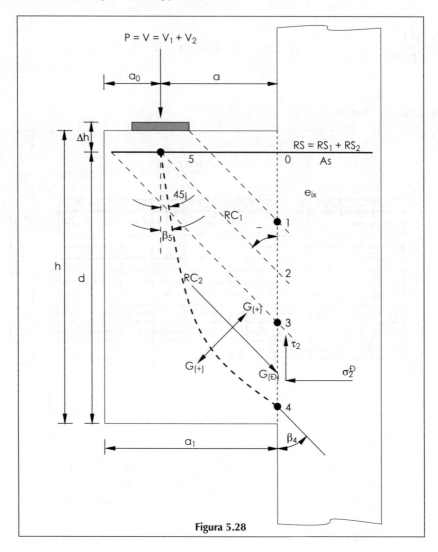

Figura 5.28

O esquema estrutural resistente interno é a combinação de uma treliça simples (5-0-2). Diagonal reta (5-2), com ângulo de 45° com a vertical, (RC_1 = força de compressão) e também de um arco comprimido com força RC_2 variável maior em módulo junto à carga V (5) e menor no pé do consolo (4).

A força R_{S1} (tração) no nó 5 equilibra a RC_1 e V_1. A força R_{S2} (tração), também em 5, equilibra no nó 5 $RC_{2,5}$ senβ e V_2, constata-se entre (0-1) tensões nulas, constantes entre (1-3) e variáveis entre (3-4). Maiores em módulo em 3 do que 4, segundo os autores acima, tomando-se precauções no dimensionamento, pode-se desprezar a largura da biela comprimida (5-2) e do arco comprimido (5-4).

Temos, então, RC_1 em 2 com ângulo θ, com a vertical e tensões τ_2 (cisalhamento) variáveis entre (2-4).

A capacidade portante da peça está condicionada por:

1. pela resistência do apoio (pilar);

2. pela resistência da almofada de apoio e do concreto abaixo;

3. pelo nó 5 de equilibrar $V, R_S, RC_1,$ e RC_2;

4. pela resistência do tirante A_S, capacidade de deformação e de limitar deformações;

5. pela resistência da biela (5-2);

6. pela resistência a compressão do arco (5-4);

7. pela resistência a compressão diagonal do material contido na figura (4-5-2-4), a compressão diagonal;

8. resistência do material contido na figura (4-5-2-4) a tração;

- (1) devemos ter resistência do apoio (pilar) maior do que a do consolo;

- (2) (3) com detalhamento adequado, faz-se que não seja crítico;

- (4) é atendido com dimensionamento adequado do tirante e armadura de costura;

- (5) consideramos a verificação do Leonhardt, como mais adequada para a biela comprimida

$$b_{nec} = \frac{6,2\left(P + H\left(\frac{\Delta h}{a} \right) \right)}{h \times 0,85 f_{ck}}(1,6 + a/d);$$

- (6) raramente arco comprimido (5-4) condiciona capacidade portante;

- (7) também o material contido em (4-5-2-4) raramente condiciona a capacidade portante;

- (8) nos consolos sem armadura de costura, as tensões de tração são limitadas a valores baixos, e condicionam cargas V_2 baixas, sobrecarregando a treliça simples (0-2-5) a ruptura é brusca, quando a resistência do concreto à tração é ultrapassada (ruptura do tipo frágil). Se existir armadura de costura adequada, que introduz no concreto tensões de compressão, a ruptura fica retardada, favorecendo o mecanismo de arco costurado, aumentado a carga V_2, aliviando a treliça simples (5-0-2). Desta forma, a ruptura passa a ser do tipo dúctil (suave e progressiva), assim não se farão consolos sem costura, excetuando-se o caso de blocos de fundação com carga praticamente constante.

Conclusões e roteiro de cálculo

1) Geometria da peça

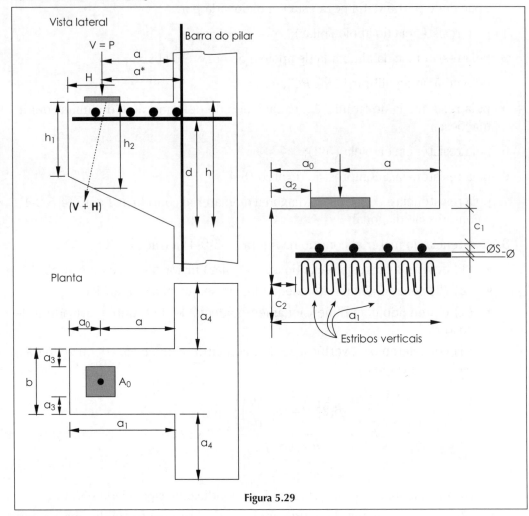

Figura 5.29

Segundo Kriz e Raths: $(h_1 \geqslant h/2)$
   $C_2 + C_1 + \phi_s \leqslant a_2 \leqslant c_2 + 2c_1 + \phi + \phi_s$, onde $(a_2 \cong 5 \text{ cm})$

Segundo Robinson: $(h_2 \geqslant h/2)$
   $a_3 = C_1$ $(a_3 \cong 5 \text{ cm})$

Leonhardt
   $\dfrac{h}{a} > 2$, tomaremos $d \cong 2a$

Para o cálculo do tirante, deve-se considerar
   $a^* = a + c + \emptyset + \phi_s$ $\qquad$ $a_1^* = a_1 + c + \emptyset + \phi_s$
   sendo $(c + \emptyset + \phi_s)$ do pilar.

5 — ESTRUTURA

151

2) Limitação de pressão de contato

(H = Força horizontal)

$\sigma_{od} = Vd/A_0$

Almofadas de concreto alisadas e $(H > O)$ $\qquad \sigma_{od} \leq 0,2 f_{cd}$

Almofadas de neoprene e $(H > 0)$ $\qquad \sigma_{od} \leq 0,6 f_{cd} \leq 140 \ kgf/cm^2$

Tomaremos $H = 0$ somente se houver revestimento de teflon.

3) Armadura do tirante tracionado

$$As = \frac{Pd \times a^*}{0,8d \, f_{yd}} + \frac{Hd}{f_{yd}}$$

$$As_{min} \geq \begin{cases} 0,004 \times bd \\ 0,016 \times b \times a_1^* \\ 0,020 \times b \times a^* \end{cases}$$

$$Pd = 1,4P$$
$$Hd = 1,4H$$
$$a^* = a + \underbrace{c + \emptyset_e + \emptyset_\ell}_{Pilar}$$

$\begin{cases} \emptyset_e & \text{diâmetro do estribo} \\ \emptyset_e & \text{diâmetro da barra} \\ & \text{longitudinal} \\ c & \text{comprimento da armadura} \\ H & \text{força horizontal} \\ P & \text{força vertical} \end{cases}$

4) Verificação do concreto

$$\tau d = \frac{Pd}{b \times d} \leq 0,25 f_{cd}$$

5) Verificação da largura $b_{(mínima)}$

$$b_{nec} = \frac{6,2 \times \left(P + H \dfrac{\Delta h}{a} \right)}{h + 0,85 f_{ck}} (1,6 + a/d)$$

6) Armadura de costura (estribos horizontais)

$$\frac{Ast}{s} = \frac{0,2(Vd + Hd)}{f_{yd} \times a^*} \geq \begin{cases} \dfrac{0,3 \times Vd}{f_{yd} a_1^*} \\ \left(\dfrac{Ast}{s} \right)_{\substack{min \\ (cm^2/m)}} = \begin{cases} 0,25 \times \underset{cm/m}{b}_{m} & \text{(Aço CA-25)} \\ 0,14 \times b & \text{(Aço CA-50)} \end{cases} \end{cases}$$

7) Estribos verticais construtivos

$$\left(\frac{Ast}{s} \right)_{min} = \begin{cases} 0,25 \times b & \text{(CA-25)} \\ 0,14 \times b & \text{(CA-50)} \end{cases}$$

8) Se tivermos uma viga chegando no consolo, devemos primeiro suspender a carga com $As_{susp} = \frac{Vd}{f_{yd}}$, com estribos verticais dentro do consolo.

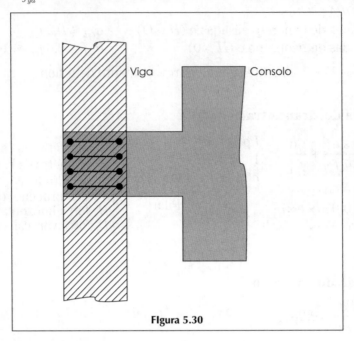

Figura 5.30

Consolos de apoio de lajes, detalhe recomendado de armadura

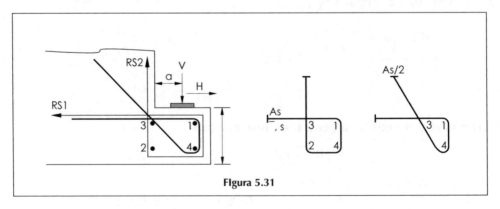

Figura 5.31

Estes consolos têm altura (h) e (a) pequenos em relação a *extensão* (b) do consolo. Alguém e Clarke relatam no *The structural engineer*, 1976, resultados dos ensaios e o arranjo mais adequado de *armadura*.

Ensaios

Todos os detalhes, (a), (b) e (c) pecam por não dar condições satisfatórias de equilíbrio no nó 2. Os piores resultados foram os do detalhe (c).

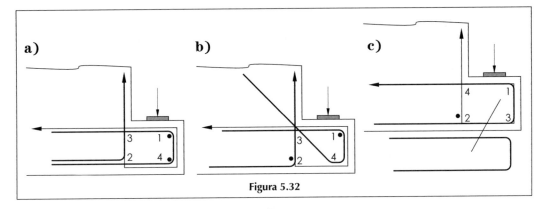

Figura 5.32

"Cuidado: a norma NBR 9062/1985 - pré-moldados, na figura, só sugerem o detalhe (a), o que não é recomendado pelos ensaios".

Conclusões

a) Não usar os estribos da viga como armadura de suspensão, visto que a dobra inferior do estribo não está no sentido conveniente para apanhar a força de compressão (RC).

b) Armadura de área As, diâmetro $\emptyset$ e espaçamento s, para resistir aos esforços de tração (1-3 e 2-3) com $5 \text{ mm} \leqslant \emptyset \leqslant h/10$ e $6 \text{ cm} \leqslant s \leqslant \begin{cases} 2h \\ 20 \text{ cm} \\ 15 \, \emptyset \text{ long} \end{cases}$

c) Colocar uma armadura $As/2$ que se destina a diminuir a abertura de fissura em 3, com o ramo inclinado, o ramo horizontal deve absorver o empuxo horizontal H, em geral não calculado. Com $\emptyset_{\text{long.}} \geqslant \emptyset$.

d) Tiras de neoprene

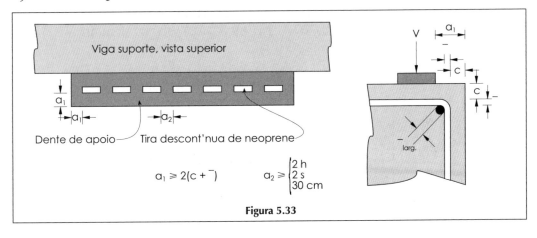

Figura 5.33

e) Coeficientes de ponderação:
$Vd = \gamma_n \times \gamma_f \times V_k$ e $Hd = \gamma_n \times \gamma_f \times H_k$
$\gamma_n = 1,1$ (nos casos usuais).

Exemplo 1

Determinar a armadura do dente suporte do esquema abaixo.

$Vk = 1{,}20$ tf/m, valor médio da reação de apoio na laje, concreto fck = 180 kgf/cm²
Aço CA-50
$c = 1{,}5$ cm (cobrimento
$a = 8$ cm

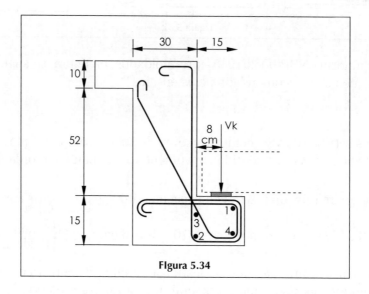

Figura 5.34

Numa primeira aproximação, como distribuição parabólica:

$Vk_{max} \cong 1{,}5\, Vk_{médio} \mapsto Vk_{max} = Vk = 1{,}5 \times 1{,}20 = 1{,}80$ tf/m
$Vd = \gamma_n \times \gamma_f \times Vk_{max} = 1{,}1 \times 1{,}4 \times 1{,}80 = 2{,}77$ tf/m
$Md = Vd(a + c + \varnothing + 2) = 2{,}77(8 + 1{,}5 + 0{,}63 + 2) = 33{,}60$ tfcm/m

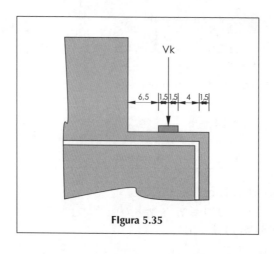

Figura 5.35

$$k_6 = \frac{100 \times 13{,}0^2}{33{,}60} = 502$$

$$R_{sd} = \frac{Md}{z} = \frac{33{,}60}{11} = 63{,}05 \text{ tf/m} > Vd$$

$z = 15 - 4 = 11$ cm

$$\tau wd = \frac{Vd}{b \times d} = \frac{2.770}{100 \times 13} = 2{,}13 \text{ kgf/cm}^2 \quad (\text{valor baixo})$$

$$As_{calc} = \frac{R_{sd}}{fyd} = \frac{3.025}{4.348} = 0{,}70 \text{ cm}^2/\text{m}$$

$$As_{mín.} = 0{,}15\% \, b \times d = \frac{0{,}15}{100} \times 100 \times 13 = 1{,}95 \text{ cm}^2/\text{m} \quad \varnothing 6{,}3 \text{ mm c/15}$$

Armadura longitudinal 4 Ø 10
$s \leqslant 15 \times 1{,}0 = 15$ cm

Intercalando posições (1) e (2), teremos:
Ø 6,3 c/7,5 (OK)

Poderíamos colocar:
$\varnothing_{long} = 6{,}3$ mm
$s \leqslant 15 \times 0{,}63 \cong 9{,}5$ cm.

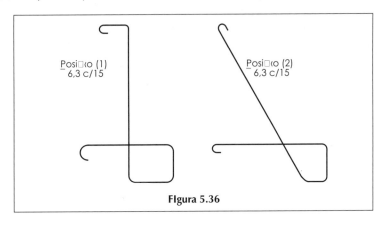

Figura 5.36

Exemplo 2

Calcular o consolo abaixo.
$V = 35$ tf
fck = 20 MPa
Aço CA-50 → $fyd = 4350$ kgf/cm^2
$\gamma_f = 1{,}4 \qquad \gamma_c = 1{,}4 \qquad \gamma_s = 1{,}15$
$b = 45$ cm
$\Delta h = 5 + 2 + 1 = 8$ cm

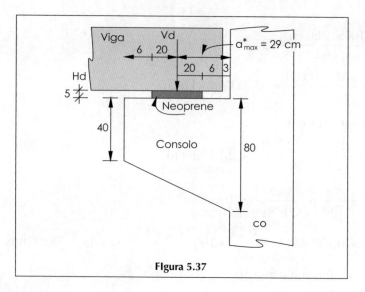

Figura 5.37

a) Valores de cálculo das cargas

$Vd = 1,4 \times 35 = 49$ tf
$Hd = \underline{0,4} \times 49 = 19,6$ tf $\longrightarrow H = 19,6/1,4 = 14$ tf
$\quad\ \hookrightarrow$ atrito adotado

b) Limitação de pressão de contato ($\sigma_{od} \leq 140$ kgf/cm^2)

$$\sigma_{od} = \frac{V_d}{A_0} = \frac{49.000}{15 \times 40} = 81,66 \frac{\text{kgf}}{\text{cm}^2}$$

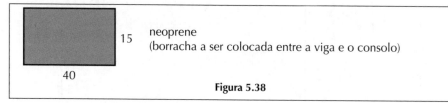

neoprene
(borracha a ser colocada entre a viga e o consolo)

Figura 5.38

c) Armadura do tirante tracionado

$$As = \frac{Pd \cdot a^*}{0,8 \cdot d \cdot fyd} + \frac{Hd}{fyd}$$

$a^* = 29 + \overbrace{2,5}^{\substack{\phi\text{ longitudinal}\\ \text{do pilar}}} + \overbrace{2}^{\text{cobrimento}} + \overbrace{0,6}^{\substack{\text{estribo}\\ \text{do pilar}}}$

$a^* = 34,1$ cm

como temos

$\dfrac{h}{a} \rangle 2 \to \dfrac{80}{29} \rangle 2 \to d \cong 2a \qquad d = 2 \times 34,1 = 68,2$ cm

$$As = \frac{1,4 \times 35.000 \times 34,1}{0,8 \times 68,2 \times 4.350} + \frac{19.600}{4.350} = As = 7,04 + 4,5 = 11,54 \text{ cm}^2 \quad 4 \oslash 20 \text{ mm}$$

d) Verificação do concreto

$$\tau d = \frac{Pd}{b \cdot d} = \frac{1,4 \times 35.000}{45 \times 68,4} = 15,91 \text{ kgf/cm}^2$$

$$0,25 \, fcd = 0,25 = \frac{200}{1,4} = 35,71 \text{ cm}^2/\text{m} \quad \text{(O.K.)}$$

e) Verificação da largura mínima

$$bnec = \frac{6,2 \times \left(35.000 + 14.000 \times \dfrac{8}{34,1}\right)}{68,4 \times 0,85 \times 200} \times \left(1,6 + \frac{34,1}{68,2}\right) = 43 \text{ cm} \langle bw \rangle$$

Temos 45cm (O.K.)

f) Armadura horizontal

$$Ast = \frac{0,2 \times (49.000 + 19.600)}{4.350 \times 34,1} = 0,092 \frac{\text{cm}^2}{\text{cm}} = \frac{9,2 \text{ cm}^2}{\text{m}} \quad \phi 12,5 \text{ c}/10$$

g) Estribos verticais

$$\left(\frac{Ast}{S}\right) = 0,14 \times 45 = 6,3 \text{ cm}^2/\text{m} \quad \phi \, 10 \text{ c}/10$$

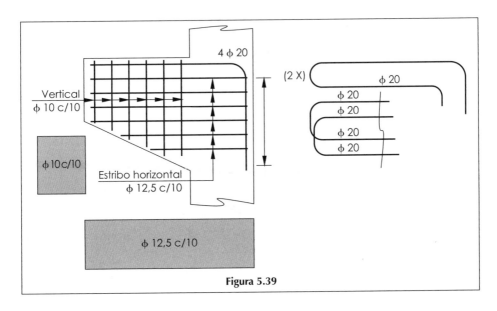

Figura 5.39

5.6 BLOCOS DE ESTACAS

Bloco de estacas é um bloco de concreto que serve para transferir a carga do pilar para as estacas cravadas ou escavadas no solo.

5.6.1 RECOMENDAÇÕES

A serem seguidas para o cálculo como bloco rígido pelo método das bielas.

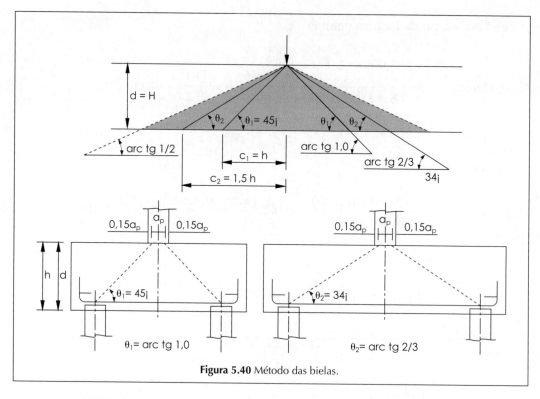

Figura 5.40 Método das bielas.

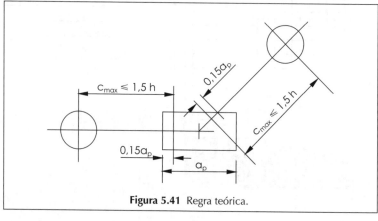

Figura 5.41 Regra teórica.

5 — ESTRUTURA

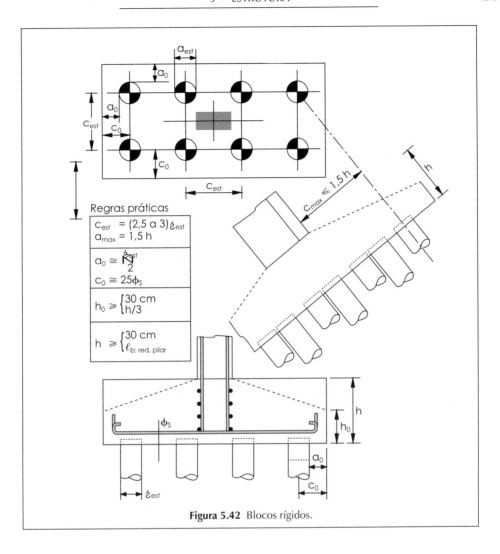

Figura 5.42 Blocos rígidos.

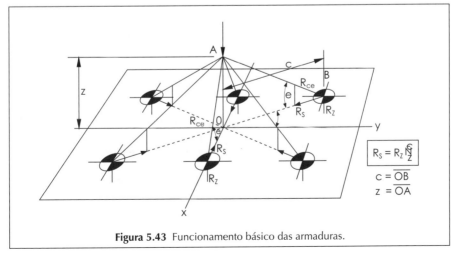

Figura 5.43 Funcionamento básico das armaduras.

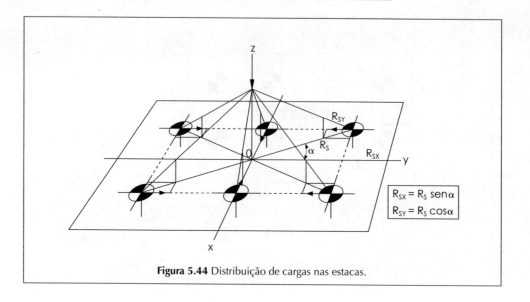

Figura 5.44 Distribuição de cargas nas estacas.

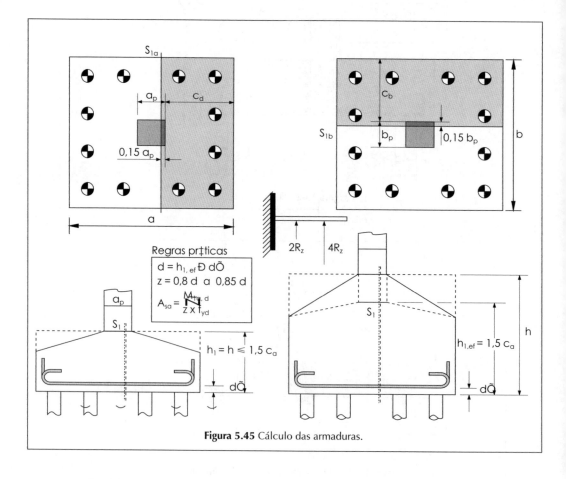

Figura 5.45 Cálculo das armaduras.

5 — ESTRUTURA

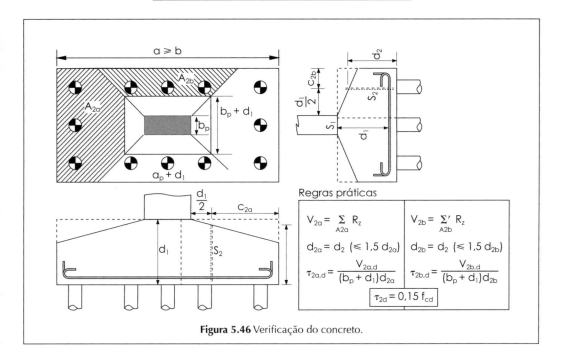

Figura 5.46 Verificação do concreto.

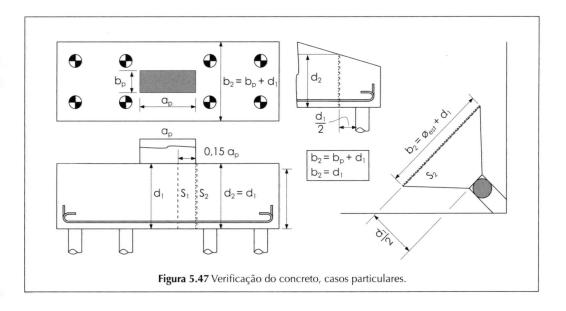

Figura 5.47 Verificação do concreto, casos particulares.

Bloco de concreto simples

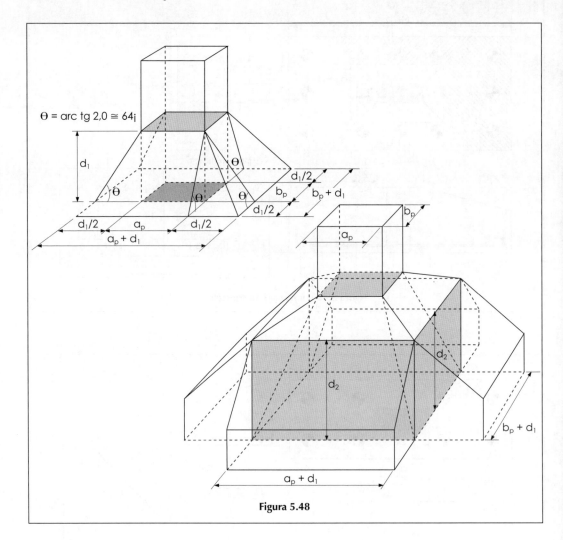

Figura 5.48

5 — ESTRUTURA

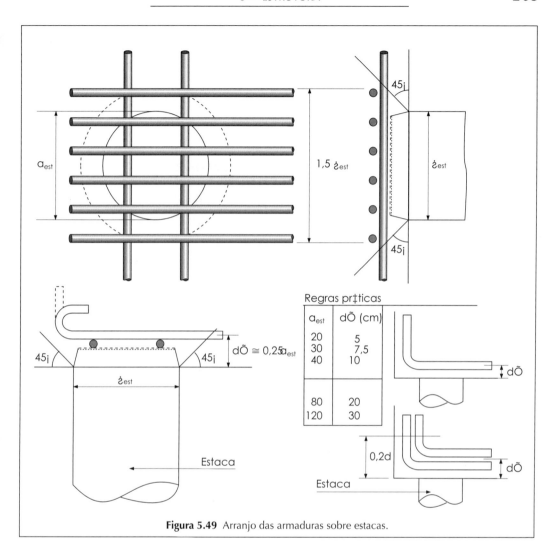

Figura 5.49 Arranjo das armaduras sobre estacas.

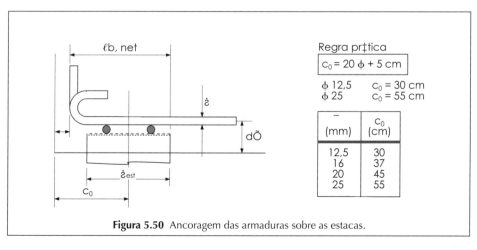

Figura 5.50 Ancoragem das armaduras sobre as estacas.

$\ell_{b,\,net} \cong 27\phi \qquad \Delta\ell_b = 10\phi$

$R_{S,\,apoio} = 0,8\,R_{s,\,máx}$

$\tau_{bu,\,ef} = 1,3\tau_{bu}$ (efeito de compressão)

$\ell_{b,ef} = \dfrac{1,3}{0,8} - 27\phi + 10\phi = 44\phi + 10\phi = 54\phi \rightarrow \ell_{b,ef} = 54\phi$

Satisfatório para $\begin{cases} f_{ck} = 150 \text{ kgf/cm} \\ \text{CA-50} \\ \text{boa aderência} \end{cases}$

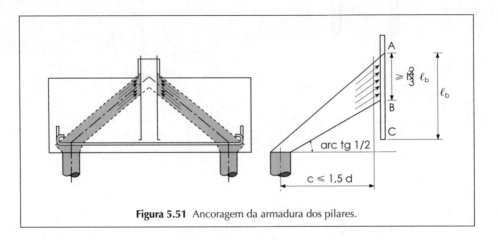

Figura 5.51 Ancoragem da armadura dos pilares.

Bloco sobre duas estacas com momento aplicado

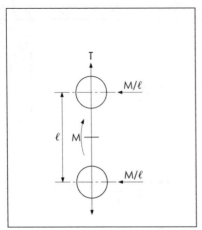

Figura 5.52 Bloco de 2 estacas.

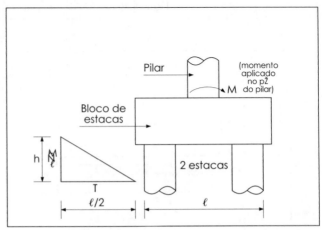

Figura 5.53 Esforços nas estacas.

Reação nas estacas com aplicação do momento

$$\frac{\frac{M}{\ell}}{h} = \frac{T}{\ell/2} \Rightarrow \boxed{T = \frac{M}{2h}}$$

Bloco sobre três estacas com momento aplicado

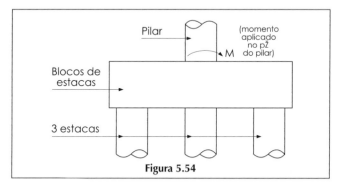

Figura 5.54

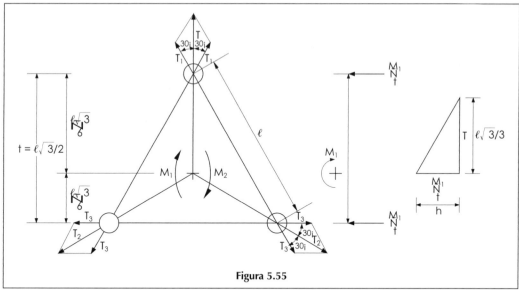

Figura 5.55

Reações nas estacas com aplicação de momento.

Efeito de M_1 $\quad \dfrac{\dfrac{M_1}{t}}{h} = \dfrac{T}{\dfrac{\ell\sqrt{3}}{3}}$

Como $2T_1 \cos 30° = T$, temos: $\boxed{T_1 = \dfrac{2\sqrt{3}}{9}\dfrac{M_1}{h}}$

Efeito de M_2 $\dfrac{\dfrac{M_2}{2t}}{h} = \dfrac{T_2}{\dfrac{\ell\sqrt{3}}{3}}$

Como $2T_3 \cos 30° = T_2$, temos: $\boxed{T_3 = \dfrac{\sqrt{3}}{9}\dfrac{M_2}{h}}$

Bloco sobre quatro estacas com momento aplicado

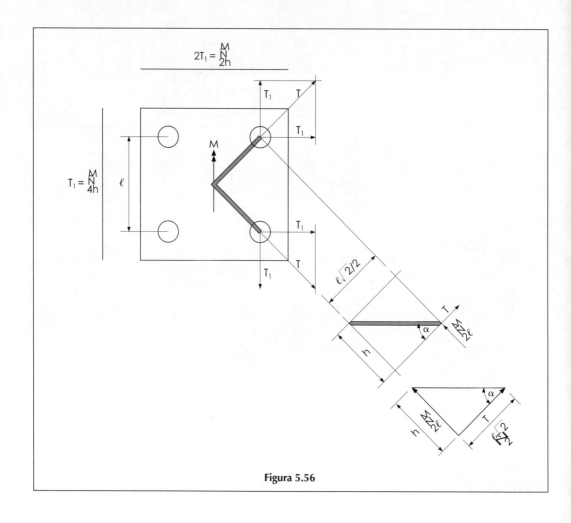

Figura 5.56

Reação nas estacas com aplicação de momento

$$\frac{\frac{M}{2\ell}}{h} = \frac{T}{\frac{\ell\sqrt{2}}{2}}$$

$$T_1 = \frac{M}{4h}$$

5.6.2 BLOCO DE UMA ESTACA

Cálculo dos estribos horizontais do bloco

Força de tração $= z = 0{,}25\,Nk \times \dfrac{B-b}{d}$ com $(h < B)$

$Z =$ força de tração
$B =$ largura do bloco
$b =$ largura do pilar
$Nk =$ carga do pilar
$d =$ altura útil do bloco
$\phi =$ diâmetro da estaca
$h =$ altura total do bloco

$\begin{cases} h \geq B - \phi \\ e \\ h \geq B - b \end{cases}$

$h = d + 5$ cm

$$As = \frac{1{,}15 \times \gamma_f \times z}{f_{yd}}$$

CA-50 $f_{yd} = 4.348$ kgf/cm^2
$\gamma_f = 1{,}4$

Se tivermos $h > B$

$$z = 0{,}25 \times Nk \times \frac{B-b}{B}$$

Verificação da tensão de tração no concreto

Estribos horizontais (M1)

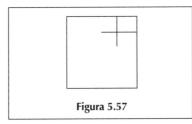

Figura 5.57

Estribos verticais (M2)

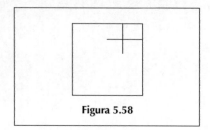
Figura 5.58

$$\sigma t = \frac{z}{B \times h}$$
$\sigma t \leq ftk$

	kgf/cm²		
fck	150	200	250
ftk	15	18	19,6

para $M_1 \leq 10$ mm – $M_2 = \varnothing\ 6,3$ c/10
para $M_1 \geq 12,5$ mm – $M_2 = \varnothing\ 8$ c/15
com ftk = resistência característica do concreto à tração.

Bloco quadrado (B x B)

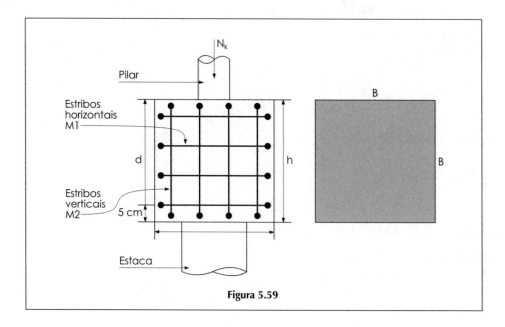
Figura 5.59

MÉTODO DAS BIELAS: TABELA DE CÁLCULO DE ARMADURA EM BLOCOS DE ESTACAS				
N. de estacas	**Esquema**	**Altura d mínima**	**Verificação compressão na biela**	**Armadura**
2	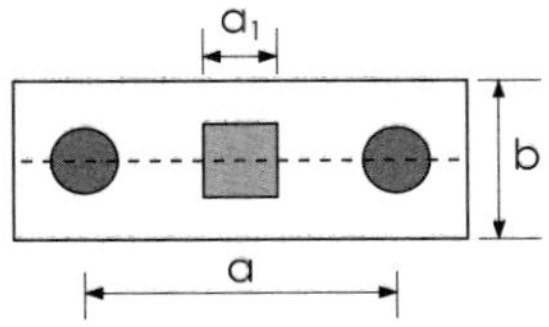	$0,5 \times \left(a - \dfrac{a_1}{2} \right)$	P = carga do pilar $\dfrac{P}{A_p \, \mathrm{sen}^2\theta} \leq 0,85 f_{ck}$ $\dfrac{P}{2A_e \, \mathrm{sen}^2\theta} \leq 0,85 f_{ck}$ A_e = área da estaca	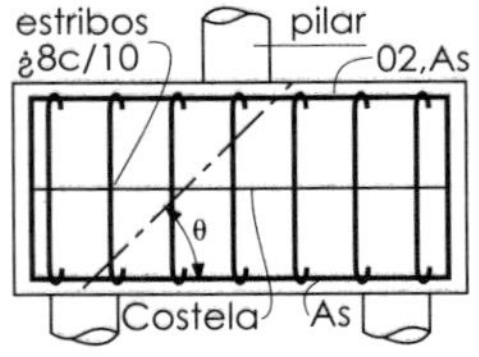 $z = 1,15\dfrac{P}{4d}\left(a - \dfrac{a_1}{2} \right)$ Z (força de tração no aço) $34° \leq \theta \leq 55°$ (método das bielas) Estribos: Ø8 c/10; $0,125\% \times bh$ (em cada face)
3	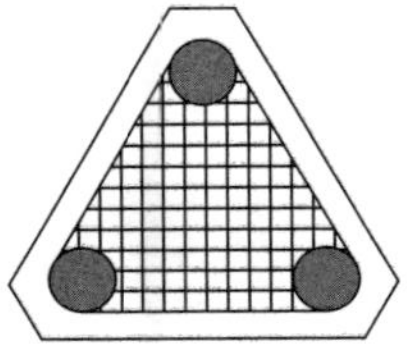	$0,58\left(a - \dfrac{a_1}{2} \right)$	Ap = área do pilar $\dfrac{P}{A_p \, \mathrm{sen}^2\theta} \leq 1,06 f_{ck}$ $\dfrac{P}{3A_e \, \mathrm{sen}^2\theta} \leq 1,06 f_{ck}$	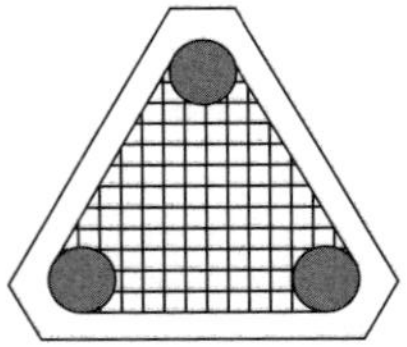 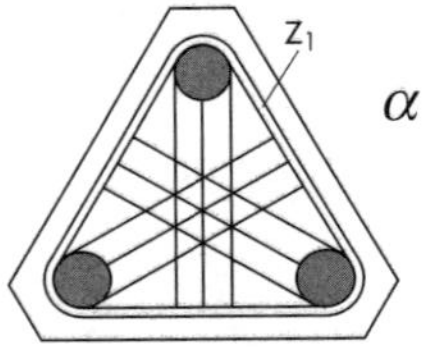 $z = \dfrac{P}{9d}\left(a - \dfrac{a_1}{2} \right)$ (segundo os lados ou cintas) + (malha) de seção $\left(^1/_5\right)As$ da cinta em cada direção $\alpha = \dfrac{Z_1}{Z_2}$ $z_1 = 1,15\dfrac{\alpha P}{9d}\left(a - \dfrac{a_1}{2} \right)$ (cintas ou segurança nos lados) $Z_z = \dfrac{(1-\alpha)P\sqrt{3}}{9d}\left(a - \dfrac{a_1}{2} \right)$ $0,125\% \times bh$ (em cada face) (medianas) $2/3 \leq \alpha \leq 4/5$

Figura 5.60

5 — ESTRUTURA

N. de estacas	Esquema	Altura d mínima	Verificação compressão na biela	Armadura
3	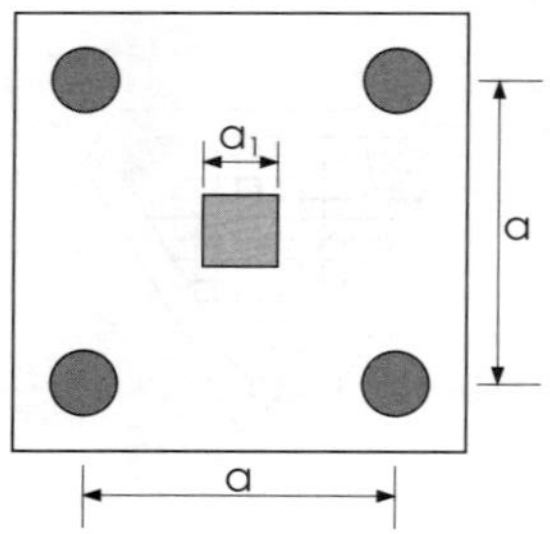 *(esquema: bloco quadrado com 4 estacas, dimensões a e a_1)*	$0,71\left(a - \dfrac{a_1}{2}\right)$	$\dfrac{P}{A_p\,\mathrm{sen}^2\theta} \le 1,28\,f_{ck}$ $\dfrac{P}{4A_e\,\mathrm{sen}^2\theta} \le 1,28\,f_{ck}$	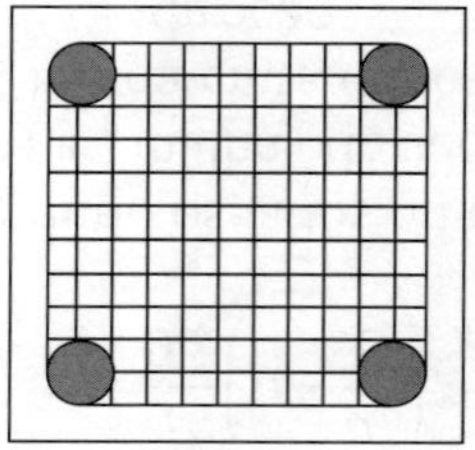 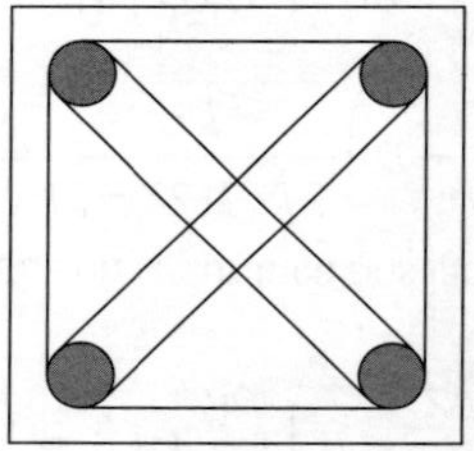 **(malha)** $z_1 = \dfrac{\alpha P}{8d}\left(a - \dfrac{a_1}{2}\right)$ (cintos ou segurança nos lados) $z_2 = \dfrac{2,4(1-\alpha)P}{8d}\left(a - \dfrac{a_1}{2}\right)$ (em cada direção da malha) $0,75 \le \alpha \le 0,85$ **(diagonais)** $z_1 = \dfrac{\alpha P}{8d}\left(a - \dfrac{a_1}{2}\right)$ (cintas ou segurança nos lados) $z_2 = \dfrac{(1-\alpha)P\sqrt{2}}{8d}\left(a - \dfrac{a_1}{2}\right)$ $0,5 \le \alpha \le 0,66$
5 (4+1)	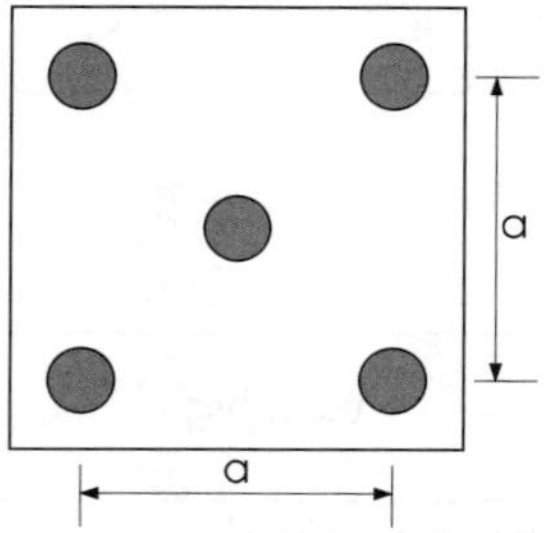 *(esquema: bloco quadrado com 5 estacas, dimensão a)*	$0,71\left(a - \dfrac{a_1}{2}\right)$	$\dfrac{P}{A_p\,\mathrm{sen}^2\theta} \le 1,28\,f_{ck}$ $\dfrac{P}{5A_e\,\mathrm{sen}^2\theta} \le 1,28\,f_{ck}$	Mesma disposição dos blocos com 4 estacas, substituindo P por $\dfrac{4}{5}P$

Figura 5.61

N. de estacas	Esquema	Altura d mínima	Verificação compressão na biela	Armadura
5	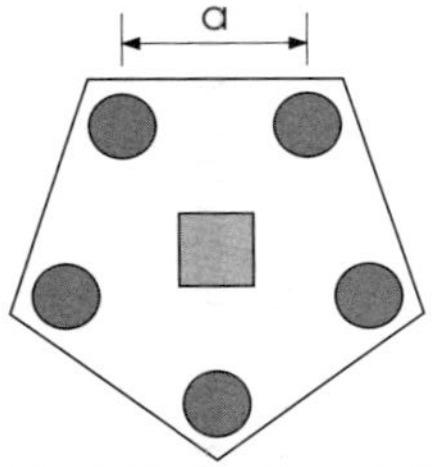	$0,85\left(a-\dfrac{a_1}{3,4}\right)$	Não há necessidade de verificação	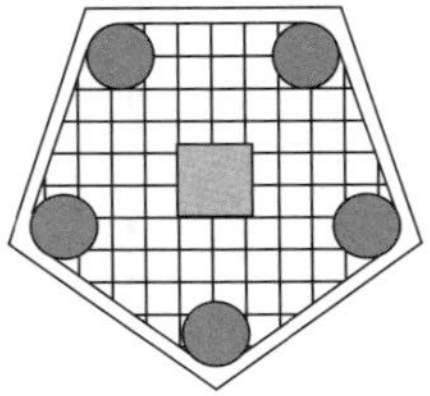 $z=\dfrac{0,725P}{5d}\left(a-\dfrac{a_1}{3,4}\right)^{(*)}$ (cintas ou seguranca nos lados), (armadura distribuída de seção mínima igual a 1/4 da seção das cintas, em cada direção)
6 (5+1)	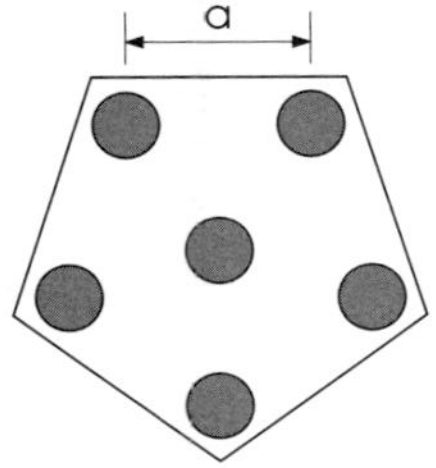	$0,85\left(a-\dfrac{a_1}{3,4}\right)$	Não há necessidade de verificação	A mesma fórmula(*), substituindo-se: P por $\dfrac{5}{6}P$
6	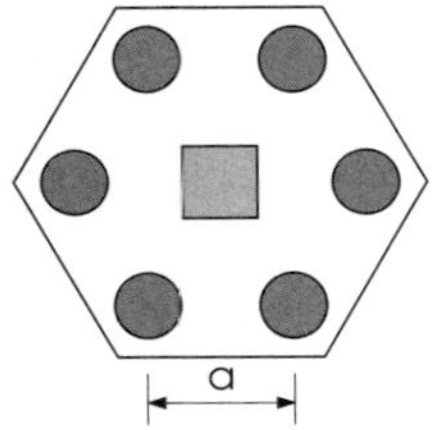	$\left(a-\dfrac{a_1}{4}\right)$	Não há necessidade de verificação	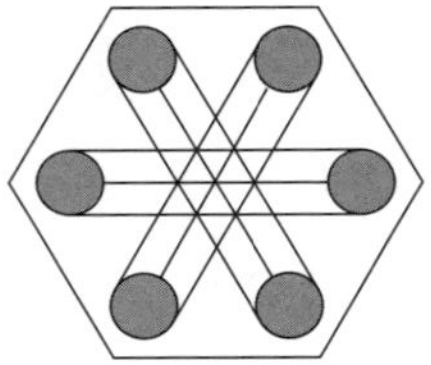 $z_1=\dfrac{\alpha P}{6d}\left(a-\dfrac{a_1}{4}\right)^{(**)}$ (cintas ou segurança nos lados) $z_z=\dfrac{(1-\alpha)P}{6d}\left(a-\dfrac{a_1}{4}\right)$ (diametrais) $2/5\le\alpha\le 3/5$
7 (6+1)	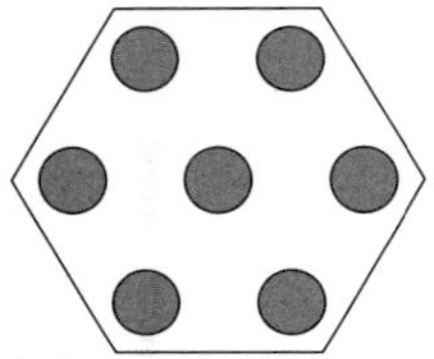	$\left(a-\dfrac{a_1}{4}\right)$	Não há necessidade de verificação	A mesma fórmula(**), substituindo-se: P por $\dfrac{6}{7}P$

Figura 5.62

5.6.3 CASO GERAL PARA GRANDE NÚMERO DE ESTACAS (Acima de quatro)

Caso de mais de quatro estacas

Os casos de grande número de estacas podem ser resolvidos, se for seguido o processo a que conduziu o estudo do caso de quatro estacas com armadura paralela aos lados. A Figura 5.63 apresenta três exemplos.

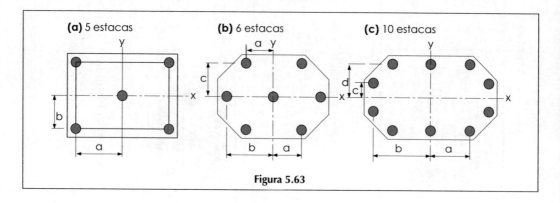

Figura 5.63

O processo consiste em traçar dois eixos ortogonais X e Y, obtendo-se o momento total no segmento do eixo contido na sapata.

Assim, chamando N_1 a carga de cada estaca, temos:

Caso da Figura 5.63 (a):
  Eixo X: $M = 2 N_1 \times b$
  Eixo Y: $M = 2 N_1 \times a$
  em geral faz-se $a = b$

Caso da Figura 5.63 (b)
  Eixo X: $M = 2 N_1 \times c$
  Eixo Y: $M = N_1 \times b + 2 N_1 \times a$

Caso da Figura 5.63 (c)
  Eixo X: $M = 3 N_1 \times d + 2 N_1 \times c$
  Eixo Y: $M = 2 N_1 \times b + 2 N_1 \times a$

Conhecendo-se M, a seção pode ser calculada pela fórmula, aplicada a cada um dos momentos. Sabendo-se o momento em relação ao eixo considerado, calcula-se a armadura

$$As = \frac{1{,}15 \times \gamma f \times M}{d \times f_{yd}} \qquad As = \frac{1{,}15 \times \gamma f}{f_{yf}} \times \frac{M}{d}$$

É recomendável concentrar as armaduras principais nas cabeças das estacas e colocar armadura suplementar no restante.

5.6.4 EXEMPLOS

Bloco de uma estaca

Calcular o bloco de um pilar de 0,3 × 0,8 m, que se apoie em uma estaca de 0,6 m de diâmetro.

Carga vertical 100 tf
fck = 150 kgf/cm² – estrutura de uso temporário
CA-50

Dimensões do bloco

Pilar (30 × 80) cm
$\emptyset$ = 60 cm (estacas)
Nk = 100 tf

Adotaremos um bloco de 100 × 100
B = 100 cm

Altura do bloco $\begin{cases} h \geq B - \emptyset = 100 - 60 = 40 \text{ e} \\ h \geq B - b = 100 - 30 = 70 \end{cases}$

Adotaremos h = 80 cm, logo $d = h - 5 = 75$ cm

Força de tração ($h < B$)

$$z = 0{,}25 \times 100.000 \times \frac{100 - 30}{75} = 23.333 \text{ kgf}$$

Como temos estribos de 2 ramos

$M_1 \mapsto 6\ \emptyset\ 10$
$M_2 \mapsto \emptyset\ 6{,}3\ c/15$

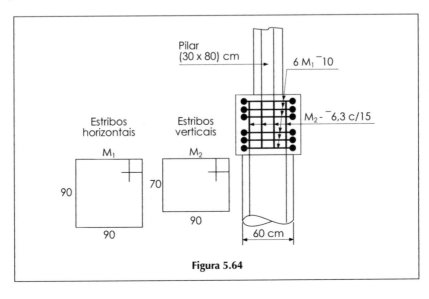

Figura 5.64

Bloco de duas estacas

Calcular o bloco de um pilar de 20 × 50, que se apoie em duas estacas de diâmetro de 30 cm.

Carga vertical 60 tf
fck = 150 kgf/cm² – estrutura de uso temporário
CA-50
$\emptyset_{est}$ = 30 cm
Carga = 30 tf/estaca

Dimensões do bloco

$\ell = (2{,}5 \text{ a } 3)\phi_{est}$

$a_0 = \dfrac{\phi_{est}}{2}$

$c_0 = 25\emptyset S$

$h_0 \geq \begin{cases} 30 \text{ cm} \\ h/3 \end{cases} \qquad \mathrm{tg}\theta = \dfrac{d}{\frac{\ell}{2}} = \dfrac{2d}{\ell}$

$d \geq \begin{cases} 30 \text{ cm} \\ \ell_{b,\,pilar} \end{cases}$

$b \geq \begin{cases} 50\emptyset S \\ 2\emptyset_{est} \end{cases}$

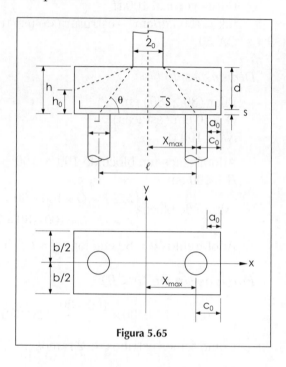

Figura 5.65

Adotaremos
$\ell = 3\,\emptyset_{est} = 90$ cm $a_0 = 15$ cm (mínimo)
$b = 2\,\emptyset = 60$ cm $c_0 = 25 \times 1{,}6 = 40$ cm
$d = 45$ cm $h = 50$ cm

Verificação das medidas adotadas
Altura mínima

$d \geq 0{,}5 \times \left(a - \dfrac{a_1}{2}\right) = 0{,}5 \times \left(90 - \dfrac{20}{2}\right) = 40$ cm   (OK)

Compressão na biela
$\mathrm{tg}\theta = 2d/\ell = 2 \times 45/90 = 1 \mapsto \theta = 45°$

$\text{sen}^2\theta = 0{,}5$

$\text{sen } 45° = 0{,}707$

$\text{sem } \theta = 0{,}707$

$$A_e = \frac{\Pi \times 30^2}{4} = 706{,}5 \text{ cm}^2$$

$$\frac{P}{A_p \, \text{sen}^2\theta} = \frac{60.000}{20 \times 50 \times 0{,}5} = 120 \text{ kgf/cm}^2 \quad < 85\,fck = 127{,}5 \text{ kgf/cm}^2 \quad (OK)$$

$$\frac{P}{2A_p \, \text{sen}^2\theta} = \frac{60.000}{2 \times 706{,}5 \times 0{,}5} = 84{,}9 \text{ kgf/cm}^2 \quad < 85\,fck$$

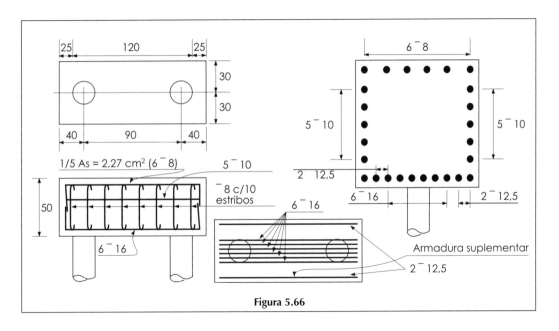

Figura 5.66

Força de tração Z

$$Z = 1{,}15 \times \frac{P}{4d}\left(a - \frac{a_1}{2}\right) = 1{,}15 \times \frac{60.000}{4 \times 45} \times \left(90 - \frac{20}{2}\right) = 30.666 \text{ kgf}$$

$$As = \frac{1{,}15 \times \gamma\,f \times z}{f_{yd}}$$

$$As = \frac{1{,}15 \times 1{,}4 \times 30{,}666}{4.348} = 11{,}35 \text{ cm}^2 \qquad (6\,\varnothing 16)$$

Bloco de oito estacas

Calcular o bloco de oito estacas.

Carga vertical 240 tf

Estaca $\emptyset_{est}$ 30 cm

Carga admissível 30 tf por estaca

Dimensões do bloco

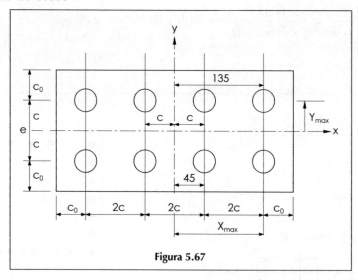

Figura 5.67

$x_{max} = 1,35$ m $d = 145$ cm $c = 45$ cm
$y_{max} = 0,45$ m $h = 150$ cm $N_1 = 30$ tf

Carga por estaca

Bloco rígido $d > x_{máx}$ ou $d > y_{máx}$

$$N_1 = P_e = \frac{240}{8} = 30 \text{ tf / estaca}$$

$$As = \frac{1,15 \times \gamma f}{f_{yd}} \times \frac{M}{d}$$

Momento em X

$M_x = 4 \times P_e \times C = 4 \times 30 \times 0,45 = 54$ tfm

Momento em Y

$$M_y = 2 \times P_e \times 3C + 2 \times P_{ex} C = 2 \times 30 \times (3 \times 0{,}45) + 2 \times 30 \times 0{,}45 = 108 \text{ tfm}$$

Cálculo da armadura

$$As_y = \frac{1{,}15 \times 1{,}4}{4.348} \times \frac{54}{145} = 13{,}78 \text{ cm}^2 \qquad (12 \ \emptyset \ 12{,}5)$$

$$As_x = \frac{1{,}15 \times 1{,}4}{4.348} \times \frac{108}{1{,}45} = 25{,}6 \text{ cm}^2 \qquad (12 \ \emptyset \ 20)$$

$$c_0 = 25 \times 2 = 50 \text{ cm}$$

Adotaremos

$c_0 = 50$ cm

Detalhe da armação

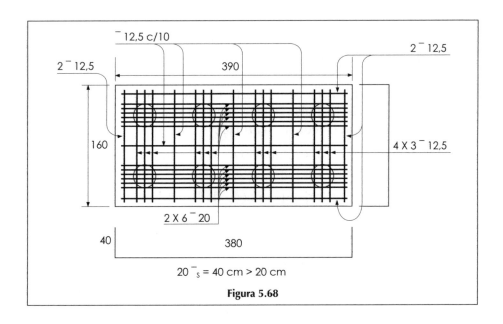

Figura 5.68

Colocar armadura suplementar Ø 10 ou 12,5, entre as estacas.

5.7 TUBULÕES

Quando se têm grandes cargas na fundação, e o solo não muito profundo é de boa resistência, uma ideia é usar como solução de fundações o tubulão, que é uma peça de concreto simples de grande diâmetro (*fuste*) e que se apoia num terreno firme.

Há tubulão de dois tipos:

- simples;
- com ar comprimido, quando o lençol freático está alto. O uso durante a construção de campânulas de ar comprimido para impedir a entrada de água do subsolo é uma técnica de alto risco, só devendo ser usada com muitos, muitos cuidados mesmo.

O tubulão irá trabalhar com tensões muito pequenas, pois seu dimensionamento é em função da taxa do solo. Face a isso, os tubulões usam fck os mais baixos possíveis (fck = 20 MPa) e há uma tradição de que, se houver pedras à mão (da ordem de 1 kgf) ou maiores, usá-las, substituindo com economia parte do concreto estrutural.

Dada a carga a transmitir ao solo e conhecido o solo, em função das sondagens, as perguntas que devem ser respondidas são:

- Qual a cota do terreno que deve receber a carga do tubulão?
- Qual o diâmetro do fuste do tubulão, em função da tensão admissível do solo?
- Qual o valor do ângulo α do tubulão?

Na cabeça do tubulão, coloca-se uma armação de amarração com a armação do pilar. Como se vê, a solução "tubulão" é mais uma obra do engenheiro de solos do que do engenheiro da estrutura de concreto armado.

O diâmetro mínimo do fuste do tubulão é de 70 cm, para permitir a entrada de operários (denominados poceiros) que manualmente escavarão o tubulão.

Apresenta-se, a seguir, material de criação da Pallet Engenharia sobre tubulões. (www.pallet.com.br)[2]

5.7.1 TEORIA E EXEMPLO NUMÉRICO

Os tubulões são elementos estruturais de fundações profundas, constituídas de fuste e base. Diferenciam-se das estacas por terem diâmetro geralmente superior àquelas, assim como por permitirem o acesso de um operário no seu interior, para a escavação da base alargada.

Sua principal vantagem é a de resistir a grandes cargas normais, em função de suas dimensões, assim como poder ser executado em locais onde as estacas cravadas não seriam aceitas, quer pelo barulho causado na sua escavação, quer pela vibração e forte energia de impacto que poderiam causar abalos em construções vizinhas.

---

[2] Autor do programa Pallet de cálculo e desenho de estruturas de concreto armado.

Com o advento das bombas de imersão de grande capacidade, os tubulões hoje podem ser executados inclusive em locais com nível de lençol freático situado acima da cota de assentamento da sua base.

Quando só há carga vertical solicitando o tubulão, este pode ser executado sem armaduras, com seu dimensionamenbto feito como se tratasse de um pilar não armado e de baixa esbeltez ($\lambda < 30$). Tal consideração é válida por dois motivos:

1. As vigas baldrame que são executadas no topo dos tubulões, interligando-os, absorvem eventuais excentricidades, e os efeitos de segunda ordem podem ser desconsiderados
2. O fuste do tubulão está confinado pelo solo que o envolve, reduzindo os efeitos de flambagem.

Geralmente, não se considera o peso próprio do tubulão no seu dimensionamento, pois a prática tem demonstrado que o solo, na maioria dos casos, apresenta resistência superior à prevista (esperada) no projeto e, ainda, considerando-se que se está retirando um material (solo) e substituindo-se por outro (concreto) cujos pesos específicos não apresentam diferenças significativas (geralmente essa diferença é da ordem de 600 a 800 daN/m^3), quando comparadas com as incertezas nas avaliações de carga da superestrutura.

As armaduras são colocadas apenas no topo do fuste, para servir de ligação entre ele e o bloco de coroamento. Adota-se para o fuste a forma circular, com diâmetro de pelo menos 70 cm, a fim de permitir a entrada de uma pessoa, que pode ser o operário ou o engenheiro de solos, que avaliará as condições e definirá se o tubulão poderá prosseguir com ou sem revestimento, se o solo apresenta a capacidade de suporte originalmente prevista etc.

A base, por sua vez, poderá ter planta circular ou oblonga (falsa elipse). O dimensionamento é bastante simples, e a Figura 5.69 apresenta todas as informações necessárias.

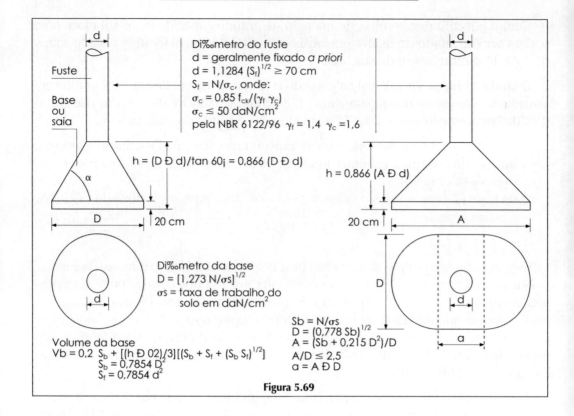

Figura 5.69

Exemplo

Dados
    Carga $N = 100$ tf (100.000 daN) (1 daN = 1 kgf)
    Taxa de trabalho do solo = 3 daN/cm² ~ (3 kgf/cm²)
    Concreto fck = 15 MPa (150 daN/cm²) – só para uso temporário
Seguindo o roteiro dado na Figura 5.69, calcular o tubulão como:

1. Tubulão de base circular

Verificação do diâmetro (d) do fuste:
$\sigma_c = 0{,}85 \times fck/(\gamma_f \times \gamma_c) = (0{,}85 \times 150)/(1{,}4 \times 1{,}6) = 56{,}9 > 50$ (máximo), portanto, adotaremos $\sigma_c = 50$ daN/cm².

Área do fuste:
$S_f = N/\sigma_c = 100.000/50 = 2.000$ cm²
$d \geq 1{,}1284 \times (S_f)^{1/2} = 1{,}1284 \times (2.000)^{1/2} = 50{,}5$ cm (vamos adotar o mínimo de 70 cm, em função do espaço necessário ao acesso de um homem).

Cálculo do diâmetro (D) da base:
$D = (1{,}273 \times N/\text{taxa de trabalho do solo})^{1/2} = (1{,}273 \times 100.000/3)^{1/2} = 206$ cm, vamos adotar 210 cm.

Cálculo da altura da saia (h):
Altura total da saia = $h = 0,866 \times (D - d) = 0,866 \times (210 - 70) = 121$ cm
Altura da base reta = 20 cm (mínimo)

Cálculo da área da base (S_b):
$S_b = 0,7854 \times D^2 = 0,7854 \times (210)^2 = 34.636 \text{cm}^2$

Verificação da tensão efetiva no solo:
Tensão efetiva no solo = $N/S_b = 100.000/34.636 = 2,88$ daN/cm^2 < taxa de trabalho no solo

Volume de concreto do fuste, por metro do mesmo:
Área do fuste = $S_f = 0,7854 \times d^2 = 0,7854 \times (0,70)^2 = 0,3848$ m^2
$V_f = 1 \times (S_f) = 0,3848$ m^3

Volume de concreto da saia:
$Vb = [0,2 \times S_b] + \{[(h - 0,2)/3] \times [S_b + S_f + (S_b \times S_f)^{1/2}]\} = 2,03$ m^3

2. Tubulão de base em falsa elipse

Verificação do diâmetro (d) do fuste:
$\sigma_c = 0,85 \times \text{fck}/(\gamma_f \times \gamma_c) = (0,85 \times 150)/(1,4 \times 1,6) = 56,9 > 50$ (máximo de norma), portanto, adotaremos $\sigma_c = 50$ daN/cm^2

Área do fuste:
$S_f = N/\sigma_c = 100.000/50 = 2.000$ cm^2
$d \geq 1,1284 \times (S_f)^{1/2} = 1,1284 \times (2.000)^{1/2} = 50,5$ cm (Vamos adotar o mínimo de 70 cm, em função do espaço necessário ao acesso de um homem.)

Cálculo da área necessária para a base (S_b):
$S_b = N/$taxa de trabalho do solo = $100.000/3 = 33.333$ cm^2

Cálculo do lado menor (D) da base:
$D = (0,778 \times S_b)^{1/2} = (0,778 \times 33.333)^{1/2} = 161$ cm

Cálculo do lado maior (A) da base:
$A = [(S_b + 0,215 \times D^2)]/D = [33.333 + 0,215 \times 161^2]/161 = 241$ cm

Cálculo da altura da saia (h):
Altura total da saia = $h = 0,866 \times (A - d) = 0,866 \times (241 - 70) = 148$ cm
Altura da base reta = 20 cm (mínimo)

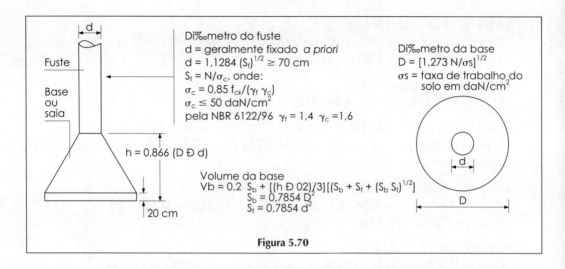

Figura 5.70

RELATÓRIO DE CÁLCULO DA FUNDAÇÃO – tubulão	
Dados e resultados do tubulão	Valores
Concreto fck	20 MPa
Coeficiente de minoração do concreto (γc)	1.60
Coeficiente de majoração dos esforços (ações) (γn)	1.40
Taxa de trabalho do solo (dada)	3 kgf/cm^2
Diâmetro (d) do fuste	70 cm
Força normal solicitante (N)	100 tf
Tipo da base do tubulão	Circular
RESULTADOS	
Diâmetro (d) do fuste	70 cm
Diâmetro (D) da base	209 cm
Altura da saia	99 cm
Altura reta da saia	20 cm
Altura total (h) da saia	119 cm
Tensão efetiva no solo sob o tubulão	2,93 kgf/cm^2
Volume de concreto da saia	1,99 m^3
Volume de concreto por metro de fuste	0,38 m^3/m
Peso de concreto da saia (2.350 daN/m^3)	4.665 kgf/cm^2
Peso de concreto por metro de fuste (2.350 daN/m^3)	904 kgf/cm^2

5 — ESTRUTURA

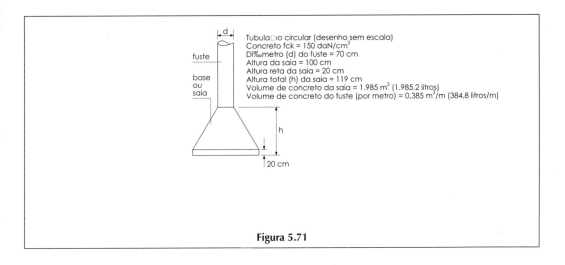

Figura 5.71

RELATÓRIO DE CÁLCULO DA FUNDAÇÃO – tubulão falsa elipse	
Dados e resultados do tubulão	**Valores**
Concreto fck	20 MPa
Coeficiente de minoração do concreto (γ_c)	1.60
Coeficiente de majoração dos esforços (ações) (γ_n)	1.40
Taxa de trabalho do solo (dada)	3 kgf/cm²
Diâmetro (d) do fuste	70 cm
Força normal solicitante (N)	100 tf
Tipo da base do tubulão	Falsa elípse
RESULTADOS	
Diâmetro (d) do fuste	70 cm
Lado maior (A) da base	241 cm
Trecho reto (a) do lado maior da base	80 cm
Lado menor (D) da base	161 cm
Diâmetro (D) da base	209 cm
Altura da saia	128 cm
Altura reta da saia	20 cm
Altura total (h) da saia	148 cm
Tensão efetiva no solo sob o tubulão	3 kgf/cm²
Volume de concreto da saia	2,30 m³
Volume de concreto por metro de fuste	0,38 m³/m
Peso de concreto da saia (2.350 daN/m³)	5,395 kgf
Peso de concreto por metro de fuste (2.350 daN/m³)	904 kgf/cm³

5 — ESTRUTURA

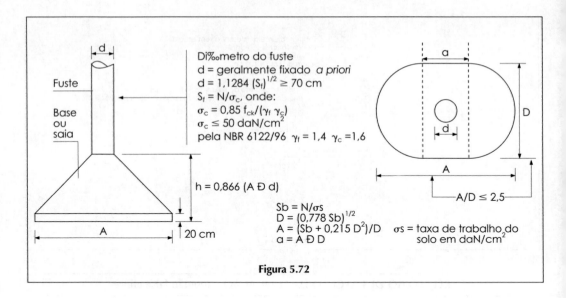

Figura 5.72

Diâmetro do fuste
d = geralmente fixado *a priori*
$d = 1,1284 (S_f)^{1/2} \geq 70$ cm
$S_f = N/\sigma_c$, onde:
$\sigma_c = 0,85 f_{ck}/(\gamma_f \gamma_c)$
$\sigma_c \leq 50$ daN/cm²
pela NBR 6122/96 $\gamma_f = 1,4$ $\gamma_c = 1,6$

$h = 0,866 (A - d)$

$Sb = N/\sigma s$
$D = (0,778 Sb)^{1/2}$
$A = (Sb + 0,215 D^2)/D$
$a = A - D$

σs = taxa de trabalho do solo em daN/cm²

$A/D \leq 2,5$

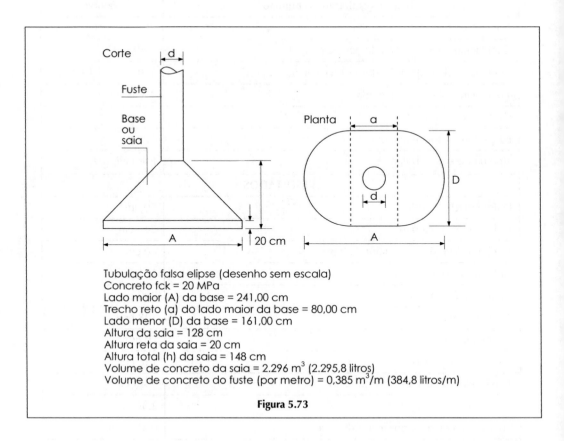

Tubulação falsa elipse (desenho sem escala)
Concreto fck = 20 MPa
Lado maior (A) da base = 241,00 cm
Trecho reto (a) do lado maior da base = 80,00 cm
Lado menor (D) da base = 161,00 cm
Altura da saia = 128 cm
Altura reta da saia = 20 cm
Altura total (h) da saia = 148 cm
Volume de concreto da saia = 2.296 m³ (2.295,8 litros)
Volume de concreto do fuste (por metro) = 0,385 m³/m (384,8 litros/m)

Figura 5.73

5.8 VIGAS BALDRAME

A viga baldrame é uma viga no andar térreo de uma edificação que recebe a carga da alvenaria desse andar, e só desse andar, e a transfere para o solo. É, pois, um tipo de fundação. Por serem baixas as cargas transmitidas pela alvenaria à essa viga baldrame há por vezes um certo descuido na sua previsão e dimensionamento e alguns a chamam incorretamente de cinta inferior.

Isso é incorreto pois se não cuidarmos adequadamente da viga baldrame ela poderá vir a ter flechas (deformações), e, com isso, a alvenaria que nela se apoia poderá ter fissuras. Logo, vigas baldrames devem ser dimensionadas como vigas e levando em conta os seus tipos de apoio.

Para residências térreas e de dois andares, a solução é mais simples e sempre podemos adotar para vãos até 6 m o uso da famosa solução de viga baldrame com 30 cm de altura e quatro ferros de 10 mm de diâmetro em cada canto dessa viga. Ver desenho a seguir.

Nunca esquecer:

- abrir vala com a largura da viga baldrame e com 20 cm de folga de cada lado;
- como toda a peça estrutural, não lançar o concreto da viga baldrame sobre solo. Jogar previamente uma camada de 5 cm de concreto magro e depois de dois ou três dias, quando o concreto magro ganhou resistência, sobre ele jogar o concreto do baldrame.

Não nos esqueçamos que o conjunto de baldrames de uma edificação colabora na criação de uma rede de amarração de toda a estrutura.

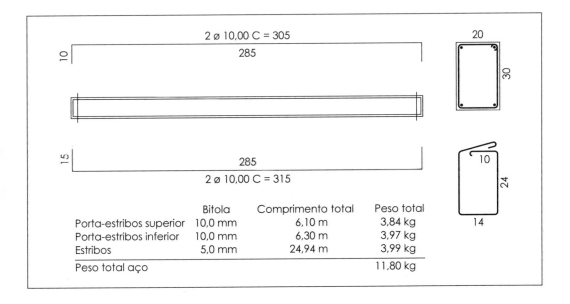

5.9 ARMADURA DE PELE OU ARMADURA DE COSTELA (SINÔNIMOS) (ver NBR 6118/2014, item 17.3.5.2.3 e 18.3.5)

Por vezes, uma sinonímia (dois ou mais nomes para o mesmo objeto) pode criar confusões a quem inicia os estudos. Vejamos um caso de sinonímia, uma definição bem carioca (armadura de costela) e outra mais paulista (armadura de pele). A nomenclatura armadura de pele foi seguida pela norma NBR 6118/2014.

Chama-se armadura de pele (armadura de costela) uma armadura lateral em vigas, que deve ser colocada quando a altura da viga é maior que 60 cm.

Sua principal função é combater fissuras da viga.

Para vigas com altura menor ou igual a 60 cm, ela pode ser dispensada.

Essa armadura adicional é colocada como o desenho a seguir indica:

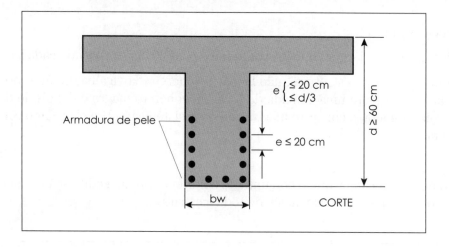

Exigências:
- a armadura deve ser de aço CA-50;
- espaçamento vertical máximo de 20 cm.

Consultar também o item 8.2 – *Costelas,* do livro *Curso de Concreto* v. 1, do autor José Carlos Sussekind.

5.10 ENTENDENDO A FUNÇÃO E O DIMENSIONAMENTO DE UM RADIER. UMA OBSERVAÇÃO ESTRUTURAL MUITO INTERESSANTE SOBRE A HIPERESTATICIDADE DOS PRÉDIOS DE CONCRETO ARMADO

Um agradecimento à memória do
Professor Aderson Moreira da Rocha

Chama-se de radier um tipo de fundação direta (portanto, uma fundação rasa) em que toda a carga de uma edificação se apoia via seus pilares em vigas e uma placa (laje) de concreto armado que por sua vez se apoia no solo[3].

De certa maneira, as vigas, laje e reação do terreno de fundação são uma imagem especular (invertida) do conjunto carga acidental, lajes, vigas e pilares.

Veja-se o esquema estrutural a seguir:

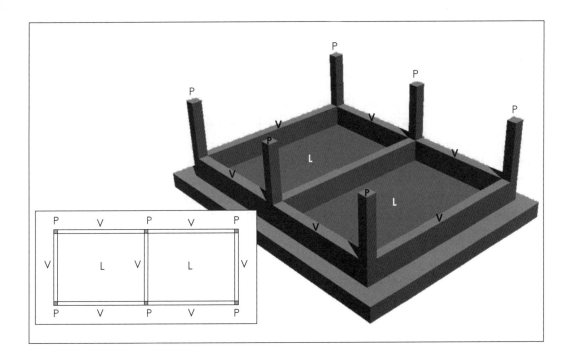

Esse tipo de fundação é para solos fracos e deseja-se, com o radier, distribuir toda a carga da edificação na maior área possível. A área do radier corresponde à área em planta da edificação excluídas as partes em balanço.

---

[3] Existe também a alternativa dos pilares se apoiarem diretamente na laje radier sem as vigas de distribuição. Não trataremos desse caso.

Não se esqueça de, nas especificações de obra, indicar que antes de concretar o radier deve-se colocar os componentes hidráulicos e elétricos. Numa obra usando o radier ocupando toda a área do terreno depois de pronto, descobriu-se que a instalação da descida do para-raios para fazer o "terra", teria que furar o radier. Isso poderia ter sido evitado se tivesse sido feito antes da concretagem.

> **NOTA**
>
> O uso da fundação tipo radier é para terrenos planos.
>
> O radier pode servir como contrapiso do andar mais baixo da edificação.

Um importante aspecto estrutural é relatado no livro do Prof. Aderson Moreira da Rocha, *Novo Curso Prático de Concreto Armado*. v. II, 14. ed., p. 248.

Mostra o grande mestre carioca de engenharia estrutural que ao considerar o radier uma laje reagindo com o solo e recebendo deste uma reação vertical por hipótese, com cargas uniformemente distribuídas, surge um paradoxo estrutural, pois as vigas do radier transmitirão aos seus pilares uma carga para cima algo diferente das cargas verticais para baixo com que o pilar transmite às vigas desse radier. Teríamos assim nos pilares uma carga vertical para baixo diferente da carga vertical para cima transmitida pelas vigas do radier. Por que isso acontece?

É que na estrutura as cargas (para baixo) não são uniformes em toda a sua projeção horizontal. Há escadas, caixas-d'água, lajes com diferentes espessuras etc.

Como aceitar esse paradoxo estrutural de cargas para baixo e para cima serem diferentes. E o equilíbrio dos pilares, como fica? Há uma explicação, e o Prof. Aderson o explica. A estrutura de concreto armado de um prédio tem enorme hiperestaticidade, ou seja, uma quantidade enorme de vínculos e amarrações peças com peças. Essa hiperestaticidade redistribuirá as cargas do prédio, e o paradoxo deixa de existir, ou deixa de ter maior expressão.

CAPÍTULO 6

ESTRUTURAS DE LAJES

6.1 LAJES PRÉ-MOLDADAS COMUNS

Chamam-se lajes pré-moldadas de concreto armado o conjunto de:

- vigotas de concreto armado e bloco de enchimento, fornecidos por empresas de lajes;
- capa de concreto e aço colocada na obra pelo construtor.

Esse tipo de solução é usado principalmente para lajes de piso e cobertura, mas também para telhados e até escadas. Há no país mais

de mil fabricantes dessas lajes, o que mostra que essa solução pode atender bem ao mercado.

O que desperta o grande interesse pelo uso dessas lajes é que elas propiciam rapidez na execução na obra, menor consumo de fôrmas e cimbramento com economia. As lajes foram introduzidas no final da década de 1940 e levam, às vezes, os nomes dos fabricantes históricos como lajes Volterrana, lajes Prel etc.

As vigotas têm vários nomes como trilhos, nervuras etc. Em cada nervura, há armadura de tração e armadura de transporte (opcional).

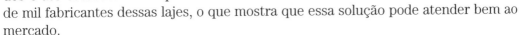

NOTA 1

Este item (6.1) foi escrito antes de serem editadas as normas específicas de lajes pré-moldadas da ABNT. Para escrevê-lo, há cerca de dez anos, o autor fez extensa pesquisa, com mais de vinte fabricantes de lajes de várias cidades do Estado de São Paulo e sul de Minas Gerais. Realizou, então, vários cursos para fabricantes de lajes e acredita que, por isso, apesar do texto não seguir as novas normas, transmite uma série de informações técnicas úteis.

Há fabricantes que entregam vigotas com furos, para colocação de armadura de travamento – que não são necessárias – mas que, em termos de marketing, ajudam a vender o produto. Alguns fabricantes usam estribos, que têm apenas função de deixar a armadura no local desejado. Para que servem as peças:

- as vigotas (peças de concreto e armadura) servem para vencer os esforços de tração oriundos da flexão; contêm aço dentro da armadura;
- as capas de concreto armado servem para vencer os esforços de compressão da flexão;
- os blocos de enchimento (argila, concreto ou outro material) servem como enchimento.
- no dimensionamento, a laje pré-moldada funciona como laje nervurada e, como tal, deve ser entendida e calculada.

A peça trabalha em flexão e a linha neutra passa pela capa; na capa, existe armadura transversal às nervuras, para vencer os esforços entre duas vigotas sucessivas;

Deve-se notar que a capa de concreto tem importância enorme, e a responsabilidade por sua qualidade é do executor da mesma e não da fábrica de lajes.

Cuidados:

Além do correto dimensionamento, a laje deve ser executada com um escoramento adequado, bem intertravado e totalmente apoiado no chão. Parte significativa dos problemas de lajes decorre:

- da falta de escoramento;
- da deficiência do travamento do escoramento;
- do deficiente apoio do escoramento no chão.

As consequências da deficiência do escoramento podem ser:

- flechas exageradas;
- fissuras ao longo da nervura.

As vigotas são fabricadas em fôrmas de aço. Com isso, sua superfície excessivamente lisa, em contato com a capa de concreto colocada na obra, pode perder aderência, gerando trincas.

O projeto das lajes deve usar, por razões econômicas, como vão de dimensionamento, o menor deles. Se houver parede a sustentar, então:

- usar na parede material com menor peso específico possível (gesso, material vazado etc.);
- a parede deve se apoiar em posição transversal às nervuras e nunca ao longo de uma nervura, o que pode acarretar flechas e trincas;
- o peso da parede deve ser considerado no cálculo;
- é necessário projetar as lajes como lajes nervuradas;

- usar na capa de concreto, em compressão, as taxas mínimas de armaduras, iguais ao previsto pela norma de lajes mistas (NBR 6119):

Aço	Área mínima de armadura	Número mínimo de barras
CA-25	0,9 cm²/m	5 Ø 5 mm ou 3 Ø 6,3 mm
CA-50 e CA-60	0,6 cm²/m	3 Ø 5 mm ou 3 Ø 6,3 mm

Cuidados:

1. Procurar não usar essas lajes em marquises. Se houver marquises, projetar duas vigas com extremidades em balanço e apoiar as vigotas nessas vigas, funcionando assim a laje pré-moldada como biapoiada. A razão disso é que, ocorrendo o momento negativo, o que resistirá à tração será a armadura negativa, que deverá ser colocada na capa de concreto, mas o que resistirá à compressão serão as vigotas de concreto armado que são poucas por metro, ou seja, resistem pouco à compressão. Outra solução para marquises é concretar no local o bloco cerâmico, garantindo assim que, abaixo da linha neutra, exista concreto para resistir à compressão. A espessura da capa de concreto deve ser de, no mínimo, 4 cm. A capa, tendo função estrutural, deve ser feita com uma previsão de fck e um traço adequado.

2. Seguir as instruções dos fabricantes sobre recepção, montagem e demais cuidados.

3. São válidas todas as recomendações para uma boa concretagem, inclusive uma boa cura do concreto da capa.

4. O uso de lajes pré-moldadas pode ser feito com ou sem revestimento inferior. Se desejarmos usar sem revestimento inferior, a qualidade visual do bloco cerâmico será importante e deve ser controlada no recebimento.

Informações adicionais:

1. Há no mercado uma outra solução: a laje treliça, que pode ocupar o espaço da laje pré-moldada. Uma das vantagens da laje treliça é que não corre o risco de trincar, quando não há ligação do concreto da capa com o concreto da vigota.

2. O concreto da vigota, quando desmoldado, fica com resíduo de óleo de desforma e, às vezes, esse resíduo de óleo impede a aderência da capa com a vigota, gerando uma fissura.

Para mais informações sobre este equipamento, consultar:

Normas da ABNT

NBR 14859-1 "Laje pré-fabricada – requisitos – parte 1 – lajes unidirecionais"

NBR 14859-2 "Laje pré-fabricada – requisitos – parte 2 – lajes bidirecionais"

NBR 14860-1 "Laje pré-fabricada – pré-laje - requisitos – parte 1 – lajes unidirecionais"
NBR 14862-2 "Laje pré-fabricada – pré-laje - requisitos – parte 2 – lajes bidirecionais"
NBR 14861 "Laje pré-fabricada – painel alveolar de concreto protendido – requisitos"
NBR 14862 "Armaduras treliçadas soldadas – requisitos"

6.2 LAJES NERVURADAS, ARMADAS EM UMA SÓ DIREÇÃO E EM CRUZ

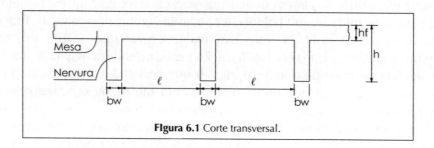

Figura 6.1 Corte transversal.

Lajes nervuradas são aquelas em que a zona tracionada é constituída por nervuras entre as quais podem ser colocados materiais inertes, de modo a tornar a superfície plana. Não se deve contar com a resistência desses materiais. Caso queiramos resistência, deveremos usar lajes mistas (NBR 6119).

Existem vários tipos de enchimento e técnicas de execução, para as lajes nervuradas: tijolos furados, blocos de concreto, blocos de pumex, blocos de isopor, "caixão perdido" etc.

VER PRESCRIÇÕES NBR 6118/2014 (ITEM 14.7.7, pg. 97)

Recomendações
1) As lajes nervuradas podem ser calculadas como se fossem maciças, podendo ser em cruz ou em uma só direção.

2) Cálculo no regime elástico:
$E_c = 0{,}85 \times 5600 \sqrt{fck}$ (módulo de deformidade longitudinal à secante compressão)
Coeficiente de Poisson = 0,2

Vão teórico é a distância entre centros de apoio, não sendo necessário adotar valores maiores que:

a) em laje isolada: o vão livre é acrescido da espessura da laje no meio do vão;

b) em laje contínua, vão extremo: o vão livre da semilargura do apoio interno e o meio do vão da semiespessura da laje;

c) lajes em balanço: da extremidade até o centro do apoio, não sendo necessário considerar valores superiores ao vão livre acrescido da metade da espessura da laje junto ao apoio.

3)

- A espessura da mesa, quando não houver tubulações horizontais embutidas, deve ser maior ou igual a 1/15 da distância entre nervuras, e, não, menor que 3 cm.

- O valor mínimo absoluto deve ser 4 cm, quando existirem tubulações embutidas de diâmetro máximo 12,5 mm.

- A espessura das nervuras não deve ser inferior a 5 cm.

- Nervuras com espessura menor que 8 cm não devem conter armadura de compressão.

Para o projeto das lajes nervuradas, devem ser obedecidas as seguintes condições:

a) para lajes com espaçamento entre eixos de nervuras menor ou igual a 60 cm, pode ser dispensada a verificação da flexão da mesa, e para verificação do cisalhamento da região das nervuras, permite-se a consideração dos critérios de laje;

b) para lajes com espaçamento entre eixos entre 60 cm e 110 cm, exige-se a verificação da flexão da mesa, e as nervuras devem ser verificadas ao cisalhamento como vigas; permite-se essa verificação como lajes se o espaçamento entre eixos de nervuras for menor que 90 cm e a espessura média das nervuras for maior que 12 cm;

c) para lajes nervuradas com espaçamento maior que 110 cm, a mesa deve ser projetada como laje maciça, apoiada na grelha de vigas, respeitando-se os seus limites mínimos de espessura.

Cisalhamento: verificar a laje com

se $e \leq 60$ cm $\quad \tau w \mu$ de laje $\quad$ (limite de cisalhamento para laje)

se $e > 60$ cm $\quad \tau w \mu$ de viga $\quad$ (se precisar de estribos $s \leq 20$ cm)

(e = espessura da laje) $\quad$ (limite de cisalhamento para viga)

Flechas devem ser verificadas no estádio II.

1. *Exemplo de laje nervurada armada em uma direção*

Em edifício de escritórios – salas 11,0 × 35,0 m
concreto fck = 200 kgf/cm², aço CA-50

Cargas: paredes divisórias tipo desmontáveis (100 kgf/m²)
acidental; 150 kgf/m²
revestimento, forro e piso: 100 kgf/m²

Primeira tentativa

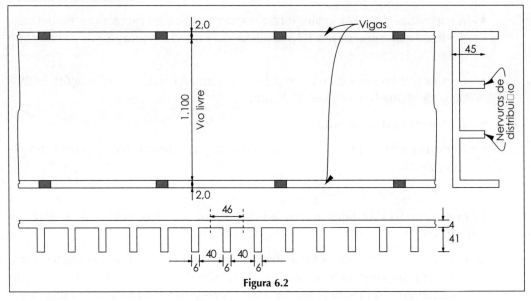

Figura 6.2

a) Pré-dimensionamento

altura útil estimada:

$d \geq 1,5 \, \alpha . \ell x$

$$a(\%) = \left[2,0 + \frac{\left(\frac{\ell_y}{\ell_x} - 1\right)}{2} \right] \% \leq 2,5\%$$

$$\alpha = 2,0 + \frac{2-1}{2} = 2,5\%$$

$$d \geq 1,5 \times \frac{2,5}{100} \times 1.100 = 41,25 \text{ cm}$$

adotaremos $d \cong 42$ cm e $h \cong 45$ cm.

b) Altura equivalente da laje maciça de igual volume

$$h_{eq} = \frac{46 \times 4 + 41 \times 6}{46} = 9,35 \text{ cm}$$

c) Carga na laje e dimensionamento

Peso próprio 25 × 9,35	$\cong 234 \text{ kgf/m}^2$
Revestimento de forro e piso	$\cong 100 \text{ kgf/m}^2$
Paredes divisórias tipo desmontáveis	$\cong 100 \text{ kgf/m}^2$
Carga acidental	$\cong 150 \text{ kgf/m}^2$
$g + q$	$= 584 \text{ kgf/m}^2$

Para uma nervura, temos:

$g + q = 584 \times 0,46 \cong 269 \text{ kgf/m}^2$

$$Mk = (g+q) \times \frac{\ell^2}{8} \qquad \ell = 1100 + 10 + 10 = 1.120 \text{ cm} = 11,2 \text{ m}$$

$$Mk = \frac{269 \times \overline{11,2}^2}{8} \cong 4.218 \text{ kgfm/m} = 421,8 \text{ tfcm/m}$$

$bw = 6$ cm; $bf = 46$ cm; $d = 42$ cm; $h = 45$ cm;   (ver Volume 1)

$$k_6 = \frac{46 \times \overline{42}^2}{421,8} \cong 192,37 \quad kx = 0,077 \quad k_3 = 0,333 \quad As = 0,333 \times \frac{421,8}{42} = 3,34 \text{cm}^2$$

$x = 0,077 \times 42 = 3,23$ cm $< hf = 4$ cm (seção retangular)

Se colocarmos 1 Ø20 (3,15 cm^2) em cada nervura, o espaçamento entre nervuras deverá ser:

$$\frac{3,15}{3,34} \times 46 \cong 44 \text{ cm de 1 m,}$$

isto é 44 cm, portanto, $\ell = 44 - 6 = 38$ cm e $bw = 6$ cm

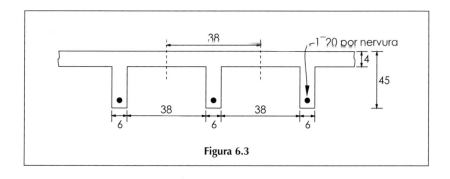

Figura 6.3

- Verificação da seção adotada
  largura da mesa:
  $a = \ell = 1.120$ cm; $hf = 4$ cm; $b_2 = \ell = 38$ cm

  $$b_1 \leq \begin{Bmatrix} 0{,}1a = 112 \text{ cm} \\ 8hf = 32 \text{ cm} \\ 0{,}5b_2 = 19 \text{ cm} \end{Bmatrix} b_1 = 19 \text{ cm} \mapsto bf = b = 19 + 19 + 6 = 44 \text{ cm}$$

  $$h_{eq} = \frac{44 \times 4 + 41 \times 6}{44} = 9{,}59 \text{ cm}$$

- Carga na laje e dimensionamento
  Peso próprio 25 × 9,59 $\cong 240$ kgf/m²
  Revestimento de forro e piso $\cong 100$ kgf/m² } g
  Paredes divisórias tipo desmontáveis $\cong 100$ kgf/m²
  Carga acidental $\cong 150$ kgf/m² } g
                  $g + q$ $= 590$ kgf/m²

  para uma nervura, temos:
  $g + q = 590 \times 0{,}44 \cong 260$ kgf/m
  $p = 440 \times 0{,}44 = 193{,}6$ kgf/m
  $q = 150 \times 0{,}44 = 66{,}0$ kgf/m

  $$Mx = \frac{0{,}260 \times 11{,}2^2}{8} = 4{,}07 \text{ tfm/m} = 407 \text{ tfcm/m}$$

  $bw = 6$ cm; $bf = 44$ cm; $d = 42$ cm; $h = 45$ cm; $As = 3{,}23$ cm²/nervura 1 Ø20

  $$k_6 = \frac{44 \times 42^2}{407} \cong 190 \Rightarrow kx = 0{,}078x = 0{,}078 \times 42 = 3{,}28 \text{ cm} < hf$$

d) Verificação da flecha

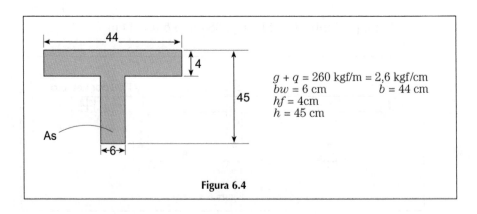

Figura 6.4

Estádio I

fck = 20 MPa $\rightarrow Ecs$ = 21.287 MPa = 212.870 kgf/cm^2 = 2.128.700 tf/m^2

$$Yt_{inf} = \frac{bw \times \dfrac{h^2}{2} + (b - bw) \cdot hf \cdot \left(h - \dfrac{hf}{2}\right)}{bw \cdot h + (b - bw) \cdot hf} =$$

$$= \frac{6 \cdot \dfrac{45^2}{2} + (44 - 6) \cdot 4 \cdot \left(45 - \dfrac{4}{2}\right)}{6 \cdot 45 + (44 - 6) \cdot 4} \, 29,88 \text{ cm}$$

$Yt_{sup} = h - Yt_{inf} = 45 - 29,88 = 15,12$cm

$$I_0 = (b - bw) \cdot hf \cdot \left(h - \frac{hf}{2} - Yt_{inf}\right)^2 + bw \cdot h \cdot \left(\frac{h}{2} - Yt_{inf}\right)^2 +$$

$$+ \frac{bw \cdot h^3}{12} + (b - bw) \cdot \frac{hf^3 f}{12}$$

$$I_0 = (44 - 6) \cdot 4 \cdot \left(45 - \frac{4}{2} - 29,88\right)^2 + 6 \cdot 45 \cdot \left(\frac{45}{2} - 29,88\right)^2 +$$

$$+ \frac{6 \cdot 45^3}{12} + (44 - 6) \cdot \frac{4^3}{12} = 86.635 \text{ cm}^4$$

$$I_0 = 0,00087 \text{ m}^4$$

Estádio II (verificar volume I)

1) Verificação da posição da linha neutra: (viga retangular) (1.$^\circ$ caso)

$$do = \frac{\Sigma As_i \cdot d_i}{\Sigma As_i} = \frac{3,15 \times 42}{3,15} = 42 \text{ cm} \qquad \begin{array}{c} \text{NBR 6118} \\ \alpha e = 15 \text{ (Item 17.3.3.2)} \end{array}$$

$$A = \alpha e \cdot \frac{\Sigma Asi}{b} = 15 \times \frac{3,15}{44} = 1,07$$

$$x = A\left[-1 + \sqrt{1 + \frac{2do}{A}}\right] = 1,07 \times \left(-1 + \sqrt{1 + \frac{2 \times 42}{1,07}}\right) = 8,47 \text{ cm} > hf$$

2) Verificação como viga tô (2.$^\circ$ caso)

$$A^*s = \frac{(b - bw) \cdot hf}{\alpha e} \qquad A^*s = \frac{(44 - 6) \times 4}{15} = 10,13 \text{ cm}^2$$

$$do = \frac{\Sigma^* As_i d_i}{\Sigma^* As_i} = \frac{3,15 \times 42 + 10,13 \times (4/2)}{3,15 + 10,13} = 11,49 \text{ cm}$$

$$A = \frac{\alpha e \times \Sigma^* As_i}{bw} = \frac{15(3,15 + 10,13)}{6} = 33,2 \text{ cm}$$

$$x = A \times \left[-1 + \sqrt{1 + \frac{2do}{A}} \right] = 33,2 \times \left(-1 + \sqrt{1 + \frac{2 \times 11,49}{33,2}} \right) = 9,98 \text{ cm}$$

$$I_{II} = \frac{bx^3}{3} - \frac{(b-bw)(x-hf)^3}{3} + ae \left(As \ (d-x)^2 + A's \ (d'-x)^2 \right)$$

$$I_{II} = \frac{44 \times 9,98^3}{3} - \frac{(44-6)(9,98-4)^3}{3} + 15 \times \left[3,15 \ (42-9,98)^2 \right] = 60.314,6 \text{ cm}^4$$

$I_{II} = 0,000603 \text{ m}^4$

$M = 407,68 \times 10^3 \text{ kgf/cm}$

$$\sigma_c = \frac{M}{I_{II}} \cdot x = \frac{407,68 \times 10^3 \times 9,98}{60.314,6} = 67,45 \text{ kgf/cm}^2$$

$$\sigma_S = ae \cdot \sigma_C \cdot \frac{d-x}{x} 15 \times 67,45 \times = \frac{42-9,98}{9,98} = 3.246,11 \text{ kgf/cm}^2$$

3) Cálculo de Mr (momento de fissuração)

$$Mr = \frac{\alpha \cdot f_{ct} \cdot I_0}{Yt} \quad \begin{array}{l} \text{fck= 20 MPa} \rightarrow \text{f}_{ct} = 2,21 \text{ MPa} = 22,1 \text{ kgf / cm}^2 \\ \alpha = 1,2 \\ I_0 = 86 \cdot 635 \text{ cm}^4 \\ Yt = 29,88 \text{ cm} \end{array}$$

$$Mr = \frac{1,2 \times 22,1 \times 86.635}{29,88} = 76.892,91 \text{ kgf/cm} = 0,7689 \text{ tfm}$$

4) Cálculo de (EI) eq:

$$(EI)_{eq} = 2.128.700 \left\{ \left(\frac{0,7689}{4,07} \right)^3 \times 0,00087 + \left[1 - \left(\frac{0,7689}{4,07} \right)^3 \right] \times 0,000603 \right\}$$

$$(EI)_{eq} = 1.287,43 \text{ tfm}^2 < Ecs \cdot I_0 = 2.128.700 \cdot 0,00087 = 1.851 \text{ tfm}^2$$

5) Cálculo da flecha:

$$\text{flecha} = \frac{5 \times (g+q) \cdot \ell^4}{384 \ (EI)_{eq}} = \frac{5 \times 1,936 \times 11,2^4}{384 \times 1.287,43} = 0,0308 \text{ m} = 3,08 \text{ cm}$$

6) Cálculo da flecha acidental:

$$f_q = \frac{q}{p} \times f_p = \frac{0,66}{1.936} \times 3,08 = 1,05 \text{ cm}$$

6 — ESTRUTURAS DE LAJES

7) Cálculo da flecha diferida (NBR 6118)

Adotando 2 Ø 8 mm (armadura superior porta estribo), temos:

$$A's = 1 \text{ cm}^2 \quad (2 \, Ø \, 8 \text{ mm}) \quad \rightarrow \quad \rho' = \frac{1}{44 \times 42} = 0,00054$$

$$\left. \begin{array}{l} to = \quad 0,5 \text{ mês} \Rightarrow 0,54 \\ too = 70 \text{ meses} \Rightarrow 2 \end{array} \right\} \Rightarrow \Delta \xi = 2 - 0,54 = 1,46$$

$$\alpha f = \frac{\Delta \xi}{1 + 50\sigma} = \frac{1,46}{1 + 50 \times 0,00054} = 1,421$$

Flecha final

$$f_p \times \alpha_f + f_q = 3,08 \times 1,421 + 1,05 = 5,426 \text{ cm} > \frac{\ell}{300} = \frac{1.120}{300} = 3,73 \text{ cm}$$

Poderemos dar contraflecha de 3 cm, mas também concluímos que o piso está muito flexível.

Conclusão:

É melhor fazer nervuras mais robustas e mais espaçadas.

Segunda tentativa

1) Na primeira tentativa, temos:

$$g + q = 590 \text{ kgf/m}^2$$

$$Mx = \frac{0,59 \times 11,2^2}{8} = 9,25 \text{ tfm/m} = 925 \text{ tfcm/m}$$

façamos $h = 50$ cm, logo $d = 47$ cm

$$k_6 = \frac{100 \times 47^2}{925} = 238,65 \quad k_3 = 0,331$$

$$As = 0,331 \times \frac{925}{47} = 6,51 \text{ cm}^2/\text{m}$$

por nervura, temos, usando 2 Ø 20 mm por nervura $As = 6,3 \text{ cm}^2$

$$\frac{6,3}{6,51} \cong 0,97 \Rightarrow \text{espaçamento: 98 cm}$$

Adotemos o seguinte esquema estrutural:

2) Verificação final:

$$\ell = 90 \text{ cm}; \, hf = \ell/15 = 6 \text{ cm} > 4 \text{ cm (OK)}$$

$$b_1 \leq \begin{cases} 0,1a = 110 \text{ cm} \\ 8hf = \quad 48 \text{ cm} \\ 0,5b_2 = \quad 45 \text{ cm} \end{cases} \left. \begin{array}{l} b_1 = 45 \text{ cm} \\ bw = 12 \text{ cm} \\ bf = b = 45 + 45 + 12 = 102 \text{ cm} \end{array} \right.$$

Laje maciça de mesmo volume:

$$h_{eq} = \frac{102 \times 6 + 44 \times 12}{102} = 11,2 \text{ cm}$$

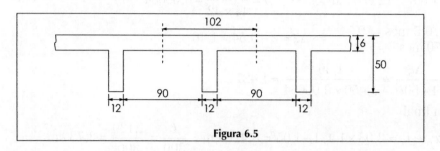

Figura 6.5

Cargas:
    Peso próprio $(25 \times 11,2)$ $\cong 280 \text{ kgf/m}^2$
    Revestimento de forro e piso $\cong 100 \text{ kgf/m}^2$
    Paredes divisórias $\cong 100 \text{ kgf/m}^2$
                                 $g = 480 \text{ kgf/m}^2$
    Carga acidental $q \cong 150 \text{ kgf/m}^2$
                              $g + q = 630 \text{ kgf/m}^2$

em uma nervura, temos:

$g + q = 630 \times 1,02 \cong 643 \text{ kgf/m} = 0,643 \text{ tf/m}$ $\begin{cases} g = 480 \times 1,02 \cong 490 \text{ kgf/m} \\ q = 150 \times 1,20 = 153 \text{ kgf/m} \end{cases}$

$$Mk = \frac{0,643 \times 11,2^2}{8} = 10,08 \text{ tfm/m}$$

$bf = 102 \text{ cm}; bw = 12 \text{ cm}; hf = 6 \text{ cm}; d = 47 \text{ cm}; As = 6,98 \text{ cm}^2$

$k_6 = \dfrac{102 \times 47^2}{1.008} = 223,52$ $\begin{array}{l} kx = 0,066 \\ k_3 = 0,331 \\ x = 0,066 \times 47 = 3,10 \text{ cm} < hf \end{array}$

3) Cálculo da flecha

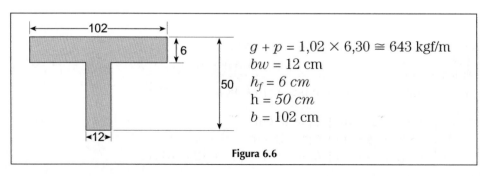

$g + p = 1,02 \times 6,30 \cong 643 \text{ kgf/m}$
$bw = 12 \text{ cm}$
$h_f = 6 \text{ cm}$
$h = 50 \text{ cm}$
$b = 102 \text{ cm}$

Figura 6.6

6 — ESTRUTURAS DE LAJES

a) Estádio I

$fck = 20$ MPa $\rightarrow fcs = 21.287$ MPa $= 212.870$ kgf/cm^2 $= 2.128.700$ tf/m^2

$$Yt_{inf} = \frac{12\dfrac{50^2}{2} + (102-12) \times 6 \times \left(50 - \dfrac{6}{2}\right)}{12 \times 50 + (102-12) \times 6} = 35,42 \text{ cm}$$

$Yt_{sup} = 14,58$ cm

$$I_0 = (102-12) \times 6 \times \left(50 - \frac{6}{2} - 35,42\right)^2 + 12 \times 50 \times \left(\frac{50}{2} - 35,42\right)^2 + \frac{12 \times 50^3}{12} +$$

$$+ (102-12) \times \frac{6^3}{12}$$

$I_0 = 264.177,9$ cm^4 $= 0,002641$ m^4

b) Estádio II

$\alpha e = 15$ cm $\quad bw = 12$ cm $\quad h_f = 6$ cm $\quad h = 50$ cm $\quad b = 102$ cm

$M = 10,08$ tfm/m $= 10,08 \times 105$ kgcm/m $\quad As_1 = 6,3$ cm^2 $\quad d = 47$ cm

aplicando as fórmulas do Estádio II (Volume 1), temos

$x = 8,818$ cm

$\sigma_c = 55,41$ kgf/cm^2

$\sigma_s = 3.599$ kgf/cm^2

$I_{II} = 160.409,41$ cm^4 $= 0,001604$ m^4

c) Cálculo de Mr (Momento de fissuração)

$$Mr = \frac{\alpha \cdot fct \times I_0}{yt} \quad \begin{array}{l} fck = 20 \text{ MPa} \rightarrow fct = 22,1 \text{ kgf/cm}^2 \\ \alpha = 1,2 \\ I_0 = 264.177,9 \text{ cm}^4 \\ Yt = 35,42 \text{ cm} \end{array}$$

$$Mr = \frac{1,2 \times 22,1 \times 264.177,9}{35,2} = 199.034 \text{ kgf/cm} = 1,99 \text{ tfm}$$

d) Cálculo de $(EI)_{eq}$

$$(EI)_{eq} = 2.128.700 \left\{ \left(\frac{1,99}{10,08}\right)^3 \times 0,002641 + \left[1 - \left(\frac{1,99}{10,08}\right)^3\right] \times 0,001604 \right\}$$

$$(EI)_{eq} = 3.431,42 \text{ tfm}^2$$

e) Cálculo da flecha permanente:

$$\text{flecha} = \frac{5(g+p)\ell^4}{384 \, (EI)_{eq}} = \frac{5 \times 0,49 \times 11,2^4}{384 \times 3.431,42} = 2,92 \cdot 10^{-2} \text{ m} = 2,92 \text{ cm}$$

f) Cálculo da flecha acidental

$$f_q = \frac{1,53}{4,90} \times 2,92 = 0,91 \text{ cm}$$

g) Cálculo da flecha diferida (ao longo do tempo)

adotando-se 2 Ø 8 mm (armadura superior – porta-estribo), temos:
$A^1S = 1 \text{ cm}^2$ (2 Ø 8 mm)

$$\rho = \frac{1}{102 \times 47} = 0,00021$$

$$\left. \begin{array}{l} to = 0,5 \text{ meses} \rightarrow 0,54 \\ too = 70 \text{ meses} \rightarrow 2 \end{array} \right\} \Delta\xi = 2 - 0,54 = 1,46$$

$$\alpha_f = \frac{1,46}{1 + 50 \times 0.00021} = 1,444$$

Flecha final $= 2,92 \times 1,444 + 0,91 = 5,12 \text{ cm} \quad > 1/300 = 3, 73 \text{ cm}$

Podemos dar contraflecha de 2 cm.

4) Cisalhamento (Volume 1)

$$Vk = (g+p) \cdot \frac{1}{2} = \frac{643 \times 11,2}{2} = 3.600,8 \text{ kgf} \qquad f_{cd} = \frac{200}{1,4} = 142 \text{ kgf / cm}^2$$

$$Vd = 1,4 \times 3.600,8 = 5.041 \text{ kgf}$$

$$\tau_{wd} = \frac{5.041}{12 \times 47} = 8,93 \text{ kgf/cm}^2 < \tau w \mu$$

a) Cálculo de Vrd_2:

$$Vrd_2 = 0,27 \times 0,92 \times 142 \times 20 \times 47 = 33.156, 43 \text{ kgf}$$

b) Cálculo de Vco

$$Vco = 6,66 \times 20 \times 47 = 6.260, 4 \text{ kgf}$$

c) Cálculo de (Vsw)

$$Vsw = 5041 - 6260,4 = -1219,4 \text{ kgf/cm}^2 < O$$
$$\rho w_{min} = 0,088\%$$

$$As = 0,088 \times 12 = 1,056 \ \frac{\text{cm}^2}{\text{m}} \text{ adotaremos } ø5c/20 \text{ (estribos)}$$

- Verificação da mesa à flexão

  Vão teórico $= 90 + 12 = 102 \text{ cm}$

  $$g + q = 25 \times 6 + 100 + 100 + 100 + 150 = 500 \text{ kgf/m}^2$$

  $$Mx = \frac{0,500 \times 1,02^2}{8} = 0,065 \text{ tfm/m} = 6,5 \text{ tf cm/m}$$

$$R6 = \frac{bd^2}{Mx} = \frac{100 \times 5^2}{6,5} = 384,61 \qquad k_3 = 0,333$$

$$As = 0,333 \times \frac{6,5}{5} = 0,43 \text{ cm}^2/\text{tfm} \qquad \varnothing 3,2 \text{ c}/18$$

Mas como ($2h = 12$ cm), adotaremos $\varnothing 3,2$ c/12.
Armadura de distribuição: $\varnothing 3,2$ c/25.

e) Conclusão:
- Dimensões

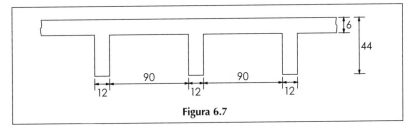

Figura 6.7

- Armadura

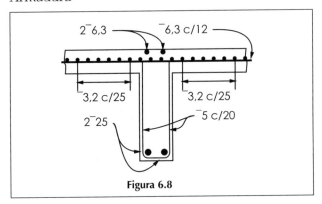

Figura 6.8

Contraflecha = 2 cm (com folga dentro da NBR 6118).

- Armadura negativa nas nervuras (2 Ø16) ou (2 Ø12,5)

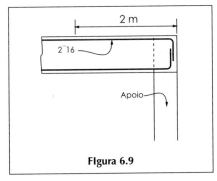

Figura 6.9

- Duas nervuras de distribuição

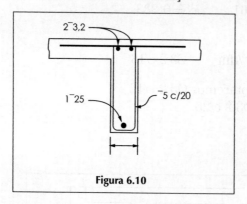

Figura 6.10

2. Exemplo de laje nervurada armada em cruz (em duas direções)

Mesmos materiais e cargas do primeiro exemplo

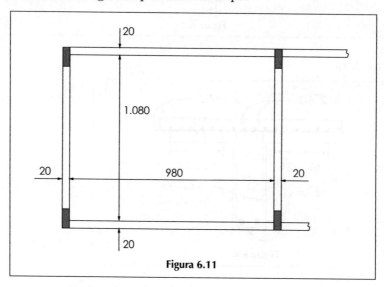

Figura 6.11

1) Pré-dimensionamento

$$\left.\begin{array}{l}\ell_x = 9{,}80 + 0{,}2 = 10{,}0 \text{ m} \\ \ell_y = 10{,}80 + 0{,}2 = 11{,}0 \text{ m}\end{array}\right\} \frac{\ell_y}{\ell_x} = \frac{11}{10} = 1{,}10$$

fck = 20 MPa

Aço CA-50 A

apoiada nos 4 lados

$$d = 1{,}5 \times \alpha \times \ell_x \qquad \alpha = 2{,}0 + \frac{1{,}1 - 1}{2} = 2{,}05$$

$d = 1{,}5 \times 2{,}05 \times 10 = 30{,}75$ cm $\Rightarrow d \cong 31$ cm

Adotaremos $h = 35$ cm, $d = 32$ cm

2) Primeira tentativa

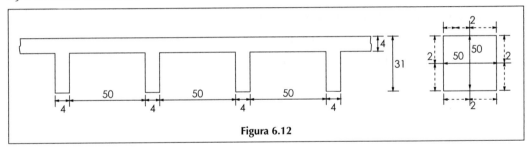

Figura 6.12

Altura equivalente da laje maciça de igual volume

$$h_{eq} = \frac{(2\times 50 + 2\times 54)\times 2\times 31 + 54\times 54\times 4}{54\times 54} = 8,42 \text{ cm}$$

3) Carga na laje e dimensionamento

Peso próprio ($25 \times 8,42$) $\cong 210$ kgf/m^2
Revestimento de forro e piso $\cong 100$ kgf/m^2
Paredes divisórias $\cong 100$ kgf/m^2
$g = 410$ kgf/m^2
Carga acidental $q \cong 150$ kgf/m^2
$g + q = 560$ kgf/m^2

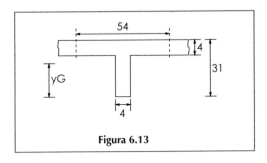

Figura 6.13

Laje maciça de mesmo I_C:

$$\frac{54 \times h_{eq}^2}{12} = 34.843,63 \Rightarrow h_{eq} = 19,69 \text{ cm}$$

Tabela de Marcus.

$$\frac{\ell_y}{\ell_x} = 1,1 \Rightarrow \begin{cases} mx = 22,8 \\ my = 27,6 \\ ws = 0,0390 \end{cases}$$

$Mx = 0,56 \times 10^2 / 22,8 = 2,46$ tfm/m

$My = 0,56 \times 10^2 / 27,6 = 2,03$ tfm/m

d) Dimensionamento

Na direção x: $Mx = 246 \times 0,54 = 133$ tfcm por nervura

$b_1 = 0,562 = 0,5\ell = 0,5 \times 50 = 25$ cm
$b = 25 + 25 + 4 = 54$ cm; $h = 35$ cm; $d = 32$ cm; $hf = 4$ cm; $bw = 4$ cm.

$$k_6 = \frac{54 \times 32^2}{129} = 415 \Rightarrow kx = 0,035 \Rightarrow x = 0,035 \times 32 = 1,12 \text{ cm} < h_f$$

$$As = 0,326 \times \frac{133}{32} = 1,35 \text{ cm}^2 \text{ por nervura}$$

Na direção y: $My = 203 \times 0,54 \cong 110$ tfcm

$$k_6 = \frac{bd^2}{Mx} = \frac{54 \times 32^2}{110} = 502 \Rightarrow kx = 0,029 \Rightarrow x = 0,029 \times 32 = 0,93 \text{ cm}$$

$$As = 0,326 \times \frac{110}{32} = 1,13 \text{ cm}^2/\text{nervura}$$

Reações

$$qx = \frac{0,56 \times 10}{4} = 1,40 \text{ kgf/m}$$

$$qy = 1,4 \times \left(2 - \frac{10}{11}\right) = 1,53 \text{ kgf/m}$$

$Vk = 1,53 \times 0,54 = 0,83$ tf/nervura
$Vd = 1,4 \times Vk$
$Vd = 0,83 \times 1,4 = 1,16$ tf/nervura

$$\tau wd = \frac{Vd}{bw \times d} = \frac{1.160}{4 \times 32} = 9,06 \text{ kgf/cm}^2$$

$$\rho_1 = \frac{As \times 100}{b \cdot d}$$

$$\rho_1 = \frac{1,41 \times 100}{4 \times 32} = 1,10\% \quad \psi_1 = 0,86 \quad \tau_C = 0,455 \times \psi_1 \sqrt{f_{ck}}$$

$\psi_1 = 0,5 + 0,33 \times 1,1 = 0,863 \quad \tau_C = 0,455 \times 0,863 \times \sqrt{200} = 5,55$ kgf/cm^2

$\tau_d = 1,15 \times 9,06 - 5,55 = 4,87$ kgf/cm^2

$\psi_1 = 0,5 + 0,33 \times \rho_1$

$\rho w_{\text{mín.}} = 0,14\%$

$$\frac{As_w}{S} = 0,14 \times 4 = 0,56 \text{ cm}^2/\text{m} \qquad \varnothing 3,2 \text{ c/20}$$

$\tau_d = 1,15 \times \tau wd - \tau c$

$$\frac{As_w}{S} = 0,02556 \times bw \times \tau d = 0,02556 \times 4 \times 4,87 = 0,50 \text{ cm}^2/\text{m}$$

5) Conclusões

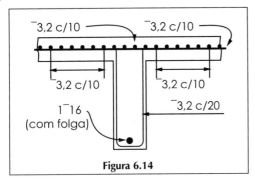

Figura 6.14

Poderemos melhorar as dimensões entre nervuras, por 1Ø20 = 2 cm², maior que o necessário.

6) Cálculo da flecha: NBR 6118
   $Ec = 212.870$ kgf/cm²
   Flecha final:
   $$f = \frac{ws \times Pf \times \alpha^4}{E_c \cdot h^3} = 0,039 \times \frac{0,643 \times 11,2^4}{212.870 \times 0,1969^3} \cong 0,02428 \text{m} = 2,43 \text{ cm}$$
   $\ell/300 = 1.000/300 = 3,33$ cm (O.K.)
   (tabela de Zerny-Bares)

6.3 VIGAS INCLINADAS

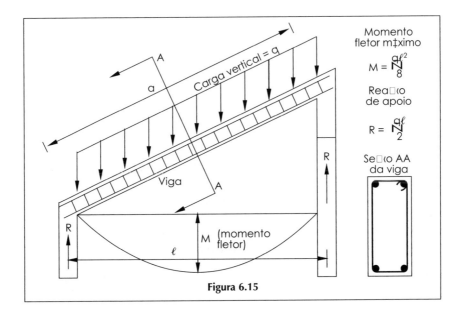

Figura 6.15

Em relação às cargas verticais, esse tipo de viga é muito usado em construções residenciais como:

- suporte de telhado, recebendo a carga das telhas e o madeiramento;
- parte estrutural de escadas.

O cálculo das vigas inclinadas não difere do cálculo das vigas horizontais, mas é preciso lembrar sempre que os estribos devem estar inclinados, ou seja, ortogonais em relação à direção do eixo da viga, como indicado no desenho da Figura 6.15.

6.4 QUANDO A LAJE NÃO É MUITO RETANGULAR

A maioria das lajes nas estruturas de concreto armado, pelo menos à primeira vista, tem formato retangular. Refletindo essa tendência, os livros-textos apresentam tabelas para cálculo de momentos fletores de lajes retangulares, variando apenas os tipos de apoio. Como fazer então, quando encontramos para dimensionar lajes não retangulares por razões de arquitetura?

Duas situações podem acontecer:

1) a laje tem formato bastante diferente de um retângulo, digamos um formato triangular;
2) a laje apresenta uma estrutura quase retangular.

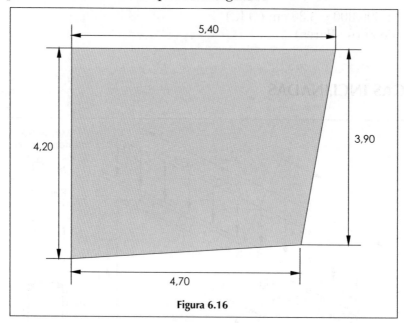

Figura 6.16

No primeiro caso, teremos de procurar tabelas específicas e, portanto, o cálculo é bastante mais complexo. Não estudaremos esse caso.

No segundo caso, podemos associar essa laje de formato quase retangular a uma estrutura retangular, envolvendo externamente a laje por um retângulo. Deve-se calcular e dimensionar desse retângulo e depois, no desenho da laje real, usar os valores resultantes do cálculo a maior.

Cabe aqui uma reflexão filosófica da atuação de um engenheiro, que é diferente da de um matemático.

Nenhuma laje é retangular, ou seja, nunca na prática há lajes milimetricamente retangulares. A precisão da obra invalida a construção de lajes retangulares. Se assim é na obra, nada nos impede de, tomando o cuidado de trabalhar a maior, dimensionar como laje retangular, uma que seja apenas semelhante a uma laje retangular. Como mostrado na Figura 6.16. Calcularemos essa laje como se fosse retangular com lados 4,20 m e 5,40 m.

6.5 PROJETO DE LAJES EM BALANÇO – MARQUISES

Uma laje que se projeta para fora de uma edificação, ou seja, uma laje que tenha apenas engastamento por um lado com viga da edificação, sem outro apoio, é uma marquise, por definição.

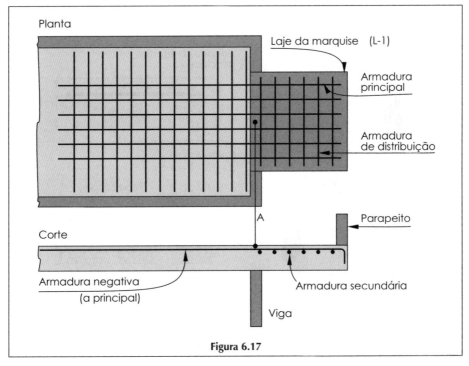

Figura 6.17

Deve-se observar que essa estrutura é isostática, ou seja, ela tem o mínimo de laços ou apoios para estar em equilíbrio. Basta que esse laço (esse apoio) se rompa, para que a marquise despenque. Esse vínculo nas marquises é feito com uma ligação por armadura negativa, já que o momento fletor causado pelo peso da própria laje e pela carga acidental é negativo, ou seja, a armadura é colocada na parte superior da peça. Vejamos um caso de dimensionamento:

- adotaremos como dado de entrada a espessura da laje L-1 igual a 10 cm;[1]
- há um parapeito de alvenaria (devidamente amarrado à estrutura de concreto armado por barras de aço imersas na argamassa da alvenaria);
- por cautela, admite-se uma carga horizontal (impacto) de 50 kgf/m atuando no topo do parapeito (carga horizontal).

Dimensionamento em balanço

Início dos cálculos[2]

Vamos dimensionar TIM TIM por TIM TIM uma "laje marquise" chamada pela NBR 6118 de laje em balanço. A citada norma no item 13.2.4 item C, p. 74, exige que a espessura mínima da mesma seja 10 cm. Outra exigência para o projeto dessa laje é que no seu dimensionamento seja usado um coeficiente adicional igual á

$\gamma_n = 1,95 - 0,05\,h$

onde h é a altura da laje expressa em centímetros. Usaremos essa espessura mínima. O coeficiente adicional será n = 1,95 − 0,05h = 1,95 − 0,05 × 10 = 1,45.

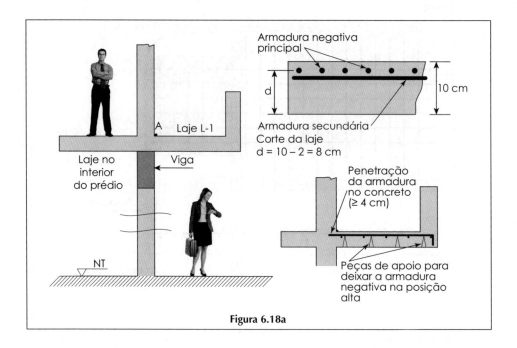

Figura 6.18a

---
[1] Ver item 13.2.4.1 item C, pg. 74 da NBR 6118/2014.
[2] Houve uma colaboração do colega Erivelton Aires para a 3ª edição.

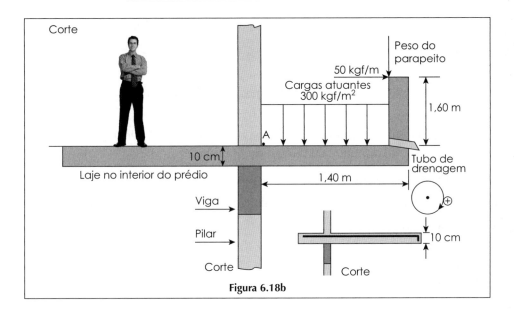

Figura 6.18b

Hipótese de ocorrência de cargas

a) peso próprio da laje e do parapeito

b) carga horizontal da laje sobre a marquise de 300 kgf/m^2

c) carga horizontal suposta igual a 50 kgf/m atuando no parapeito

d) como haverá excelente drenagem (parapeito com muitos orifícios no piso) a carga hidráulica de represamento de águas de chuva será igual a zero

Calcularemos a laje por metro de comprimento

Calcularemos os momentos fletores em relação ao ponto A onde esses momentos fletores alcançarão o máximo.

Os cálculos resultam:

1. momento fletor do peso próprio do parapeito por metro – espessura do parapeito com meio tijolo, tendo peso de 170 kgf/m^2

    170 kgf/m^2 × 1,60 m = 272 kgf/m

    o momento fletor em relação ao ponto A resulta 272 kgf/m × 1,40 m = 380 kgfm

2. para o cálculo do momento fletor causado pelo peso próprio da laje em relação ao ponto A, resulta:

    peso próprio da laje = 1,40 × 1,0 m × 0,10 m × 2.500 kgf/m^3 = 350 mgf/m^2

    momento fletor em relação ao ponto A = 350 kgf/m^2 × 1,40/2 = 245 kgfm

6 — ESTRUTURAS DE LAJES

3. momento fletor em relação ao ponto A causado pela força horizontal atuante no parapeito

50 kgf × 1,60 m = 80 kgfm

4. momento fletor causado pela sobrecarga de 300 kgf/m^2 em relação ao ponto A

A ação de momento fletor em relação ao ponto A dessa sobrecarga é como se fosse uma carga concentrada no seu centro de gravidade

300 kgf/m^2 × 1,40 m/2 × 1,40/2 = 294 kgfm

O momento fletor total atuando em relação ao ponto A, será a somatória de:

- momento do parapeito – 380 kgfm
- momento do peso próprio da laje – 245 kgfm
- momento fletor da força horizontal – 80 kgfm
- momento fletor da sobrecarga – 294 kgfm

Momento fletor total em A:

380 + 245 + 80 + 294 = 999 kgfm = 99,9 tcm

Por ser laje marquise, a NBR 6118/2014, no seu item 13.2.4.1 exige a multiplicação do momento fletor de dimensionamento (em A) de γ_n = 1,45, logo o momento fletor de dimensionamento será

Mk = 99,9 × 1,45 = 144 tcm

Vamos usar os coeficientes k_6 e k_3, nossos velhos conhecidos:

$$k_6 = \frac{bw \cdot d^2}{Mk} = \frac{100 \cdot 8^2}{144} = 44$$

$$\left.\begin{array}{l} \text{fck = 20 MPa} \\ \text{aço CA 50} \end{array}\right\} \rightarrow k_3 = 0,38$$

k_6 = 44

$$A_s = k_3 \cdot \frac{Mk}{d} = \frac{0,38 \cdot 144}{8} = 6,84 \text{ cm}^2$$

de armadura CA 50 por metro de laje (armadura negativa)

Para termos 6,84 cm^2/m usaremos 6 barras por metro dando um espaçamento de 100/6 = 18 cm.

O espaçamento de 18 cm atende ao item 20.1 (p. 169) da norma que exige o espaçamento máximo de 2h · 10 = 20.

Essa armadura principal (negativa) deve penetrar 4 cm além do eixo teórico do apoio.

A armadura secundária, também negativa, transversal à armadura principal tem que ter no mínimo 20% da armadura principal e será então 6,84 × 0,2 = 1,37 cm²/m.

Usaremos Ø12,5 mm a cada 33 cm (ainda o item 20.1, p. 169 da NBR 6118/2014).

6.6 PUNÇÃO EM LAJES

Punção é o fenômeno da ocorrência de grande tensão (podendo chegar a ruptura), localizada em uma estrutura bidimensional, sob a ação de cargas concentradas, aplicadas perpendicularmente ao plano médio da estrutura.

Esta ruptura é caracterizada pelo destacamento de um trecho em forma de tronco-cônica, que se separa do resto da estrutura.

Quando fazemos um furo com ponteiro, não se consegue um orifício regular; sempre haverá um desbeiçamento do furo com a ruptura em tronco-cônico com o ângulo β < 45°, sendo β ≅ 35° para lajes armadas à flexão, nos ensaios temos tgβ ≥ 1/2.

As cargas que provocam punção nas lajes são concentradas, provenientes de pés de máquinas pesadas, andaimes tubulares, sapatas de pequena altura com pilares atuando em áreas reduzidas (ativas).

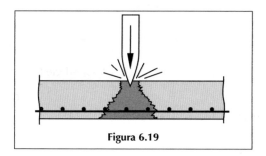

Figura 6.19

6.6.1 PRINCÍPIO DE CÁLCULO

A punção é um caso de exceção relativo à regra geral, pois depende da resistência à tração do concreto.

Na verificação da segurança, o princípio geral de cálculo exige que a segurança dependa apenas da resistência do concreto à tração. Na realidade, temos ajuda da armadura transversal, mas como não é bem conhecida, não deve ser levada em conta.

Fórmulas da NBR 6118

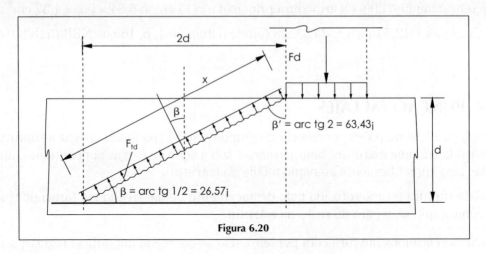

Figura 6.20

$$\tau sd_a = \frac{Fsd}{\mu \cdot d} \rightarrow Fsd_a = \tau sd \cdot \mu \cdot d$$

$\mu =$ e o perímetro do contorno crítico c'
$d =$ altura útil da laje ao longo do contorno crítico c'
$Fsd =$ força resistente na superfície crítica c'
$\tau sd =$ tensão resistente na superfície crítica c'
$Fd =$ força de cálculo aplicada.

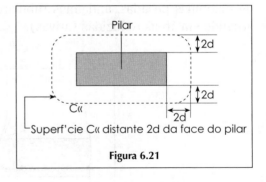

Figura 6.21

(NBR 6118/2014) Item 19.5.3.2, p. 166.

Tensão resistente na superfície C' em elementos estruturais ou trechos seus, armadura de punção.

$$\tau sd \leq \tau rd_1 = 0{,}13(1 + \sqrt{20/d}) \times (100 \cdot \rho \cdot f_{ck})^{1/3}$$

d altura útil em (cm)
fck em megapascal (MPa)
ρ porcentagem de armadura

Exemplo:

Pilar interno de seção 40 × 40 cm, com carga de cálculo centrada de ($Fd = 120$ tf), descarregando diretamente sobre uma laje de altura h = 55 cm, fck = 20 MPa, $\gamma_c =$ 1,4, CA50, armadura da laje Ø 12,5 c/15 nas duas direções.

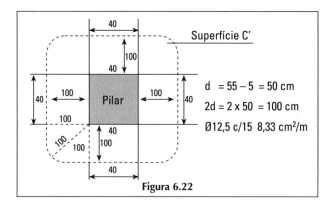

Figura 6.22

Perímetro da superfície c'

$\mu = 4 \times 40 + 2 \times \pi \times 100 = 788$ cm
$d = 50$ cm

Tensão resistente na superfície c'

$$\tau sd \leq 0,13 \left(1 + \sqrt{20/50}\right)\left(100 \times \frac{8,33}{100 \times 50} \times 20\right)^{1/3} = 0,3 \text{ MPa} = 3,168 \text{ kgf/cm}^2$$

$$\tau sd \leq 0,13 \left(1 + \sqrt{20/d}\right)\left(10 \cdot \rho \cdot f_{ck}\right)^{1/3}$$

Tensão de cálculo atuante

$$\tau sd_a = \frac{120.000}{788 \times 50} = 3,04 \text{ kgf/cm}^2 = 0,304 \text{ MPa} < \tau sd$$

$$\tau sd_a = \frac{Fsd}{\mu \cdot d} \quad \text{(O.K.) não precisamos armar à punção}$$

6.7 CISALHAMENTO EM LAJES (bw ≥ 5d)

d = altura útil da laje bw = largura da laje   (NBR 6118/2014, item 19.4.1)

Lajes sem armadura para força cortante. As lajes podem prescindir da armadura transversal para resistir aos esforços de tração oriundos da força cortante, quando a tensão convencional de cisalhamento obedecer à expressão:

$$\frac{Vsd}{bw \times d} \leq \tau rd_1 \quad \text{onde:}$$

$$\tau rd_1 = \sqrt[3]{f_{ck}} \times \left(1 + \frac{50 \times \rho \times \lambda}{50\rho\lambda}\right) \times \left(1,6 - d\right) \alpha q \quad \text{com (1,6-d)} \geq 1$$

d = altura útil
Vsd = força de cálculo
αq é o coeficiente que depende do tipo do carregamento sendo:

- αq = 0,097 para cargas lineares paralelas ao apoio. A parcela de força cortante decorrente de cargas diretas, cujo afastamento (a) do eixo do apoio seja inferior ao triplo da altura útil (d), pode ser reduzida na proporção (a/3d).
- αq = 0,14 / (1-3d/2) para cargas distribuídas, podendo ser adotado αq = 0,17 quando d ≤ λ/20, sendo λ menor vão teórico das lajes ou o dobro do comprimento do balanço.
- Lajes submetidas a flexocompressão aplicam-se os limites acima, majorados pelo fator

$$\beta_1 = \left[1 + \frac{Mo}{|Msd,max|}\right] \leq 2$$

onde:

Mo = momento fletor de descompressão da seção, onde atua o momento fletor máximo Msd, provocado pelas forças de protensão.

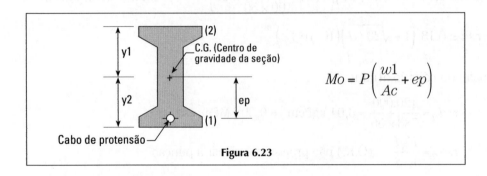

Figura 6.23

w_1 = módulo de resistência na seção 1
Ac = área da seção
ep = distância da protensão ao centro de gravidade
$w_1 = I / Y_1$

Exemplo:

Dada a laje abaixo verificar o cisalhamento para não armar.

6 — ESTRUTURAS DE LAJES

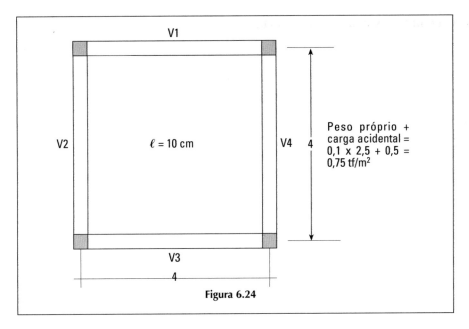

Figura 6.24

fck = 20 MPa   cobrimento = 1,5 cm $d = 0,080$ m $= 8,0$ cm

Cargas nas vigas $= \dfrac{0,75 \times 4}{4} = 0,75$ tf/m $= 750$ kgf/m

$Mx = my = \dfrac{0,75 \times 4^2}{27,4} \cong 0,44$ tfm/m $k_6 = \dfrac{8,0^2}{0,44} = 145$ $k_3 = 0,336$

$As = 0,336 \times \dfrac{44}{8,0} = 1,84$ cm^2/m $\left(\text{adotado } \varnothing\ 6,3\ c/15\ (2,10\ \text{cm}^2/\text{m})\right)$

$\rho = \dfrac{2,1}{100 \times 8} = 0,00263$

$\alpha_q = 0,17$ $\lambda = 400$ cm $\rightarrow \dfrac{2}{20} = 20$ cm $< d \rightarrow \alpha_q = 0,17$

$\tau r d_1 = \sqrt[3]{20} \times (1 + 50 \times 0,00263 \times 4) \times (1,6 - 0,08) \times 0,17 = 1,07$ MPa $= 10,70$ kgf/cm^2

Tensão atuante: τsd_a
$\tau sd_a =$ tensão de cisalhamento atuante

$\tau r d_a = \dfrac{Vsd}{bw \cdot d} = \dfrac{750 \times 1,4}{100 \times 8} = 1,31$ kgf/cm^2 $< \tau r d_1 = 10,7$ kgf/cm^2 (O.K.)

"Conclusão: não precisa armar ao cisalhamento" (prescinde de estribos).

Aqui, você faz suas anotações pessoais

CAPÍTULO 7

OUTROS DETALHES DA ESTRUTURA

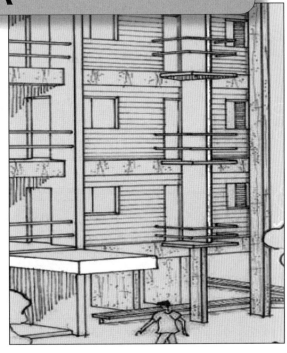

Apresentamos alguns detalhes de parte das estruturas de concreto armado.

7.1 PROJETO DE ESCADAS EM EDIFÍCIOS

Valores usuais de altura e largura de degraus

Largura das escadas: 80 cm em geral; 120 cm em edifícios de apartamentos e escritórios.

Espessura média dos degraus: $em = h_1 + b/2$.

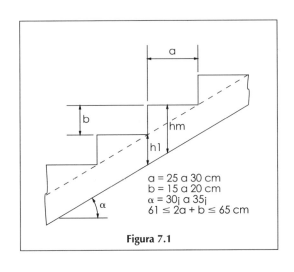

$a = 25$ a 30 cm
$b = 15$ a 20 cm
$\alpha = 30°$ a $35°$
$61 \leq 2a + b \leq 65$ cm

Figura 7.1

Sobrecargas usuais (cargas acidentais)

a) escadas de edifício de residência: $q = 250$ a 300 kgf/m² (25 a 30 MPa)
b) escadas de edifício público: $q = 300$ a 500 kgf/m² (30 a 50 MPa)
c) escadas secundárias $q = 200$ a 250 kgf/m² (20 a 25 MPa)

Carga de parapeito

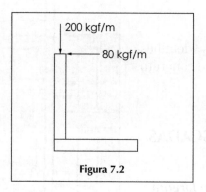

Figura 7.2

Escada com degraus em balanço

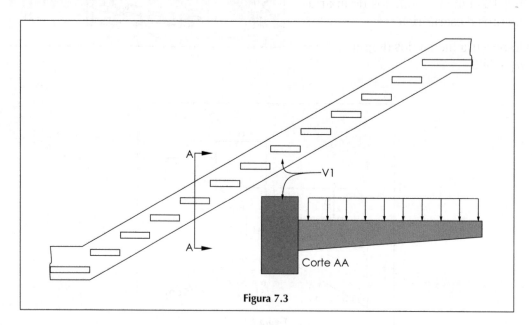

Figura 7.3

- Calculam-se os degraus engastados na viga V1.
- A viga V1 deverá fornecer engastamento à torção e deverá ser calculada a essa torção.

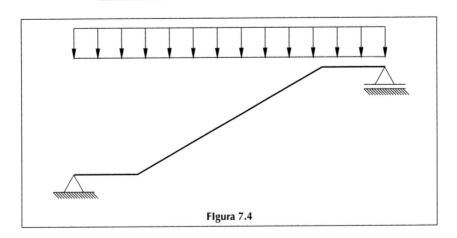

Figura 7.4

Escada armada transversalmente

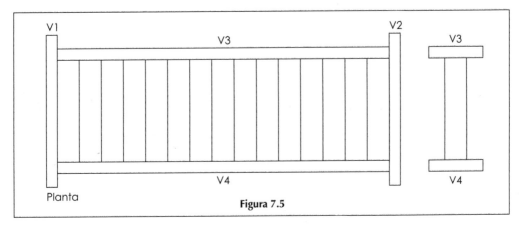

Figura 7.5

Calcula-se o degrau com viga, simplesmente apoiada nas vigas V3 e V4.

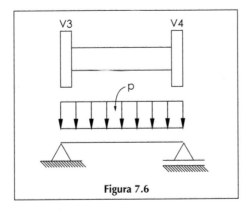

Figura 7.6

Escada armada longitudinalmente

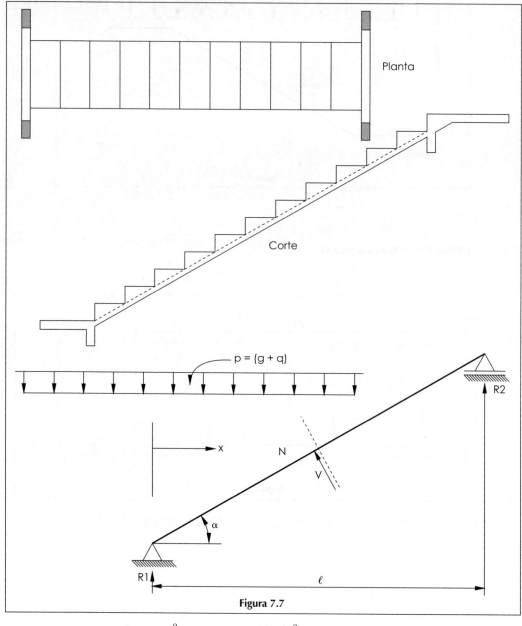

Figura 7.7

$$M = Mx = \frac{p\ell}{2}x - \frac{px^2}{2}; \qquad M_{máx} = \frac{p\ell^2}{8} \quad \text{(momento fletor máximo)}$$

$$N = Nx = \left(\frac{p\ell}{2} - px\right)\operatorname{sen}\alpha; \quad N_{máx} = \frac{p\ell}{2}\operatorname{sen}\alpha \text{ (normal)}$$

$$V = Vx = \left(\frac{p\ell}{2} - px\right)\cos\alpha; \qquad V_{máx} = \frac{p\ell}{2}\cos\alpha \text{ (cortante)}$$

7 — OUTROS DETALHES DA ESTRUTURA

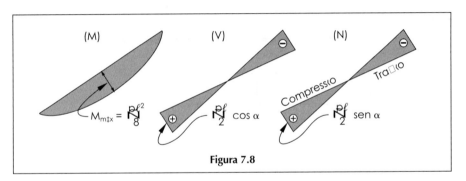

Figura 7.8

Escadas com dois lances armados longitudinalmente

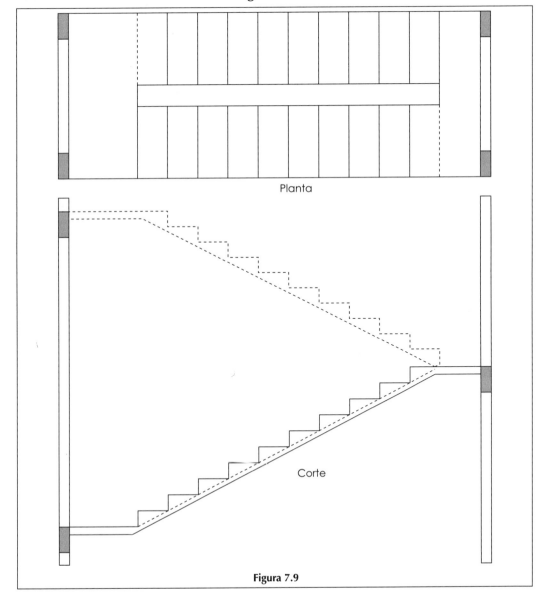

Figura 7.9

Escadas em L

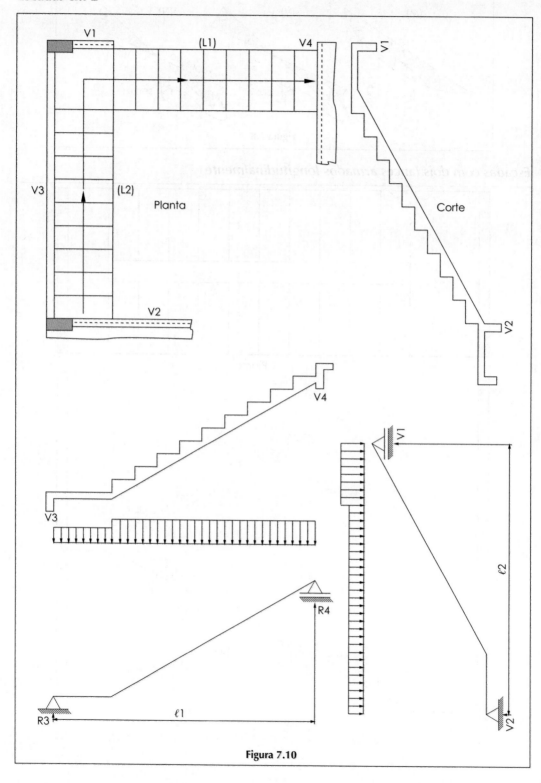

Figura 7.10

7.2 PROJETO ESTRUTURAL DE RAMPAS

Chama-se rampa a estrutura que vence vãos sem degraus. É uma placa (laje), ligando duas regiões em desnível. Rampas para pedestres devem ter limitações de declividade máxima, para não serem desagradáveis. Essa declividade deve ser algo em torno de 36%, ou seja, um ângulo de 20°.

Quando se adicionam degraus a uma rampa, temos as escadas. O tipo mais comum de escada é calculada como rampa e os degraus são saliências adicionais à rampa.

Para se projetar estruturalmente rampas para pedestres, dividimos essas estruturas em dois tipos:

- rampas contidas em um plano, ou sejam, rampas planas;
- rampas não planas, ou seja, sua superfície não pode ser contida em um único plano. São rampas esconsas. Têm uma estrutura espacial.

Cada tipo de rampa pode ainda se dividir em:

- formato retangular (seções transversais constantes);
- formato não retangular (seções transversais variáveis no tocante à largura).

A rampa mais bela que vi[1], está no Palácio de Exposições em São Paulo, o Palácio das Indústrias no Parque Ibirapuera, obra do famoso arquiteto Oscar Niemeyer.

Uma rampa, como qualquer estrutura, precisa:

- ter estabilidade;
- ter resistência;
- não deformar em demasia;
- não vibrar;
- não ter fissuras inaceitáveis por razões estéticas e que possam prejudicar a vida útil da estrutura;
- ser barata.

Sendo as rampas estruturas finas, por vezes de grande área, ou grande vão, poucos apoios e tendo a carga em movimento, essas estruturas podem ter problemas de vibração, problema pouco usual em estruturas de concreto armado convencionais.

O elemento estrutural que pode evitar vibrações é a espessura das rampas (altura da seção). Taxa alta de armadura nada contribui para a diminuição das vibrações.

Atuam sobre as rampas as cargas:

- peso próprio;
- carga acidental (pedestres) em movimento.

---

[1] Autor MHCB. Justifica-se que jovens arquitetos venham à São Paulo, mesmo que exclusivamente para ver e andar nessa rampa.

NOTA 1

Num prédio, uma rampa de pedestres de acesso ao salão social de entrada era o único acesso para se chegar a um prédio. Quando foram montar o elevador, descobriu-se que o motor do elevador teria que passar pela rampa e isso não estava previsto estrutural-mente. A rampa teve de ser reforçada durante a passagem desse motor "alienista". Com vários apoios novos, feitos com estruturas provisórias de madeira, os vãos foram dimi-nuídos, e o motor passou.

Estruturas diferentes das rampas planas podem necessitar de estudos especiais, levando em conta a torção, por exemplo.

Um detalhe quanto à carga acidental: a rampa é um elemento de possível eva-são de pessoas em pânico. Logo, pode haver um acúmulo de gente querendo usar a rampa ao mesmo tempo e em desespero. Adota-se, então, uma carga acidental de 400 kgf/m^2 para tentar, de alguma forma, simular estruturalmente o uso lotado da rampa e até o efeito dinâmico (choques) de pessoas em fuga.

Quanto ao projeto estrutural de rampas tipo lajes, basta seguir o exemplo dado neste trabalho de dimensionamento da rampa de escada.

Se a rampa tiver de resistir a cargas muito maiores que as indicadas neste tra-balho, precisamos verificar o cisalhamento e eventualmente necessitaremos de estribos.

NOTA 2 - A NR 18 do Ministério do Trabalho, estabelece:

18.12.2 As escadas de uso coletivo, rampas e passarelas para a circulação de pessoas devem ser de construção sólida e dotadas de corrimão e rodapé.

Dependendo da largura da rampa, seria razoável prever a construção de corrimão dos dois lados.

Atenção: corrimão não é guarda-corpo. Corrimão é para orientar e dar apoio a pessoas que sobem e descem. Conforme seja a altura a vencer, será necessário ter guarda-corpo, que impeça as pessoas de cair da rampa para o piso inferior. Corrimão não impede quedas, guarda-corpos, sim.

Guarda-corpos devem ser ligados estruturalmente a uma estrutura maior.

Rodapé é uma saliência inferior para evitar quedas.

Em um estádio de futebol, na rampa de saída, fizeram um guarda-corpo de alve-naria simplesmente apoiada numa laje. Numa saída tumultuada de torcedores, houve um esforço sobre o guarda-corpo que rompeu e várias pessoas caíram e morreram, por erro de projeto estrutural.

NOTA 3

A vibração de uma estrutura depende, entre outros fatores, do número e do tipo de vínculos. Seguramente e como um exemplo extremo, uma rampa com dois apoios simples tende a vibrar mais que uma rampa semelhante com quatro apoios engastados.

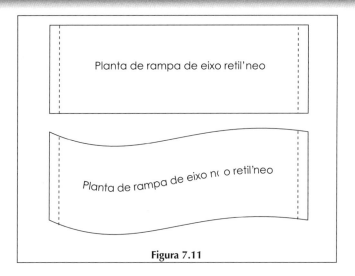

Figura 7.11

7.3 TORÇÃO NAS ESTRUTURAS DE CONCRETO ARMADO

TENSÃO TANGENCIAL DE TORÇÃO

Seção vazada

Seja Td o valor de cálculo de momento de torção que atua na seção vazada. A tensão tangencial de cálculo é dada pela fórmula de Bredt.

$$\tau td = \frac{Td}{2Ae \cdot ht}$$

he = espessura mínima da parede delgada;
Ae = área interna ao contorno formado pela linha média da mesma;
ht = espessura mínima.

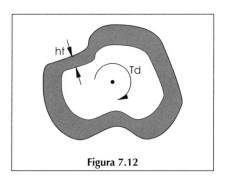

Figura 7.12

Seção retangular

a) se $bs \geq 5b/6$, então $ht = b/6$; $Ae = \dfrac{5b}{6}\left(h - \dfrac{b}{6}\right)$;

b) se $bs \leq 5b/6$, então $ht = bs/5$; $Ae = bs \cdot hs$; $Ae = bs \cdot ht$.

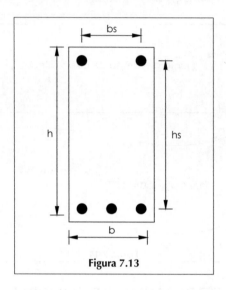

Figura 7.13

Casos de torção

Dois exemplos de torção necessária ao equilíbrio

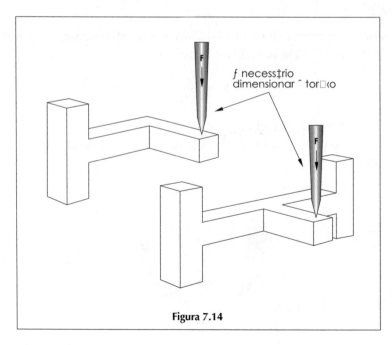

Figura 7.14

Torção necessária à compatibilidade

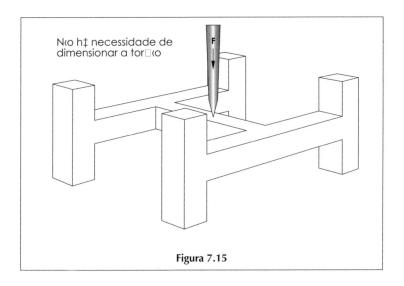

Figura 7.15

Torção + cisalhamento na flexão

$$\underbrace{\frac{\tau wd}{\tau wdu}}_{\text{cisalhamento}} + \underbrace{\frac{Ttd}{Ttdu}}_{\text{torção}} \leq 1$$

Concreto torção

$$Ttd = \frac{Td}{2Ae \cdot ht} \leq Ttu \leq \begin{cases} 0{,}22 f_{cd} \\ 40 \text{ kgf/m}^2 \end{cases}$$

Torção pura (armação)

Malha retangular:

$$\underbrace{\frac{Asw}{S}}_{\substack{\text{armadura} \\ \text{(estribo)}}} = \underbrace{\frac{\Sigma As\ell}{\mu}}_{\substack{\text{armadura} \\ \text{longitudinal}}} = \frac{Td}{2Ae\, f_{yd}}$$

Asw = área da seção de um só ramo do estribo;
s = espaçamento dos estribos;
$\Sigma As\ell$ = soma das áreas das seções de todas as barras longitudinais;
μ = perímetro do contorno que encerra a área Ae;
$\mu = 2 \times (bs + hs)$;
$Ttdu = 0{,}22 f_{cd} \leq 40$ kgf/cm² (armadura paralela normal ao eixo da peça).

fck (kgf/cm²)	$Ttdu = 0{,}22 \cdot \dfrac{fck}{1{,}4}$
200	31,40
250	39,2

Resumo sobre a armadura

Armadura longitudinal:

$$\frac{As\ell}{\mu} = \frac{Td}{2Ae\,f_{yd}}$$

Armadura em estribos:

$$\frac{Asw}{S} = \frac{Td}{2Ae\,f_{yd}}$$

(Área de um ramo de estribos).

Para usarmos tabelas de estribos, devemos multiplicar por 2 o valor $\left(\dfrac{Asw}{S}\right)$.

Os ensaios demonstraram que, no estádio II, apenas uma camada externa de concreto, delgada, é efetiva na torção e que, por isso, as peças de concreto armado, com seção retangular, atuam como seções vazadas de parede fina.

No caso de torção simples, a rigidez à torção, ocasionada pelas fissuras e pela direção da armadura, que é desviada da direção das tensões σ_I, diminui consideravelmente, até 3 a 11%, em relação àquela do estádio I.

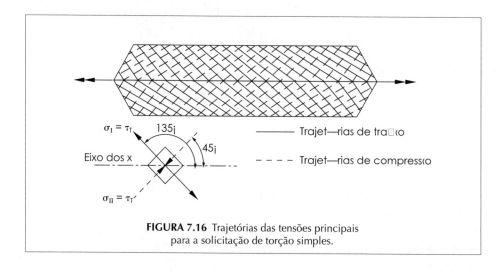

FIGURA 7.16 Trajetórias das tensões principais para a solicitação de torção simples.

7 — OUTROS DETALHES DA ESTRUTURA

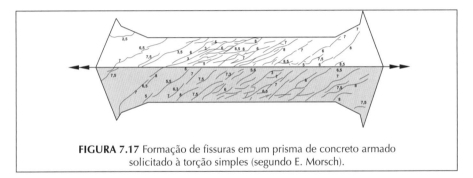

FIGURA 7.17 Formação de fissuras em um prisma de concreto armado solicitado à torção simples (segundo E. Morsch).

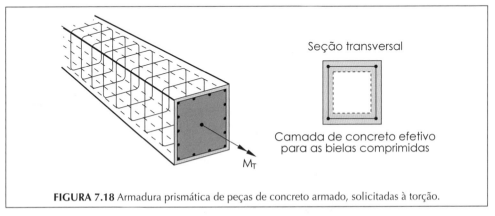

FIGURA 7.18 Armadura prismática de peças de concreto armado, solicitadas à torção.

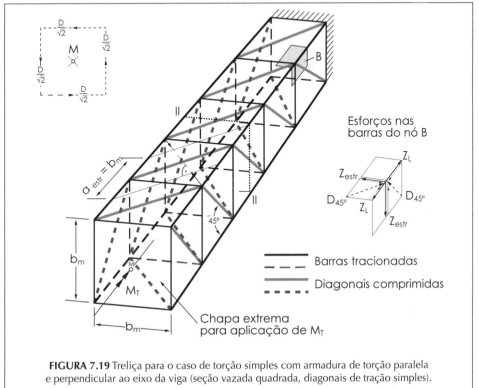

FIGURA 7.19 Treliça para o caso de torção simples com armadura de torção paralela e perpendicular ao eixo da viga (seção vazada quadrada, diagonais de tração simples).

Armadura mínima

Barras longitudinais:

$$0{,}14\% \times Ac \times 100 = A\phi\ell \times n\ell \times 100$$

$$A_{\phi\ell} = \frac{0{,}14\%Ac}{n\ell} \quad (\text{cm}^2)$$

Estribos:

$$0{,}14\% \times Ac \times 100 = A_{\phi w} \times (\ell_1 + \ell_2) \times \eta_{\phi w}$$

$$A_{\phi w} \times n_{\phi w} = \frac{0{,}14\% \times Ac \times 100}{\ell} \quad \text{cm}^2/\text{m}$$

ℓ_1 e ℓ_2 = comprimentos totais de cada estribo.
$n\ell$ = número de barras longitudinais.
$\eta_{\phi w}$ = número de estribos/metro.
$\ell = \ell_1 + \ell_2 + \dots$

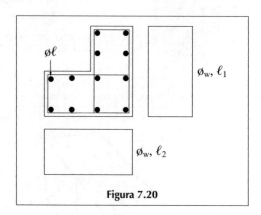

Figura 7.20

Exemplo

Dada a seção retangular da Figura 7.21, calcular a armadura:

- $Td = 8 \ Tfm = 8 \times 10^5$ kg/cm
- $f_{ck} = 200$ kgf/cm^2
- CA-50
- Cobrimento $C = 2$ cm
- $\phi_w = 1$ cm (diâmetro do estribo)
- $\phi = 1{,}25$ cm (barra longitudinal)

a) cálculo de Ae e ht:

$$bs = b - 2\Delta b \qquad hs = h - 2\Delta b$$

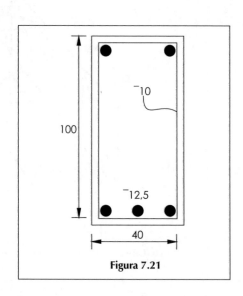

Figura 7.21

7 — OUTROS DETALHES DA ESTRUTURA

Δb pode ser estimado por:

$\Delta b = c + \phi_w + 0{,}356\phi + 0{,}146 \cdot \phi_{pino}$ com $\phi_{pino} = 5\ \phi_w$

$\Delta b = 2 + 1 + 0{,}356 \times 1{,}25 + 0{,}145 \times 5 \times 1 = 4{,}17$ cm

$2\Delta b \cong 8{,}34$ cm

$bs = 40 - 8{,}34 = 31{,}66$ cm $\qquad bs < 5b/6$

$hs = 100 - 8{,}34 = 91{,}66$ cm

$\dfrac{5b}{6} = \dfrac{5 \times 40}{6} = 33{,}3$ cm

$ht = \dfrac{bs}{5} = \dfrac{31{,}66}{5} = 6{,}33$ cm

$Ae = bs \times hs = 31{,}66 \times 91{,}66 \cong 2{,}902$ cm^2

b) verificação do concreto

$$Ttd = \frac{Td}{2Ae \cdot ht} = \frac{8 \times 10^5}{2 \times 2.902 \times 6{,}33} = 21{,}78 \text{ kgf} / \text{cm}^2\ \langle Ttdu\ \text{(OK)}$$

$f_{ck} = 200$ kgf/cm^2 $\qquad Ttdu = 31{,}4$ kgf/cm^2

c) determinação da armadura

$$\frac{Asw}{S} = \frac{\Sigma As\ell}{\mu} = \frac{Td}{2Ae f_{yd}} = \frac{8 \times 10^5}{2 \times 2.902 \times 4.348} = 0{,}0317 \text{ cm}^2/\text{cm} = 3{,}17 \text{ cm}^2/\text{m}$$

estribos:

$$\left.\begin{array}{l} \dfrac{Asw}{S} = 0{,}0317 \text{ cm}^2/\text{cm} = 3{,}17 \text{ cm}^2/\text{m} \\[2ex] \dfrac{Asw}{S} = 6{,}34 \text{ cm}^2/\text{m} \qquad \text{dois ramos} \end{array}\right\} \text{ Tabela } \varnothing 8 \text{ c/15} \begin{pmatrix}\text{tabela de} \\ \text{estribos}\end{pmatrix}$$

$\mu = 2(bs + hs) = 2 \times (31{,}66 + 91{,}66) = 246{,}64$ cm

$\Sigma As\ell = 3{,}17 \times 2{,}4664 = 7{,}82$ cm^2 $\qquad$ Tabela, 10 $\varnothing$10 mm.

d) verificações

$\rho w_{min} = 0{,}14\%$

$$A_{\phi w} \times \eta_{\phi w} = \frac{0{,}14 \times 40 \times 100 \times 100}{2(36 + 94)} = 2{,}15 \text{ cm}^2 / \text{m}$$

para $\eta_{\phi w} = 7$/metro

$$A\phi_w = \frac{2{,}15}{7} \cong 0{,}3 \text{ cm}^2\ (\varnothing 8 \text{ mm})\ \text{(OK)}$$

$$A\,\phi\ell = \frac{0,14 \times 40 \times 100}{100 \times 10} = 5,6 \text{ cm}^2$$

10 Ø10 mm (OK).
- Caso se tenham estribos para cortante, devemos somar aos de torção.
- Caso se tenha barras longitudinais à flexão, devemos somar aos de torção.

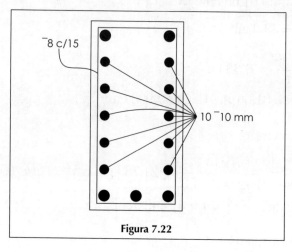

Figura 7.22

CAPÍTULO 8

COMPLEMENTOS IMPORTANTES

8.1 O AUXÍLIO DA TOPOGRAFIA NA ENGENHARIA ESTRUTURAL, ACOMPANHAMENTO DE RECALQUES

A topografia pode e deve auxiliar a construção civil em:

- locando a obra e suas peças, como lajes, vigas, paredes e pilares;
- acompanhando os recalques da estrutura em construção e depois em uso.

Os recalques podem ser de dois tipos:

- homogêneos da estrutura, ou seja, ela afunda por igual;
- diferenciais, quando a estrutura recalca num ponto mais que em outro.

Vejamos propostas de acompanhamento topográfico de uma estrutura.

Obras em que a alvenaria tem função estrutural e não há pilares, a importância do acompanhamento da geometria da obra (que é a geometria da estrutura) pela topografia aumenta significativamente.

> **NOTA 1**
>
> Quando for planejar o acompanhamento de recalques, se o solo for predominantemente argiloso, esse recalque pode durar anos até estabilizar.

Cuidados

A construção civil, pelo seu estaqueamento ou pela criação de cargas que são transferidas ao solo, traumatiza-o e nele interfere. Portanto, a criação de uma rede de topografia, para acompanhar o desenvolvimento de estrutural de um prédio e principalmente o problema de recalques, tem de levar em consideração essa interferência.

Para evitar ou minimizar isso, procura-se criar externa ao prédio uma rede de três a cinco pontos de alta confiabilidade (*benchmarks*). Esses três ou cinco pontos são escolhidos em pontos não influenciáveis, como pontos em rocha ou pontos bem distantes da obra, que são permanentemente aferidos e comparados, e servirão de pontos de amarração gerais. Dificilmente os três ou cinco pontos, bem escolhidos, sofrerão, todos eles, influência das cargas do prédio.

A desvantagem de escolher pontos muito distantes é que eles podem ficar fora do terreno da obra e, com o tempo, poderão ser destruídos. Observe-se que alguns recalques demoram meses ou anos para acontecer, principalmente em solos argilosos.

Como regra inicial e grosseira, para saber dos recalques diferenciais (a estrutura recalca num ponto mais do que em outro), temos as regras mnemônicas:

- recalques menores ou iguais a 1/1.000 não preocupam;
- recalques maiores que 1/ 500 começam a preocupar;
- recalques maiores que 1/100 são anúncios de próximas catástrofes;

em que o índice é a diferença de recalques/distância entre os pontos considerados.

Os recalques não diferenciais e, portanto, iguais em todo o prédio, preocupam pelos danos que podem trazer a ligações com as tubulações da rua, impossibilidade de acesso a andar do prédio etc.

Sugerimos ler: *Previsão e controle das fundações,* de Urbano Rodrigues Alonso, Editora Blucher, 1991.

NOTA 2

Quanto ao prazo de acompanhamento, isso será consequência dos próprios trabalhos e das características da obra.

NOTA 3

Não confundir recalque com deformação da estrutura. Quando estudamos recalques, assumimos que o prédio tem rigidez infinita, e a única coisa que se estuda é o afundamento desse prédio no solo. A peça estrutural de um prédio que mais se identifica com rigidez infinita são os pilares. Por isso, nos pilares é que são cravados os pinos que serão acompanhados para ver se abaixam ou não.

8 — COMPLEMENTOS IMPORTANTES

Por absurdo (estamos num livro didático, e, no mundo didático, o uso do exagero é possível), a peça na qual jamais se teria controle seria numa marquise, pois numa marquise, que é a estrutura mais deformável de um prédio, nunca saberíamos se um ponto afundou por recalque ou por deformação (instantânea ou fruto da deformação lenta do concreto).

Adendo

Obtivemos estas recomendações sobre acompanhamento topográfico de recalques de um grande prédio.

Agradecimentos à empresa COTA, São Paulo.

SERVIÇO DE CONTROLE DE RECALQUE DA OBRA DE CONSTRUÇÃO DO EDIFÍCIO XX

Serão instalados 4 *benchmark* e 51 pinos nos pilares, conforme desenho já entregue.

Leitura de pinos
Setor I – x pavimentos + térreo + subsolo
Nove campanhas

Setor II e III – y pavimentos + subsolo
Prazo, ... de julho 1983 a outubro 1984

Observações gerais
a) Os nivelamentos serão feitos com nível ótico com precisão de centésimos de milímetro, dotados de micrômetro.
b) Os pontos de observação serão constituídos por pinos de latão, cravados em todos os pilares.

Anexo

Proposta adaptada de modelo da empresa de topografia **Cota**

data ....../....../......

Acompanhamento de recalques

Objeto

1. Constitui objeto desta proposta a execução de serviços de engenharia referentes ao monitoramento de recalque de 6 (seis colunas) do edifício X.

Considerações

1. O monitoramento de recalques em pilares do edifício X será realizado pelo nivelamento e contranivelamento geométrico de alta precisão, com origem em uma referência de nível – RN – de cota altimétrica arbitrária a ser monumentada em local previamente selecionado pelo consultor de solos, contratado por V.Sas.
2. Conforme manifestado, no intuito de minimizar custos, por opção de V.Sas., a referência de nível – RN– será constituída de marco, instalado em local protegido, julgado isento de recalque e previamente selecionado pelo consultor de solos. O ideal seria a instalação de *benchmark* isentos de movimentação.

Serviços técnicos

Com base nas considerações acima, sugerimos que os serviços técnicos sejam os seguintes:

1. Nas colunas a serem monitoradas, será procedido um reconhecimento em conjunto com V.Sas. e, se possível, também com a presença do consultor de solos, para a seleção dos 6 (seis) pontos que deverão ser observados.
2. Nos pontos selecionados, após previa confirmação dos locais, serão instalados pinos metálicos por meio de perfuração do concreto e fixação com cola especial. Os pinos metálicos serão constituídos de parafusos de aço inox, com cabeça de seção quadrada ou sextavada, onde uma de suas arestas será posicionada na vertical de forma a servir de um único ponto de apoio para a mira.
3. Todos os pontos materializados serão identificados pela nomenclatura a ser convencionada, com tinta indelével, assinalados nas plantas *de projeto estrutural a serem fornecidas e também em planta esquemática.*

Controle de recalque

1. O controle de recalque dos pontos selecionados e materializados num total de 6 (seis) será levado a efeito a partir da RN instalada, pelas operações de nivelamento e contranivelamento geométrico de precisão.
2. Ao término de cada medição (ciclo) de recalque, serão calculadas as cotas altimétricas de cada um dos pontos selecionados estabelecidas as diferenças em relação à medição imediatamente anterior (parcial) e em relação à inicial (acumulada), com a apresentação dos resultados em planilhas apropriadas.

Operação do sistema

1. O primeiro ciclo de medição de recalques será iniciado na RN, para a qual será arbitrada uma cota altimétrica e compreenderá o nivelamento e o contranivelamento de todos os pontos selecionados.

2. Cada um dos pontos será obrigatoriamente observado por 2 (duas) leituras distintas, uma no nivelamento e outra no contra nivelamento.
3. As leituras serão feitas sem a incidência direta do sol e protegidas de ventos fortes.
4. Para o acompanhamento da evolução de eventuais recalques dos pontos selecionados os ciclos de observações, em princípio, serão mensais ou, de acordo com o recomendado por V.Sas. No entanto, dependendo dos resultados obtidos, os ciclos poderão ser realizados em intervalos menores ou maiores.

Equipamentos a serem utilizados
1. As operações de nivelamento e de contranivelamento geométrico, de alta precisão, serão realizadas com o auxílio dos seguintes equipamentos:
   - nível, classe 4 da NBR 13133 da ABNT, do tipo WILD NA-2 com micrômetro de placas plano paralelas;
   - par de miras de invar;
   - réguas de aço milimetradas com diversos comprimentos;
   - acessório complementar de topografia.

Precisão dos trabalhos
1. A tolerância máxima admissível por ponto, considerados o nivelamento e o contranivelamento, será de 0,5 mm (cinco décimos de milímetro).

8.2 ARMAÇÃO DE MUROS E PAREDES

Muros e paredes são usados como delimitadores de espaço. São estruturas essencialmente retangulares, cuja altura varia de 1 metro a 3 metros, e pouco mais, e comprimento podendo chegar a dezenas de metros. São estruturas tipo "panos", essencialmente deformáveis, se não dermos rigidez a elas. No passado, a rigidez de um muro era dada além da sua espessura (um tijolo) principalmente pela existência a cada 2 ou 3 metros de um gigante (mourão) feito de dois tijolos, que impedia que a estrutura se deformasse. Muros que não tivessem esses elementos enrijecedores eram alvo noturno de vândalos, que descobriam intuitivamente "sua frequência crítica", e com simples movimentos rítmicos, facilmente os derrubavam.

Os mourões (gigantes) amarrados por dispositivo trançado de tijolos aumentavam a frequência crítica do muro, quase impedindo sua queda por vandalismo.

Os gigantes eram tão importantes no muro que eles viravam símbolo legal de propriedade de um muro. Isso se comprova porque o construtor do muro e seu proprietário colocavam o gigante dentro de sua propriedade, como símbolo de poder sobre o muro. O vizinho ao lado, querendo construir sobre esse muro, ou pedia autorização para o vizinho construtor, ou era obrigado a construir o seu muro, com seus gigantes do seu lado.

Hoje não se usam mais os gigantes, que foram substituídos por pilaretes de concreto armado. Quando o muro (ou parede) é importante, devemos fazer correr pela argamassa da obra barras de pequeno diâmetro, que aumentam a rigidez dessa construção como podemos observar nos desenhos a seguir.

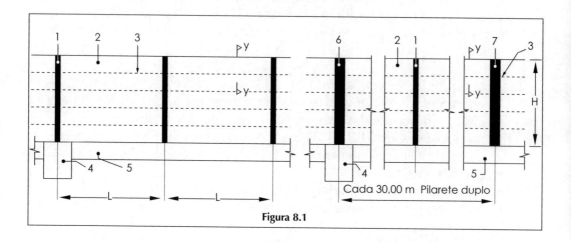

Figura 8.1

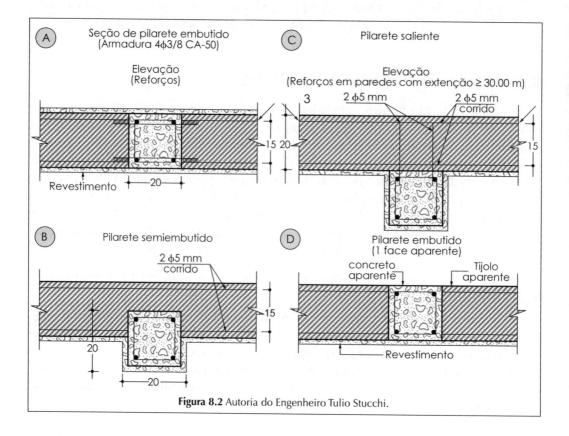

Figura 8.2 Autoria do Engenheiro Tulio Stucchi.

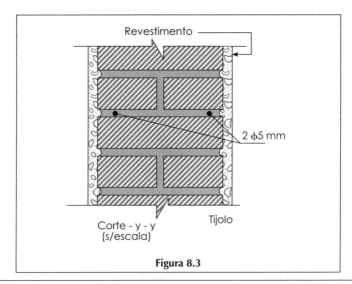

Figura 8.3

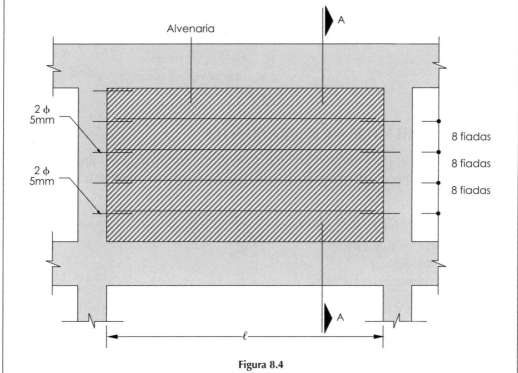

Figura 8.4

Em prédios, se a área do pano da alvenaria for muito grande, é recomendável armar a alvenaria. O engenheiro Tullio Stucchi preparou um caderno de soluções típicas de construção civil para orientar projetos e pessoal de obra. Com base nessas fichas de obra, há a recomendação de que grandes panos de alvenaria devem ter armadura correndo pela argamassa de alvenaria, com dois fios de 5 mm ao longo de toda a parede. Esses fios devem ser ligados às armaduras dos pilares extremos. Além disso, deve-se colocar essas fiadas a cada oito fieiras de tijolos.

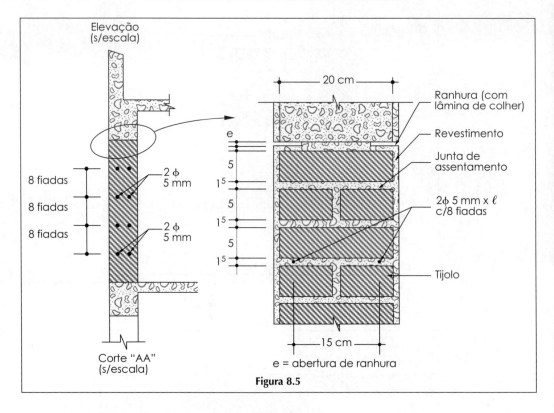

Figura 8.5

8.3 ESCORAMENTOS – CIMBRAMENTO

Os escoramentos e os cimbramentos são as estruturas provisórias que mantêm no lugar desejado as peças de concreto armado, enquanto estas não têm ainda resistência suficiente.

Os escoramentos podem ser feitos com:

- estruturas de madeira;
- estruturas de aço;
- outros materiais resistentes.

Deve-se observar que acidentes por vezes acontecem em grandes obras, por deficiência de projeto das estruturas provisórias.

Um dos autores deste livro acompanhou um miniacidente numa obra de ponte sobre via férrea, quando o trepidar da passagem do trem fez balançar e cair vigas pré-moldadas que estavam no local da obra esperando para serem colocadas no local definitivo. As vigas foram muito mal calçadas, tombaram e se destruíram, por defeito de uma precaríssima estrutura provisória que deveria ter lhe dado estabilidade. Foi um erro de escoramento.

Na obra de uma enorme ponte, houve um acidente em que morreram várias pessoas, incluindo vários engenheiros. Foi num teste de prova de carga sobre os tubulões. A estrutura provisória (tubos que estavam sendo cheios de água) e que seria usada na prova de carga virou, levando várias vidas. Um trágico problema de deficiência de escoramento.

O grande problema das provas de carga é conseguir reproduzir as enormes cargas que acontecem durante a vida da estrutura.

Como dizia um velho mestre construtor:

> "A construção civil é um enorme conjunto de providências, cada providência pode parecer de menor importância, mas todas são estratégicas".

8.4 AS FÔRMAS

O concreto tem a característica de ser moldável na forma que se deseja. Isso só é possível com um molde, ou seja, a fôrma. Cada vez mais o custo da fôrma é item decisivo no custo do concreto armado. Todavia, por razões que desconhecemos, o assunto fôrma é o menos estudado dos assuntos teóricos sobre o cálculo de concreto armado.

Ao se procurar nos livros, pouco se encontra sobre fôrmas.

Conclusão: por vezes fala-se do que menos custa e não do que mais custa.

Um famoso engenheiro estrutural nos alertou que, muitas vezes, na faculdade, explora-se ao máximo um cálculo estrutural de uma viga, quando algo tão importante seria ensinar como fazer economicamente essa viga. Culpa cabe a todos, que valorizam mais as coisas matemáticas do que os aspectos econômicos da construção civil.

Uma das características das fôrmas e que leva a ser um elemento decisivo no custo do concreto é a dificuldade de seu reúso, visto que as fôrmas nem sempre se repetem.

As fôrmas metálicas da indústria de pré-moldados são usadas muitas vezes.

As fôrmas podem ser feitas de:
- madeira;
- compostos de resíduos de madeira;
- metálicas;
- outros materiais.

Em casos especiais, pode-se ter fôrmas de outros tipos de material como plástico, papel ondulado etc.

Curiosidades

Na década de 1940/50, quando foi construída a primeira estação de tratamento de água de Belém do Pará, não existia nessa cidade tradição de construções de concreto armado e, portanto, a mão de obra era despreparada para essa técnica. Um engenheiro que lá foi construir essa unidade, na falta de carpinteiros, usou marceneiros para fazer as fôrmas. Certa vez, ele deixou fôrmas para serem feitas e foi viajar e voltou só após vários dias. Encontrou fôrmas muito benfeitas e com ligações tipo macho e fêmea, que era a tradição local e geral da marcenaria. Levou tempo para convencer esses artesãos da madeira que a fôrma não é objetivo-fim, e pregos são mais fáceis de ligar pedaços de madeira do que encaixe macho e fêmea.

8.5 ADENSAMENTO (VIBRAÇÃO) E CURA

A melhor forma de proteger o concreto é cuidando da qualidade dele, ou seja, fazendo um bom concreto.

Muitas vezes, concretos bem produzidos nas betoneiras fixas, nas betoneiras dos caminhões de concreto e até virados à mão, podem se perder nas seguintes fases, já dentro do canteiro de obras:

- transporte com vibração, separando o material;
- transporte com chuva, aumentando o teor de água do concreto;
- demora para o concreto produzido chegar às fôrmas;
- lançamento do concreto em grandes e exageradas alturas;
- falta de adensamento (vibração) do concreto nas formas;
- falta de cura.

As duas últimas questões (falta de adensamento e falta de cura) são problemas que ainda são muito comuns nas obras brasileiras.

Vejamos inicialmente a questão do adensamento do concreto.

O concreto lançado nas fôrmas tem muitos vazios e precisa sofrer um adensamento que expulse o ar que está preso na massa plástica e preencher os vazios. Para que aconteça o adensamento, precisamos:

- projeto adequado de fôrmas;
- distâncias mínimas entre barras do aço, para que o dispositivo de vibração possa penetrar e adensar;
- vibrar o concreto;
- facilidades para que o pessoal da vibração possa trabalhar com conforto e segurança.

NOTA 4

Vibradores são equipamentos elétricos. Deficiências na alimentação elétrica podem matar por choque o trabalhador.

Nas pequenas obras, onde talvez não haja vibrador, pode-se usar barras que, de maneira rítmica, penetram e saiam da massa do concreto. Batidas cuidadosas nas fôrmas também ajudam ao adensamento do concreto.

Quanto à cura

A superfície do concreto tende a perder sua umidade com a ação do calor. Essa perda é prejudicial. Por isso, devemos proteger a superfície do concreto nos primeiros dias. Vencidos os primeiros sete dias, a água contida no concreto se incorpora ao mesmo, e a cura pode deixar de ser feita.

Protege-se a superfície exposta do concreto nos primeiros dias, usando irrigação ou cobertura com lençol plástico ou serragem molhada.

A cura aumenta a resistência do concreto porque tende a diminuir:

* as deformações;
* as fissuras, e com isso, aumenta a vida útil da estrutura.

Referência bibliográfica

Adensamento – Cuidados que garantem uma boa concretagem. Concretexto, n. 75, nov/dez, 1982.

Declaração surpreendente e errada de um engenheiro construtor:

"Eu não faço cura nos meus concretos, mas os resultados dos testes de compressão dos corpos de prova da concreteira são excelentes. Então para que curar?"

Resposta:

A concreteira é responsável e produz corpos de prova do concreto entregue na porta da obra. Daí em diante, a qualidade do concreto não depende mais dela. Ela pode estar entregando um ótimo concreto, e dentro da obra:

* perde homogeneidade no transporte e no lançamento;
* fica com uma péssima qualidade, gerando bicheiras com a falta de vibração e de cura.

Pode-se, então, comprar um ótimo concreto e se ter um péssimo concreto nas fôrmas.

NOTA 5

Como este é um livro didático, e um livro didático é medido pela qualidade do que ensina, *vamos repisar pela importância didática* sobre o uso de concreto com pouca água e a importância da vibração, *mesmo que manual.*

NOTA 6

Carta de um leitor:

"Tenho um projeto estrutural de uma casa assobradada, projeto esse feito no ano de 2001 e segundo a edição 1978 da NBR 6118. Posso usar esse projeto aumentando simplesmente o fck de 150 kgf/cm² para 200 kgf/cm²?"

Resposta de MHC Botelho

Tome também os cuidados de rever:

- cisalhamento,

- coberta da armadura.

Claro que os projetos do passado não ficaram imprestáveis tão somente com a chegada da nova norma. É que a produção dos cimentos também mudou e os cuidados dos novos fck mínimos (fck = 200 kgf/cm² para a estrutura) e das novas coberturas das armaduras refletem isso.

8.6 PROVA DE CARGA NAS ESTRUTURAS

NBR 9607 (norma não citada na NBR 6118)

Quando há dúvidas sobre uma estrutura de concreto armado, normalmente tomam-se as seguintes providências:

- tiram-se corpos de prova do concreto existente e submete-se ao teste da compressão em prensas. Com os resultados, o projetista da estrutura pode dar uma opinião formal. O trabalho do projetista deve ser remunerado;

- se com os resultados dos corpos de prova não se chega à conclusão, uma das atitudes possíveis é fazer uma prova de carga.

Vejamos o que é a prova de carga.

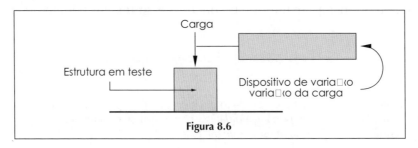

Figura 8.6

A prova de carga é o procedimento de ir progressivamente carregando a estrutura. Por exemplo, com sacos de areia, tentando reproduzir as cargas que atuarão na estrutura. Devem ser feitas medidas de deformação e mudança geométrica da estrutura como recalques. Há casos em que a estrutura recalca como um corpo rígido,

8 — COMPLEMENTOS IMPORTANTES

sem outras deformações. Se na estrutura estão previstas para atuar cargas dinâmicas, como no caso de estádios esportivos etc., a situação se complica, pois temos de estudar a ação da carga com movimento.

No caso de edifícios residenciais e comerciais, a única grande carga móvel é o elevador que, se bem construído e instalado, não causa maiores problemas dinâmicos em estruturas sãs.

Até que carga devemos testar a estrutura? Lembremos que, no dimensionamento da estrutura, na fase de projeto, multiplicamos as cargas por um coeficiente de majoração maior que 1. Usaremos essa majoração de coeficiente nas cargas do teste? A norma responde: "A carga é aplicada entre o valor característico e o valor de projeto para o estado-limite último" (limite próximo do colapso estrutural).

Entendemos que a carga-limite do teste será uma carga maior que a carga fixada pela norma de carga (NBR 6120), portanto a carga majorada pelo fator de ponderação normalmente 1,4.

Se o teste da prova de carga indica que a estrutura está bem, então usa-se a estrutura sem problemas.

Se o teste da prova de carga indica problemas, então:

- providencia-se um reforço da estrutura;
- usa-se a estrutura com restrições;
- decide-se pela demolição parcial ou total.

Em São Paulo aconteceu um caso famoso de restrição de uso, não por razões estruturais, mas por deficiências de rotas de fuga. Ou seja, as escadas de um grande prédio estavam subdimensionadas para o uso total do prédio. O prédio era novo e foi aprovado com falhas. Decidiu-se pela construção de escadas metálicas externas, o que levou quase um ano, por causa dos custos. Durante um ano, o condomínio do prédio teve de fazer um acompanhamento da lotação dos usuários, andar por andar, diariamente, para que o máximo de usuários fosse compatível com as escadas existentes. Ou seja, o prédio foi usado parcialmente por quase um ano.

Hoje, o prédio tem uso total, graças às escadas de emergência externas que foram implantadas.

Estruturas famosas como o Viaduto Santa Efigênia, em São Paulo, Ponte Pênsil, em São Vicente, no Estado de São Paulo, são estruturas que, previstas para um uso, com o tempo houve perda de resistência detectadas por estudos. Hoje são usadas com restrições. No Viaduto Santa Efigênia já passou de tudo, até bonde (pequeno trem urbano, para que os mais jovens entendam) e hoje só passam pedestres. Na Ponte Pênsil, em São Vicente, passavam caminhões e hoje só passam carros e pedestres.

NOTA 7

O primeiro arranha-céu de São Paulo, o prédio Martinelli, só pôde ser usado depois da Prefeitura da cidade fazer uma prova de carga na fundação, tudo isso ao redor dos anos 1930.

NOTA 8

No muito prático livro *Exercícios de fundações*, o professor Urbano Rodrigues Alonso declara na página 99 sobre tubulões:

"Como esse tipo de fundação (tubulão) é usado, geralmente, para grandes cargas, dificilmente se fazem provas de carga sobre os mesmos (problemas de custo)." Editora Blucher.

NOTA 9

Numa ponte, para poder fazer a prova de carga, foram usados caminhões- betoneiras com carga de água para simular a carga que a estrutura iria receber.

NOTA 10

Como relatório de análise de resultados de prova de carga, leia-se o Boletim de Construção de outubro de 1988 - Sinduscon de São Paulo, de autoria do engenheiro Dr. Augusto Carlos de Vasconcelos com o título: "Análise da estrutura acabada".

8.7 COMO EVITAR ERROS COM OS DESENHOS DE OBRA

Para evitar erros no manuseio dos desenhos de uma obra, é necessário considerar que:

- a obra *tem o direito* de ter a listagem dos desenhos prontos e os títulos de todos os desenhos a receber (previsão);

- é muito importante ter desenhos de perspectiva da arquitetura e perspectiva da estrutura, práticas pouco comuns nas nossas obras;

- a listagem e os desenhos precisam mostrar com clareza a revisão de cada desenho e documento. Qualquer mudança deve gerar uma indicação de nova revisão;

- as revisões de cada desenho e documento precisam ser mostradas com enorme clareza e com datas;

8 — COMPLEMENTOS IMPORTANTES

- obras não leem cartas, relatórios etc. É importante incorporar as informações ao desenho;

- obras também não costumam ler ou valorizar notas em desenhos. Obra só valoriza o que está desenhado. Tudo o que puder ir nos desenhos não deve ir para notas.

NOTA 11

Sugerimos ler sobre este assunto nos capítulos 10 a 12.

NOTA 12

Em outras partes deste livro, mostramos que em obras industriais e em obras de hospitais e hotéis, onde há equipamentos a serem chumbados e muitos embutidos, deve haver um desenho só de locação dos embutidos, a partir dos desenhos dos fornecedores dos equipamentos.

NOTA 13

Participamos da implantação de um grande empreendimento de uma usina siderúrgica e particularmente da sua laminação. O projeto básico era de origem alemã, os equipamentos na sua maior parte japoneses, e o projeto de detalhamento civil era brasileiro. Os alemães chamavam os laminadores de *rolling mills*, os brasileiros chamavam os laminadores de duo reversível ou laminadores. A partir da metade do projeto, havia desenhos com todas as denominações gerando mil problemas. O cliente decidiu, então, por circular interna, "batizar" os equipamentos. Viraram para todos os efeitos *rolling mills* e ai de quem usasse outro termo nos documentos. Uma rotina que só foi implantada na metade da obra, e que se tivesse sido colocada desde o início teria poupado muitos problemas de comunicação.

Comunicação não é o que a gente quer dizer. Comunicação é o que o outro entende.

NOTA DE ÊNFASE

Tudo o que puder ir nos desenhos não deve ir para notas.

NOTA DO ENG. MÁRIO MASSARO JR.

"Erros em desenhos costumam ser mais terríveis que erros em cálculos de dimensionamento."

8.8 PERGUNTAS DE LEITORES E RESPOSTAS DOS AUTORES

Respostas do Eng. Osvaldemar Marchetti

PERGUNTA 1

Por que o Sr. não atribuiu a excentricidade de fluência nos pilares no seu trabalho, *Concreto Armado Eu te Amo*, vol. 1?

Resposta:

Na realidade, o efeito de fluência é mais importante quando temos $\lambda > 90$ e também é obrigatório no cálculo, inclusive considerando como uma excentricidade de fluência dada pela fórmula

$$ecx = e1g \, (\exp(\phi \cdot Fg(Fe - Fg)))$$

sendo $e1g$ = excentricidade inicial mínima;

ϕ = 2 (coeficiente de fluência)

Fe = carga de flambagem de Euler = $10 \cdot Ec \cdot Ii/(le \cdot le)$ e $Fg = 1,05 \cdot Nk$.

Portanto, quando a consideração é obrigatória, é mais complicado. No nosso caso devemos escolher as dimensões para que seja l < 90 e assim fica mais fácil, o que é sempre bem mais simples e 99% dos casos da prática.

Mas, mesmo assim, a norma pede que façamos uma diminuição do fck = $0,85 \cdot$ fcd. Para que não tivéssemos mais dificuldade para ensinar no livro, quando eu fiz as tabelas, eu já introduzi nas curvas o valor 0,85; dessa forma não há necessidade de novamente colocarmos nos cálculos para entrar nas tabelas de flexão composta. Caso você use outras tabelas fora do nosso livro, verifique com $0,85 \cdot$ fcd.

PERGUNTA 2

Livro *Concreto Armado Eu te Amo* vol. 1.

Assunto: dimensionamento de pilares

Por que se considerou K sempre igual a 1? A característica do pilar em fletir seria irrelevante se atribuíssemos o valor 0,5?

Resposta:

O cálculo dos pilares da maneira mais correta de verificarmos exigiria uma verificação de estabilidade global do edifício, para que ele possa ser considerado quase indeslocável; isto você pode entender estudando o livro II. Assim sendo, desde que sejam atendidas as condições de estabilidade global verificada dentro dos padrões lá estabelecidos, devemos (podemos) calcular com comprimento de flambagem aproximadamente igual à distância entre pisos ($K = 1$). Isto é feito inclusive em toda Europa e Estados Unidos, dessa maneira.

Como em prédios de pequena altura, com várias linhas de pilares, antecipadamente sabemos que isto acontece, então podemos usar dessa forma.

Caso você deseje ir mais adiante, procure as publicações do CEB. (Comitê Europeu do Betão).

PERGUNTA 3

Devemos dimensionar a estrutura com laje maciça, mesmo sabendo que vamos utilizar a pré-moldada? Há algum critério no que se refere a peso próprio, sobrecarga, por exemplo?

Resposta:

Não é bem dessa forma.

Quando você está usando laje pré-moldada em uma única direção, você deverá calcular toda a carga da laje sendo distribuída nas vigas de apoio, inclusive metade da carga da laje para cada viga de apoio.

Caso você use vigas pré-moldadas com nervuras nas duas direções, pode usar a tabela de laje maciça, que está bem próxima do resultado correto, com distribuição para as quatro vigas de apoio como laje maciça.

Com relação ao peso próprio da laje pré-moldada, você deverá perguntar ao fornecedor o peso por m^2, ou então fazer a composição usando no mínimo 4 cm de concreto superior (piso) + peso da vigota + peso da lajota, e isto dependerá do espaçamento entre vigotas, etc...

PERGUNTA 4

Dúvida sobre radier

Meu nome é Enga. Maria e sou projetista de estruturas numa empresa de projetos.

Atualmente, estudo a viabilidade de usar radier como uma alternativa mais econômica para o estaqueamento na fundação do terminal de passageiros num porto fluvial. Tendo consultado as obras de vossa autoria, *Concreto Armado, Eu te Amo*, mais outro livro de fundações, ainda me restam algumas dúvidas em função das dimensões do radier: 41,90 m × 12,10 m × 0,20 m.

Minha intenção é tratar o projeto como um sistema de três lajes, no sentido longitudinal, ou quatro, no sentido transversal, respeitando a necessidade de nervuras nas extremidades e também onde serão erguidas alvenarias. Entretanto, ainda não sei como evitar ou aliviar o recalque. Pensei em usar algum ancoramento nas extremidades e deixar o centro, onde haverá apenas o trânsito de passageiros, com 15 cm de espessura. É esta uma solução viável?

Quero saber se os senhores podem me ajudar a resolver estas dúvidas.

Atenciosamente, Engª. Maria

Resposta:

Colega Maria,

Se eu entendi, você tem uma laje de piso com 20 cm de espessura apoiada no terreno e nas estacas onde vão trafegar ônibus etc.

Primeiro, isto não é um radier. O cálculo estrutural é feito em elementos finitos com a laje apoiada no terreno e nas estacas.

Segundo, para facilitar, você pode calcular com vigas ligando as estacas e as lajes desligadas do solo, como se fosse um piso comum, mas com trem-tipo da norma brasileira (trem-tipo 45).

A primeira solução é mais econômica, mas não esqueça que você deve usar o trem-tipo 45 da norma, pois ninguém vai te perguntar se pode passar com caminhão em cima da tua laje, visto que é um terminal de passageiros.

Se for possível, ou seja, o terreno não é tão ruim, você pode usar somente pisos de 20 cm de espessura, apoiados diretamente no terreno. Não se esqueça que a pior carga para os pisos são as cargas concentradas.

Perguntas respondidas pelo Eng. Manoel H. C. Botelho

PERGUNTA 5

Pergunta do Eng. Afrânio

O que são cargas de serviço, expressão que muito aparece e ninguém explica claramente?

Resposta:

Caro colega Afrânio,

Vamos responder. Sobre lajes atuam as chamadas cargas acidentais e essas cargas também atuam sobre escadas. Até aqui temos as cargas acidentais.

Ao dimensionarmos as lajes, temos de levar em conta o peso próprio das estruturas e a soma carga acidental + peso próprio, chama-se carga de serviço nas lajes. Vemos que até aí não se fala em coeficientes de ponderação (coeficiente de segurança). Levando em conta os coeficientes de ponderação, temos o dimensionamento das lajes. Antes, o peso próprio das lajes era estimado por uma fixação da espessura das lajes. Agora, temos a real espessura das lajes.

Tudo isso será suportado por vigas que têm peso próprio. A carga numa laje criada pela sustentação da laje por vigas além do peso próprio da viga chama-se carga de serviço na viga. As vigas transferem o peso acidental das lajes, mais o peso próprio da laje, mais o peso próprio das vigas aos pilares, e essa carga é distribuída de alguma forma para cada pilar. A carga do pilar mais seu peso próprio gera a carga de serviço no pilar e assim vai até as fundações. Lembrando que as cargas acidentais só acontecem sobre lajes e escadas. Considerando os coeficientes de segurança, são feitos os dimensionamentos da estrutura.

Se pudéssemos medir esforços, diríamos que as cargas de serviço são as cargas que efetivamente acontecem nas estruturas, se ocorrerem nas lajes e escadas as cargas acidentais previstas na norma.

PERGUNTA 6

Antes de efetuar as fundações como sapatas, devo apoiá-las em concreto magro ou lastro de pedras?

Resposta:

Você deve usar concreto magro, e, nunca, mas nunca, lastro de pedras.

O lastro de pedras pode fazer escoar por elas a umidade do concreto e, com isso, diminuir a resistência do concreto que lhe vai em cima.

Uma camada de concreto magro, ao contrário impede, a saída de água.

Use, por exemplo, o concreto magro de CAP 1 : 3 : 5 ou CAP 1 : 2 : 4, sendo a expressão volumétrica de, por exemplo, CAP 1 : 3 : 5, uma parte de cimento para três partes de areia média e cinco partes de pedra.

8.9 CONCRETO DE ALTA IMPERMEABILIDADE. O QUE É, SUA NECESSIDADE EM CASOS ESPECÍFICOS E COMO OBTÊ-LO

A umidade, mesmo elevada, é ótima para o concreto (só para o concreto), facilitando sua cura. Mas essa umidade penetrando no concreto pode encontrar a armadura e auxiliar a oxidação da armadura. Ou seja, a umidade é ótima para o concreto simples e pode ser muito ruim para o concreto armado; umidade marinha é outra coisa. Ela transporta sal que, penetrando no concreto, sofre cristalização e pode destruir o concreto. Mas fiquemos no concreto armado em ambiente úmido, sem ar marinho. Se fizermos um concreto resistente mas muito poroso, pode acontecer a oxidação da armadura, e esse processo pode ser progressivo, muitas vezes exteriorizado pelas famosas "línguas marrons", produto da oxidação da armadura.

Como se protege a armadura do concreto armado?

Cuidados:

- produzindo um concreto com baixa relação água/cimento;
- fazendo adensamento do concreto e uma cura muito boa;
- fazendo os outros cuidados normais de uma concretagem.

Um outro cuidado que protege as estruturas de concreto armado é o uso de adequados cobrimentos da armadura pela camada de concreto superficial.

Finalmente, podemos usar aditivos impermeabilizantes adicionados na massa do concreto ainda na betoneira, aditivos que se adicionam via mistura prévia com a água de hidratação do concreto. Esses aditivos aumentam toda a impermeabilidade do concreto e, com isso, protegem a armadura.

Há casos em que para se ter concretos bem impermeáveis diminui-se bastante a relação água/cimento, mas isso resulta um concreto de difícil trabalhabilidade e com dificuldades de lutar pelo seu lugar nas formas em conflito com as armaduras. Para aumentar a trabalhabilidade do concreto, mesmo com uma relação água/cimento bem baixa, usam-se aditivos plastificantes e superplastificantes.

Quanto mais impermeável for o concreto, mais durável é o concreto armado.

A impermeabilização do concreto está ligada ao fechamento de seus poros, atividade que o aditivo faz.

Vejamos o que diz o site "Faz Fácil"

<http://www.fazfacil.com.br/materiais/concreto_aditivos_2html>

Para fabricar um concreto impermeável, várias recomendações de fabricantes são indicadas, com:

- consumo mínimo de cimento = 300 kg/m^3, sendo o consumo indicado de 350 kg/m^3;
- fator água/cimento de até 0,50;
- para reduzir o uso do fator a/c, indica-se a utilização de um plastificante;
- adensar e curar cuidadosamente, a fim de obter um ótimo concreto impermeável.

Somente em concreto impermeável, é utilizado 1% do aditivo em relação ao peso de cimento (consumo indicado de cimento = 350 kg/m^3).

CAPÍTULO 9

CUIDADOS E PRECAUÇÕES

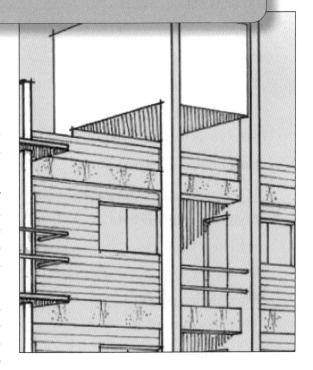

9.1 FALANDO COM A OBRA

Pronto o projeto estrutural, cabe fazer com que o pessoal da obra o entenda e o siga.

Mostra a experiência que, por incrível que pareça, normas e livros não costumam ir às obras. Temos de suprir a necessidade de saber como construir, informando com especificações técnicas.

É fundamental que os critérios de execução sejam lidos periodicamente para o pessoal de obra, promovendo, dessa maneira, discussão e ajustes.

A seguir, apresentamos uma sugestão de roteiro de cuidados mínimos de execução, baseado em documentos públicos, normas, assim como em documentos técnicos de várias empresas de construção civil. Esse roteiro deve ser lido na obra, antes do começo dos trabalhos.

A Norma 6118 de 1978 tem prescrições muito úteis sobre a preparação do concreto na obra e controle de qualidade. Sugerimos também a leitura de *Concreto Armado, Eu Te Amo*, vol. 1. Cite-se também e sempre o livro *A Técnica de Edificar*, de Walid Yazigi, Editora Pini, livro de leitura obrigatória.

Então, vejamos o roteiro e suas etapas a seguir.

ROTEIRO DA EXECUÇÃO DA ESTRUTURA

1) Preencher os seguintes dados cadastrais

Data deste roteiro ....../......./.....

Local da obra: ....

Cidade...UF..............

Bairro ....

Tipo de obra..

Nome da obra ....

Número da obra neste escritório........................Tel. da obra..............

Engenheiro encarregado...

Telefone celular ....

Engenheiro projetista..

Telefone celular ....

E-mail...

Engenheiro gerente..

Telefone celular ....

Mestre de obra ....

Telefone celular ....

2) Dados da obra

Volume estimado de concreto armado:

fck.....................

Aço.....................

Norma principal: norma brasileira NBR 6118/2014

Concreto feito na obra ....Concreto usinado ....

Concreto aparente................... Concreto não revestido ....

Concreto revestido .... Laje maciça ....

Laje pré-moldada comum .... Laje treliça ....

Outro tipo de laje...

3) Cuidados (mínimos) de execução

Seguir os documentos listados neste roteiro. Se houver necessidade de mudança, consultar o gerente de obra, que consultará o projetista, se preciso for.

São fundamentais os cuidados mínimos a seguir:

Fôrmas

As fôrmas devem ser construídas de modo que não se deformem com o peso da estrutura e suportem as dimensões das peças da estrutura projetada. Nas peças de grandes vãos, é preciso prever as contraflechas.

Cimbramento (escoramento)

O cimbramento (escoramento) deve ser feito obedecendo às características da obra. Além disso, ele deve usar cunhas ou caixas de areia para o posterior descimbramento sem choques.

Não deverão ser usados pontaletes de madeira de seção menor que 5 cm $\times$ 7 cm, e os pontaletes de mais de 2,5 m de comprimento devem ser contraventados.

Outra informação importante: o apoio em solo de pontaletes deve ser em peça que reduza a tensão de contato (uso de placa de apoio).

Cada pontalete só poderá ter uma emenda, a qual não poderá ser feita no seu terço médio do comprimento. Nas emendas , os topos das duas peças que são emendadas devem ser planos e normais ao eixo comum. Em todas as faces laterais de um pontalete emendado, cobrejuntas de madeira devem ser pregadas.

Desmoldantes

É recomendável usar desmoldantes quando vamos reusar fôrmas. Cuidados antes do lançamento do concreto: devem ser vedadas as juntas e feita a limpeza do interior das fôrmas.

As fôrmas de madeira devem ser molhadas até a saturação. Fazer furos para escoar o excesso de água. Os furos dessas fôrmas depois deverão ser tapados.

Armadura

As armaduras devem ser limpas antes de serem colocadas na fôrma. Emendas não previstas no projeto exigem consulta ao projetista. Especial cuidado deve-se ter com a armadura negativa (posição alta), para evitar que ela saia de posição durante a obra.

Concretagem

Tão logo se produza o concreto, o mesmo deverá ser enviado ao local de lançamento. O prazo máximo entre a produção e o lançamento deve ser de uma hora.

O transporte deve ser tal que não promova a separação das partes do concreto, evitando-se, portanto, vibrações e choques no transporte.

O lançamento deve ser feito de maneira a não segregar os componentes do concreto, para evitar trepidações.

Adensamento

Faz-se o adensamento (vibração) do concreto usando dispositivos manuais e mecânicos. O objetivo é evitar vazios na massa de concreto que diminuem a resistência do concreto. O adensamento deve ser feito de maneira a que se evite a retirada da armadura na posição correta.

Cura

A cura deve ser feita recomendando-se o prazo mínimo de sete dias após a concretagem.

Para fazer a cura, pode-se cobrir a superfície exposta do concreto fresco com serragem ou areia permanentemente molhada; usar lençol plástico, evitando a insolação direta; usar produtos químicos selantes nessa superfície externa. É preciso aguar bastante a superfície exposta ao tempo do concreto.

Desfôrma e descimbramento

Prazos mínimos para esses procedimentos:

faces laterais – três dias;
faces inferiores, deixando-se pontaletes bem encunhados e convenientemente
  espaçados – 14 dias;
faces inferiores, sem pontaletes – 21 dias.

A desforma e o descimbramento devem ser feitos sem traumas, seguindo um planejamento que evite esforços não previstos a uma estrutura ainda sem resistência. Estruturas em balanço devem ter sua desforma especialmente programada. Devemos notar que, no concreto armado, todos os tempos são cotados como múltiplos de sete dias. A utilização do prazo de três dias para desfôrma de faces laterais é apenas para ganhar velocidade nas obras.

Controle da concretagem

Se o concreto for produzido em central, deve-se exigir a apresentação de relatórios com os resultados do teste.

É necessário fazer o teste do *slump,* para controlar a trabalhabilidade do concreto fresco.

Juntas de concretagem

Quando a concretagem para e recomeça horas depois, temos o surgimento de uma junta de concretagem. Os cuidados para que a junção do concreto novo ao já lançado ocorra em condições adequadas são imprescindíveis. Juntas de concretagem em peças comprimidas como os pilares são as opções mais convenientes.

Antes de lançar a nova camada de concreto, deve-se retirar a nata de concreto que ficou com o jato de água de alta velocidade. Por critério da fiscalização, deve-se picotar o concreto velho, para aumentar a rugosidade da superfície de contato, colocar barras de aço e usar adesivo químico.

Cuidados com a alvenaria

Todos os profissionais envolvidos devem ter como princípio seguir os documentos listados, que detalham os cuidados com a alvenaria, principalmente nas marquises (ligação alvenaria/estrutura) e na ligação da alvenaria com vigas e pilares, para que se obtenha a devida amarração estrutural e as estruturas funcionem como um todo. Além disso, verificar os detalhes de vergas e contravergas (item 24.6.1 da norma).

Outra recomendação

Documente fotograficamente sua obra, em várias etapas de evolução, é muito importante. Ponha data das fotos, coloque elementos de referência das dimensões da obra (pessoas, chapéu etc). Leia e siga as normas.

Referências bibliográficas

Cura do concreto – tratamentos recomendáveis, de L.A. Falcão Bauer, M. A. Azevedo Noronha e R. J. Bauer, o Boletim Bauer 1987 e o Manual do DOP, editado em São Paulo.

NOTA 1

Se o projetista de uma obra sabe que a mesma será feita fora dos cuidados desejáveis pela Norma 6118, recomenda-se que o coeficiente de segurança seja multiplicado por 1,1. Ou seja, o coeficiente de concreto de 1,4 passa a ser 1,4 x 1,1 = 1,54 (item 12.4.1) (p. 71).

Exemplos de falta de cuidados ou precariedade:

- má condição de transporte do concreto na obra;
- inadequado adensamento manual;
- concretagem deficiente por concentração excessiva de armadura.

A norma não cita, mas a realidade do país indica, que um dos fatores que podem exigir a adoção de coeficiente maior é a preparação de concreto por mistura manual (sem betoneira). Todavia, pode-se fazer obras benfeitas com mistura manual, se o pessoal da obra e o engenheiro ou arquiteto forem caprichosos. Existem obras de concreto armado do período 1920 a 1940, feitas por mistura manual, que estão inteiras e perfeitas, oitenta anos depois.

Ver item 12.4.1 da norma 6118/2014. A norma, cremos nós, nesse item comete um erro ao citar "obras de pequena importância". Cremos que deva ser lido "obras de pequeno vulto". Obra onde vai se abrigar um ser humano é sempre obra de importância, mesmo que rústica.

9.2 A PASSAGEM DE DADOS PARA O PROJETISTA DAS FUNDAÇÕES

Sem dúvida, o projetista da estrutura de concreto armado deve, desde o início dos trabalhos, estar em permanente contato com o profissional que especificará as fundações.

Há o momento solene em que o profissional da estrutura passa os dados para o profissional das fundações. Para evitar problemas de comunicação, é interessante que haja um relatório que formalize os dados. Quem já sofreu com problemas de comunicação saberá valorizar este assunto.

Exemplo de relatório

Data ..../............./.........................

De (*projetista da estrutura*)...CREA(*) ......

Para (*responsável pelo projeto das fundações*)....................CREA ....

Prédio nome...

Área e descrição do terreno e localização da obra ....

....

Endereço do prédio..

Cidade...Estado.......

Descrever as características do prédio: número de andares, área cons-truída, tipo de estrutura, tipo de alvenaria etc...................................

....

....

Sondagens que foram consideradas no estudo inicial................................

....

....

Desenho com os pilares, carga e momentos transmitidos à fundação, car-ga sem coeficientes de segurança..

....

....

(*) ou CAU, pois arquitetos podem fazer obras.

Desenho croquis ....

Fixação de limites de recalques diferenciais ....
Alertas...

....

....

....

Assinaturas... e ....

9.3 HIGIENE E SEGURANÇA DO TRABALHO NAS OBRAS ESTRUTURAIS – A NR-18

A construção civil é considerada a rainha dos acidentes de trabalho. Entre as muitas explicações para isso, temos:

- mão de obra sem especialização;
- o local de trabalho está em permanente modificação, que é a essência do trabalho, pois quando o local deixa de se modificar, terminou a obra;
- falta de continuidade de trabalho, pois, feita a obra, vai se fazer nova obra, em novo local, com novo pessoal;
- a movimentação de material na obra é uma constante e com pouca repetitividade, o que agrava o risco, pois dificulta o treinamento;
- a rotatividade na profissão é a maior possível, pois a construção civil é, por vezes, a porta de entrada de um pessoal simples na vida urbana, e esse pessoal simples não tem tradição profissional;
- total falta de tradição de segurança e higiene de trabalho da nossa sociedade.

O Ministério do Trabalho tem a NR-18, uma norma regulamentadora de higiene e segurança do trabalho.

O Sinduscon de São Paulo, em 1998, pela Editora Pini, publicou o livro *Manual de aplicação da NR-18,* de autoria de José Carlos de Arruda Sampaio. É o tipo de obra que esgota o assunto: contém o texto da regulamentação, explica com muitos desenhos e medidas. Esclarece tudo. Agora é usar. Alegar desconhecimento, a velha escapatória, não dá mais.

Já temos no País uma profissão especializada no assunto: a engenharia de segurança do trabalho, que procura orientar quais os cuidados numa obra para termos mais segurança.

Além do trabalho do profissional de segurança, há que todos os profissionais se conscientizarem do assunto, transformando-se em profissionais de segurança.

Itens de segurança numa obra:

- limpeza;
- sinalização;
- treinamento em segurança;
- cuidar das obras provisórias.

NOTA 2

Experiências mostraram que uma das causas de acidentes em obra é a subnutrição da mão de obra. Face a isso, em certos Estados, acordos coletivos de trabalho impõem que as construtoras forneçam merenda (lanche) antes do início da jornada de trabalho.

9.4 PIOR QUE ERRAR NOS CÁLCULOS É ERRAR NOS DESENHOS

Um conhecido e respeitado engenheiro estrutural paulista disse-me essa frase várias vezes.

Um dia ousei perguntar e pedir um exemplo real e prático. Esse colega ficou de me dar o exemplo, mas isso nunca aconteceu. Vamos contar duas histórias, uma de erro no cálculo, e, não, erro conceitual nos desenhos. Outra de erro no cálculo e no desenho e as consequências dos dois casos.

Caso 1 – Erro no cálculo e desenho, sem erro conceitual

Um dia, numa pequena cidade do interior, fazendo uma inspeção na construção de uma escola, fiquei batendo papo com o mestre construtor da cidade, um ex-pedreiro que virou empreiteiro e que, segundo ele, fez quase todas as casas da pequena cidade, de pequenas construções térreas, de algo como 100 m^2, a casas assobradadas, de até uns 200 m^2. Perguntei a ele como resolvia a necessidade do cálculo estrutural para essas casas maiores, e ele me respondeu: "Uso bom senso e experiência, e dinheiro no bolso do cliente. Se o cliente for mais rico, carrego mais na ferragem e no cimento. Nenhuma casa minha caiu".

Tive um estalo. Eu estava diante do fato de que o empreiteiro construtor seguramente não errava na disposição das armaduras, pois ele tinha uma noção qualitativa do funcionamento da estrutura, mas errava com certeza no cálculo, e as estruturas não caíam pelo fato de elas terem coeficientes de segurança e pelo fato possivelmente de o construtor sempre exagerar, dentro de certos limites, nas necessidades das estruturas: ele errava no cálculo e acertava nos desenhos (disposição, dimensões aproximadas e detalhes).

Era a aplicação real da velha lição estrutural. O ideal é, no entanto, fazer o devido projeto estrutural.

Caso 2 – Cálculo e desenhos incorretos

O livro *Concreto no Brasil,* do Dr. Augusto Carlos Vasconcelos, volume 1, 1985, página 78, narra o problema de um edifício-garagem (arquitetura toda especial) que estava com sérios problemas de uso, pois houve um erro de cálculo (e entendo que um consequente desenho, coerente com o erro).

O erro conceitual foi nas lajes *"que foram calculadas, (desenhadas) e construídas com uma armação deficiente na direção do menor vão, justamente onde essa armação deveria ser maior".*

O prédio (localizado nos E.U.A.), face ao erro, nunca foi usado. Recomendamos a leitura desse livro e particularmente desse capítulo.

NOTA 3

E as casas térreas? Elas precisam de cálculo estrutural? Não. Regra geral: casas térreas não precisam de cálculo estrutural, mas precisam de cuidados estruturais como cintas, vergas em cima e em baixo de vazios, amarração de paredes com paredes, função de travamento das paredes internas, inspeção e sondagem do terreno, compreensão do funcionamento de lajes maciças e ou pré-moldadas, e uma série de outros detalhes estruturais.

9.5 DEBATE SOBRE DUAS POLÊMICAS ESTRUTURAIS

O debate traz sempre novas visões de assuntos aparentemente simples que ganham grande complexidade. O que vamos abordar aqui são os casos seguintes:

Caso 1: fck tem qual idade?

Caso 2: A minha obra é que está longe da concreteira, ou é a concreteira que está longe da minha obra?

Abordaremos os casos alterando-os devidamente, pois o objetivo é didático, e um dos autores participou como consultor nos casos citados e cabe manter a discrição e o sigilo profissional.

Caso 1 – fck tem qual idade?

Um prédio de apartamentos foi construído por uma construtora pequena, e houve vários atritos com o proprietário do empreendimento. Os atritos eram relacionados com a qualidade da obra. O proprietário solicitou uma perícia judicial sobre a qualidade da concretagem, que só pôde ser feita um ano após a concretagem estar pronta. Nesse período, o prédio não foi ocupado.

Em essência, o fck fixado pelo projetista da obra, que nada tinha a ver com a construtora, era de 180 kgf/cm^2 (18 MPa). Um ano após a concretagem, prédio pronto, foram retirados corpos de prova do concreto, e os mesmos foram rompidos, aí começou a confusão. O fck que resultou dos corpos de prova deu fck = 178 kgf/cm^2. Há dois possíveis problemas que emergem desse resultado:

a) o fck dos corpos de prova é menor que 180 kgf/cm^2 (18 MPa);

b) os corpos de prova foram retirados da obra um ano depois de terminada a construção, e em um ano a resistência do concreto cresce em média 15%. Logo o fck da obra seria algo como 178/1,15 = 154 <<< 180 kgf/cm^2.

Um dos autores participou do caso como perito judicial e tinha de responder ao juiz. A construtora cumprira o contrato? Qual a opinião do caro leitor? Se quiser, envie sua opinião para:

manoelbotelho@terra.com.br
São Paulo - SP

Parecer do engenheiro Manoel Henrique Campos Botelho, na qualidade de engenheiro civil:

"Questão a – **aceito o fck**

Não existe sensibilidade estrutural para diferenciar fck 178 kgf/cm^2 e fck 180 kgf/cm^2. A retirada de amostras é sempre algo incerto, e a precisão dos testes de laboratório é tal que não se têm precisões maiores para diferenciar tão pequenas divergências".

"Questão b – **aceito o fck com a idade atual, depois de um ano**

Sou engenheiro e não relojoeiro. O prédio é o que existe, e o que existe hoje atende ao especificado. O prédio pode ser usado e tirado dele o retorno financeiro e, portanto, não cabe a reclamação do dono do prédio".

Caso 2 – A minha obra é que está longe da concreteira ou é a concreteira que está longe da minha obra?

Faz uns dez anos, uma construtora, minha cliente, vinha executando obras em uma cidade do interior de um Estado, onde só existe uma concreteira servindo à região. Como a região é muito quente, com estradas singelas, e sempre com trânsito pesado, às vezes o tempo entre a saída do caminhão betoneira da usina e a chegada à obra era grande. Além disso, existe o fenômeno da evaporação da água que fora adicionada no concreto ainda na usina. Face à evaporação, quando o concreto chega na obra, acontece de o *slump* ser pequeno (menor que o especificado), e, então, a orientação da concreteira é:

- o cliente decide (!) quanto de água deve ser adicionada ao concreto, na obra, para aumentar o *slump* e com isso alcançar o *slump* contratado;
- o cliente, ou seu preposto na obra, assina a nota fiscal, assumindo a responsabilidade (!) da adição de água na obra.

Meu cliente, uma construtora de pequeno porte, pergunta: "Esses procedimentos estão certos?"

O que acha o caro leitor? Esta foi a opinião que dei ao meu cliente:

"Acho os procedimentos propostos pela concreteira errados. A localização da obra, o trânsito difícil nas estradas e o calor da região são dados do problema (situação conhecida) e não situações fortuitas e inesperadas.

Cabe à empreiteira, como firma de engenharia que é, resolver esses problemas e incluir no custo de venda o custo da solução. O fato é que a obra (construtora) precisa receber, sem fazer engenharia adicional, concreto atendendo às especificações com as quais foi contratada, a saber:

$$\begin{cases} fck \\ slump \ (abatimento) \end{cases}$$

Como há indiscutíveis problemas de distância, trânsito e calor, cabe ao fornecedor resolver esses problemas, e, não, à obra. Analogicamente, se eu compro vidros, e eles são entregues na obra pelo depósito de material de construção, se o vidro quebra na viagem, quem é o responsável é o depósito.

No caso do concreto, como há perda de água por evaporação, cabe à usina colocar mais água no concreto. Se a viagem, por sorte, for curta e não houver evaporação, o concreto ficará com uma indesejável alta relação água/cimento. Que se coloque mais cimento na usina.

Enfatizo que distância, estradas ruins e alto calor são fatos indiscutíveis que influenciam a obra. O fornecedor de concreto tem de saber disso e embutir no seu custo de fornecimento as consequências dos fatos e, quando tiver sua proposta comercial aceita, entregar o concreto sobre sua responsabilidade e não transferir a responsabilidade de engenharia para a obra".

9.6 DAS ARMADURAS DE CÁLCULO ÀS ARMADURAS DOS DESENHOS (ELAS NÃO SÃO OBRIGATORIAMENTE IGUAIS)

Quando se faz o cálculo manual dos elementos estruturais (um a um), chega-se a resultados independentes, peça por peça. Assim, por exemplo, dadas duas lajes contíguas, seus cálculos são independentes um de outro. Quando vamos fazer o desenho que irá para a obra, podemos e devemos conciliar as duas soluções. Se uma laje indica um ferro de x de área e y de espaçamento, não tem cabimento usar o mesmo tipo de aço com um espaçamento ligeiramente maior na outra laje. Unificamos o uso da barra de aço para as duas lajes.

Os jovens profissionais veem que a economia de material é a grande variável a se considerar nos projetos estruturais de concreto armado e não veem a economia de trabalho, pois esta não é visível nos desenhos.

A memória de cálculo é apenas uma indicação de necessidade mínima de uso de materiais. O desenho tem de indicar o que deve ser usado e apenas se lastreia na memória de cálculo.

O objetivo da obra não é seguir memórias de cálculo, mas é fazer uma obra:

- econômica;
- segura e amplamente utilizável;
- rápida.

A memória de cálculo é apenas um elemento de orientação para o desenho que vai para a obra, e é o desenho que dá ordens para a obra.

9.7 VIGAS INVERTIDAS – UM RECURSO ESTÉTICO ARQUITETÔNICO PARA O QUAL A ENGENHARIA DE ESTRUTURAS DÁ O SEU APOIO

O esquema clássico (convencional) das estruturas de prédios residenciais e comerciais assim como para várias outras estruturas é:

- lajes suportam as cargas externas (cargas acidentais) e o peso próprio dessas lajes e descarregam a somatória dessas duas cargas em vigas (em posição inferior às lajes);
- as vigas suportam as cargas suportadas pelas lajes dando a essas lajes capacidade de suporte e flechas reduzidas;
- as vigas transmitem as cargas das lajes e do peso próprio dessas vigas para os pilares, que levam tudo isso mais o peso próprio dos pilares para as fundações.

Por vezes, há o interesse visual – estético arquitetônico – de aumentar ao máximo o espaço livre (altura) do andar que nasce no nível A. Para isso, nos eixos de extremidades A e C podemos fazer com que as vigas V-1 e V-3 fiquem invertidas e no lugar das alvenarias. Isso nos prédios residenciais e de escritórios só é possível nos eixos extremos (A e C), onde termina a edificação. Se fizermos viga invertida no eixo B, isso seria um desastre arquitetônico funcional pois seria um obstáculo para a livre circulação de pessoas.

A concepção estrutural de uma viga invertida segue os mesmos caminhos de dimensionamento de vigas não invertidas correspondentes.

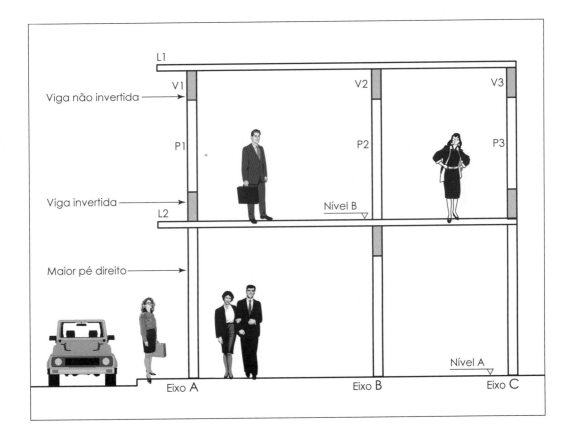

Há um caso famoso de um hospital. O projetista da estrutura desse hospital usou nos seus eixos extremos vigas invertidas. Um dia, o hospital decidiu ampliar uma das alas contíguas, no nosso exemplo a do eixo B, e, aí, encontrou a viga invertida. Hoje, para sair internamente da ala velha do hospital para a nova ala contígua e unificada, há que se vencer um degrau de aproximadamente 1,0 m, coisa que exigiu a construção de uma pequena estrutura metálica, com um lance de subida e outro lance de descida (escadinha).

Não se critique nem o arquiteto nem o engenheiro estrutural da ala velha do hospital. O cliente garantiu aos dois que o hospital não seria ampliado.

Veja:

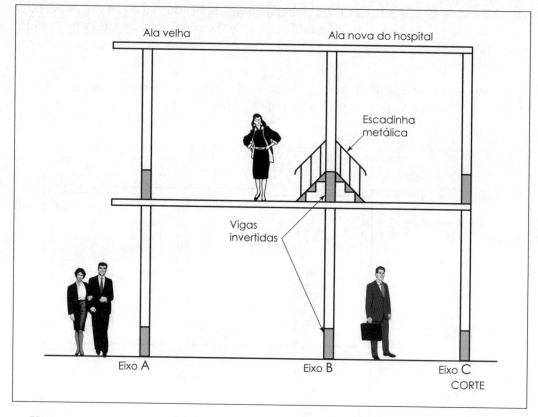

Vejamos agora fotos do andar térreo de prédio residencial onde "não existem vigas suporte" da laje do primeiro andar. Na verdade elas existem e são invertidas, dando ao andar térreo da edificação uma altura livre maior, tornando mais belo esse andar térreo, não obstaculizada sua grandiosidade de altura pela existência de vigas convencionais.

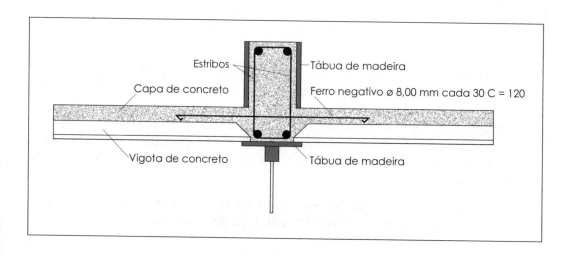

9 — CUIDADOS E PRECAUÇÕES

Entrada de prédio com viga invertida e por estar invertida ela não é visível

Foto da entrada de um prédio residencial. A viga de sustentação do andar térreo está invertida, ou seja, ela não aparece, pois está imersa na alvenaria sobre a laje. Notar que o uso de vigas invertidas só pode ser feito na periferia dos prédios, pois se usada dentro do prédio, seria um enorme obstáculo à circulação. O objetivo do uso da viga invertida é aumentar o pé direito da entrada do prédio.

A inversão da colocação de viga (que na figura foi usada para aumentar o pé direito do andar térreo) tem somente função estética. Viga invertida só na periferia da estrutura.

ERRO, ERRO, ERRO DO AUTOR MHCB

Desobedecendo a orientação do saudoso Prof. Azevedo Netto, autor do famoso *Manual de hidráulica* e de vários outros livros, o autor MHCB esqueceu de colocar na foto uma referência de tamanho (inclusão de uma pessoa, por exemplo). O mestre Azevedo dizia: "Toda foto de engenharia tem que ter obrigatoriamente uma referência clara e didática de dimensão, como pessoa, carro, chapéu, sapato etc".

Corrigiremos na próxima edição.

Marquise com vigas invertidas

Foto de uma marquise (laje externa de cobertura de uma área) de concreto armado sustentada por um vigamento invertido (nervuras superiores), tudo isso para aumentar o pé direito desse andar térreo. Objetivo estético.

CAPÍTULO 10

CONHECIMENTOS NECESSÁRIOS

10.1 CASOS INACREDITÁVEIS. ERROS DE CONCEPÇÃO, PROJETO OU OBRA

Agora contaremos casos inacreditáveis que aconteceram por falta de planejamento, erro crasso de projeto ou de obra. Como os médicos estudam cadáveres para aprender a curar, vamos estudar os nossos erros para que os mesmos não se repitam.

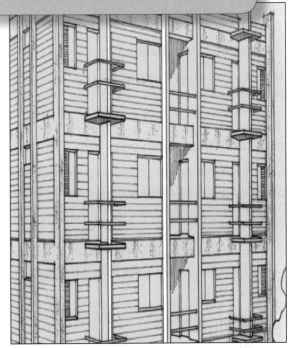

Tubulação de água dentro de um pilar

Você acha que pode se aceitar que uma tubulação fique interna a um pilar? Pois há depoimentos que em algumas obras isso aconteceu. Tubulação dentro da alvenaria, tudo bem, pois alvenaria pode-se quebrar, mas pilar, não.

Viga meio suspensa

Foi colocada uma viga com somente meia largura apoiada em um pilar. Inaceitável. Cuidado para que isso não aconteça em sua obra.

E o motor do elevador?

Num prédio, esqueceram de prever o acesso (transporte de instalação) do motor do elevador. O único acesso era uma rampa, não prevista para resistir à carga do motor. Depois da rampa pronta, teve de ser reforçada.

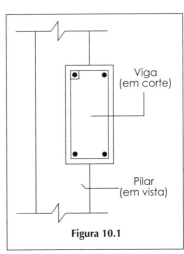

Figura 10.1

A maldita viga invertida

Um hospital usou uma viga invertida numa parede cega. Um dia, o prédio precisou ser ampliado. Hoje, para se ter acesso à nova ala do prédio, contígua à antiga, é necessário usar escadas metálicas para subir e descer a viga invertida.

Viga invertida só pode ser usada com autorização por escrito do arquiteto.

Esgoto na caixa-d'água

Há o caso da caixa-d'água, enterrada, de um prédio de apartamentos, feita de concreto armado. Por ela passa a tubulação de esgoto do prédio. Sem comentários...

A caixa-d'água incômoda

Sem que ninguém fosse avisado, o projetista das instalações hidráulicas criou uma caixa de quebra-pressão (prédio muito alto), que ocupou parte do pé-direito de um apartamento, sem que o arquiteto fosse consultado. A estética da cozinha desse prédio foi quebrada.

Não houve diálogo entre o projetista da instalação e o arquiteto. Há soluções sem essa apelação de uso indevido de espaço.

Reforço de pilares

Numa obra quase pronta e muito malfeita, descobriu-se que os pilares estavam subdimensionados. O proprietário mandou engrossar os pilares. Conclusão:

- os pilares não melhoraram, pois o engrossamento só foi uma capa, não estava comprimido com a seção em trabalho. Ou seja, essa capa não trabalha como pilar;
- o engrossamento nada ajudou, a única certeza é que ele aumentou a carga na estrutura, já bastante combalida.

A construção térrea que ruiu

Não caiamos no erro de achar que construções térreas prescindam de projeto estrutural. Elas precisam de projeto estrutural, aqui entendido como planejamento de conjunto de cuidados. O que essas obras prescindem é de cálculo estrutural.

Um centro comunitário, construção térrea de blocos, ruiu pelo fato de não ter sondagens. Se ao menos tivesse sido feito um poço de prospecção, antes da obra, e que podia depois ser usado como fossa, ter-se-ia percebido que o terreno era um antigo "lixão" e que não podia aceitar fundação direta como a que foi usada.

O telhado e a laje pré-moldada

A falta de coordenação entre os participantes pode gerar vários problemas. No projeto estrutural de uma casa, foi previsto o uso de lajes pré-moldadas na cobertura, e em cima dessa cobertura havia um telhado de telhas francesas com estrutura de madeira. Por falta de coordenacão, o pessoal da estrutura entendeu que a estrutura de madeira do telhado ia se apoiar nas paredes de alvenaria. O pessoal que fez o telhado, por economia, ao ver que ia existir uma laje, decidiu apoiar os pontaletes da estrutura de madeira do telhado na laje. O pessoal de obra, por sua vez e por economia, decidiu não fazer o capeamento da laje ou se fez usou uma capa de espessura reduzida (2 cm). E os pontaletes foram apoiados na laje, ou em cima dos tijolos e vigotas. Um dos tijolos cedeu e o telhado cedeu também. Foi um caos.

Como deveria ter sido feito:

- se foi previsto que o telhado se apoiaria em vigas ou alvenaria, isso deveria ser mantido;
- se fosse preciso mudar, o profissional de estruturas deveria ser consultado;
- a laje de cobertura deveria ter capa de 4 cm no mínimo;
- se o peso do telhado iria se apoiar na laje, isso deveria ser feito após consulta ao engenheiro estrutural, e esse apoio não deveria ser pontual, mas feito por um tipo de sapata de madeira e de forma a distribuir a carga por uma área e não em um ponto. Eventualmente seria até necessária uma pequena estrutura de madeira para distribuir a carga da maneira mais interessante. Essa carga deve ser sempre transversal à direção das nervuras das lajes pré-moldadas.

A laje pré-moldada e a cirurgia plástica

Numa mansão onde se usou laje pré-moldada como laje de forro, foi feita a argamassa de revestimento inferior, que em termos de aparência a transforma em laje maciça. A dona da casa pediu a um pedreiro, que não participara da obra, para colocar um chumbador para pendurar vaso nessa laje. Isso foi feito, e nesse chumbador a dona da casa pendurou com uma corrente um vaso de xaxim. Pelo fato de o chumbamento ter sido feito não na vigota e, sim, no bloco cerâmico, o vaso despencou cheio de terra e farpas, que cortou o rosto da dona da casa e gerou a necessidade de uma cirurgia plástica. Como evitar isso? Às vezes, num ato aparentemente simples, corremos o risco de sofrer um acidente.

As palavras, sempre as palavras

Um engenheiro ouviu dizer que, nas estruturas convencionais de concreto armado, as alvenarias não têm função estrutural e, por isso, fez o seguinte: uma marquise estava pronta para uso, quando foi solicitado que elas tivessem fechamento em alvenaria. Isso poderia gerar um apoio não previsto, mas como ele tinha entendido que alvenarias em projetos de concreto armado não tinham função estrutural, ele permitiu a modificação, o que gerou um apoio não previsto e, com isso, fissuras que poderiam até romper a estrutura. Ou seja, a alvenaria ficou com função estrutural, criando dano à estrutura.

Em outras palavras, as alvenarias não são confiáveis e não devemos contar com elas em projetos estruturais de concreto armado. Mas as alvenarias podem ser resistentes para gerar apoios, e se isso não foi considerado na colocação das armaduras pode acontecer danos. Como diz a Lei de Murphy "elas não são tão boas, em termos de resistência, para dar apoio quando se deseja, mas são suficientes em resistência para criar apoio quando não desejado".

Uma solução seria construir a marquise e não deixar a alvenaria inferior tocá--la, deixando um espaço entre as duas a ser preenchido por um material bem mole. Assim, a marquise poderia se deformar livre. A deformação lenta do concreto, pode levar anos.

A tampa de inspeção

Um profissional de concreto armado trabalhava muito com projetos industriais. Nesses projetos, sempre havia canais fechados de águas servidas, reservatórios etc. Por cautela, o profissional sempre previa uma inspeção feita de concreto armado. No início, a inspeção era uma abertura quadrada, com tampa de concreto armado, com 60 cm $\times$ 60 cm. Sabendo da tendência do aumento da obesidade, mudou para 80 cm $\times$ 80 cm.

Um dia, o cliente pediu que o projetista fosse à obra e lá chegando foi inquirido:

– "Como no dia a dia da indústria se levanta uma tampa de $80 \times 80 \times 6$ cm?"

Façamos o cálculo.

Peso específico do concreto armado: 2.500 kgf/m^3
Volume de concreto da tampa: $0,8 \times 0,8 \times 0,06 = 0,0384$ m^3
Peso da tampa $2,500 \times 0,0384 = 96$ kgf

Ou seja, algo impossível de ser levantado sem guincho.

A partir daí o projetista começou a usar tampa de inspeção feita de chapa de aço.

Os detalhes da construção em aço são: inspeção quadrada de 70 cm no mínimo de lado, requadro em perfil L de ferro 1" $\times$ 1/8", chapa de aço (dobradura tipo diamante) 14 MSG soldada ao requadro e com dobradura tipo diamante. Dobradiças em perfis chatos 1 1/4" com rebites de aço 6 mm. Gancho porta-cadeado em aço 9 mm. Referência: Catálogo de componentes FDE, tampa de inspeção em aço.

Inspeção de estruturas

Está nascendo uma nova atividade, que recebe o nome de inspeção de estruturas, algo como auditoria de uso de estruturas. Em interessante palestra sobre inspeção de passarelas de concreto armado urbanas e viárias, o apresentador mostrou:

- os populares usam a passarela viária que vira ponto de referência e de estacionamento na rodovia. Nos dias frios, esses populares fazem fogo debaixo da passarela e junto aos pilares, com dano possível à estrutura;
- há ataque ao concreto de pilares, por causa da urina humana e de cachorros. Em postes metálicos, a prefeitura de São Paulo exige uma pintura protetora contra o ácido úrico das urinas. No caso de pilares de concreto armado, ou se usa uma tinta protetora, ou deve-se criar uma camada adicional de sacrifício para proteger o concreto estrutural.

10.2 PARA ENTENDER O CONCEITO DE DIMENSIONAMENTO DE ESTRUTURAS PELO MÉTODO DAS TENSÕES ADMISSÍVEIS E PELO MÉTODO DE RUPTURA

Nos cursos rápidos de concreto armado que tenho dado por todo o Brasil, dialogo com os profissionais. Por isso, percebi que o método de dimensionamento de estruturas de concreto armado, pelas tensões admissíveis ou dimensionamento pela ruptura, tem sido **pouco compreendido pelos alunos**. Eu mesmo só consegui entender de forma cabal esse conceito, quando o colega e amigo S. S. K., dando-me uma carona de carro numa noite chuvosa, mostrou-me um caminho didático, uma luz no túnel. Vamos explicar, mas isso também vale para estruturas de concreto armado, aço ou madeira. Vamos, entretanto, apresentá-la para o caso específico de estrutura de concreto armado.

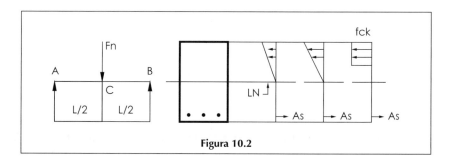

Figura 10.2

Seja uma viga biapoiada com uma carga central, que podemos fazer variar a nosso critério. Admitindo o estudo sem coeficientes de majoração de esforços ou minoração de resistência ($\gamma_c = \gamma_s = \gamma_f = 1,0$), afinal estamos no mundo didático, onde a imaginação pode correr a solta, podemos medir com extrema facilidade as deformações e tensões no material da viga em estudo.

276

10 — CONHECIMENTOS NECESSÁRIOS

A viga está apoiada em A, B e C, são os pontos médios. Abaixo da linha neutra é apenas a armadura que resiste; acima da linha neutra é o concreto comprimido que resiste. Admitamos que o peso próprio da viga é desprezível.

A viga foi dimensionada para resistir a uma carga F_n, sem o uso de coeficiente de majoração de esforços (normalmente 1,4) e sem coeficiente de minoração de resistência, normalmente 1,4 para o concreto e 1,15 para o aço).

Agora, vamos estudar situações.

Situação 1

Está acontecendo uma carga F1 bem menor que F_n. A armadura está suportando a carga F1 e, na parte comprimida, ocorre um triângulo de tensões, começando do zero na linha neutra e chegando a um valor na extremidade da viga. Claro que a tensão máxima é na extremidade de viga e é bem menor que o fck do concreto da viga.

Situação 2

Está agora acontecendo uma carga F2 maior que F1 e se aproximando de F_n. A armadura continua trabalhando abaixo da linha neutra, e a tensão máxima aumentou em relação à situação 2. Continua válida a ideia (premissa estrutural) de que a distribuição de tensões do concreto, na parte comprimida da viga, segue uma lei triangular, valendo zero junto à linha neutra e máxima na extremidade da viga. A situação 2, portanto, é diferente numericamente, mas análoga da situação 1. Agora atenção, muita atenção.

Situação 3

Alcançamos a carga F_n. Digamos que face à possibilidade da regulação da força F, alcançamos F_n. Teoricamente alcançamos o fck na extremidade superior da viga. Na parte tracionada, a armadura continua resistindo tranquilamente. Basta agora cair um grão de poeira na viga que ela se romperá, pois hipoteticamente ultrapassamos o fck do concreto na extremidade superior da viga.

Voltemos à situação de estarmos próximos sem ultrapassar a carga F_n. Até essa situação, existe uma correspondência bastante boa entre carga e tensão e para essa situação foi desenvolvida a teoria chamada (que causa confusão didática) de *"teoria das tensões admissíveis"*. Existe nessa hipótese uma correlação direta, matemática entre carga atuante (F) e as tensões de compressão na viga (acima da linha neutra). É o chamado estádio II. Mas será que a viga se rompeu mesmo ao cair um grão de poeira? É o que vamos ver na situação 4.

Situação 4

Cai um grão de poeira na viga e depois cai um saco de pedras; e, por incrível que pareça, a viga resiste. Realmente, se numa viga sem coeficientes de majoração e minoração a carga F_n ultrapassa o seu valor de dimensionamento, a viga deveria, eu falei *deveria*, se romper. Só que a viga não se rompe, mas o que acontece é que o diagrama de tensões começa a mudar e tomar aspecto não mais triangular, mas, sim, retangular.

Agora a correspondência entre carga F e tensões no concreto comprimido não existem mais, pois pode acontecer crescimento da carga e aumento da área do retângulo, sem alteração da tensão no concreto.

Situação 5

A carga no centro da viga continua a crescer até um valor e aí a viga se rompe. Admitamos que estamos aumentando a carga no centro da viga, e ela há muito ultrapassou a carga F_n e medindo a tensão no concreto e na sua extremidade. Nada parece que vai acontecer, quando com um certo valor da carga F a viga se rompe. Alcançamos o limite de resistência da viga na sua parte de concreto. Se por absurdo pudéssemos trabalhar sem coeficientes de majoração e minoração, a carga de ruptura seria a nossa carga (força) limite, sem que ela estivesse relacionada diretamente com a tensão no concreto.

Agora vamos dimensionar a viga usando os coeficientes de majoração de cargas e minoração de resistência do aço e do concreto. Essa informação da carga (força) de ruptura é dimensionada pelo método da ruptura, que é o método do estádio III do concreto armado e que é hoje o método usado no dimensionamento de estruturas de vários materiais, inclusive o aço.

Então, pergunto aos leitores: "Ficou clara a explicação sobre os dois métodos de dimensionamento?" Lembremos adicionalmente:

1. O processo da ruptura (estádio III) usa mais adequadamente o material que o processo das tensões admissíveis (estádio II).

2. Ambas as teorias admitem que, abaixo da linha neutra, o concreto já fissurou e nada colabora na resistência. Abaixo da linha neutra, o que colabora é a armadura.

   Por razões de detalhes de teoria, o retângulo de esforços de compressão não começa na linha neutra.

3. No estádio II, dizemos que as tensões alcançam ou não valores extremos e devem ficar abaixo das tensões admissíveis.

   No estádio III, dizemos que as forças atuantes é que alcançam ou não valores-limite, já que, nesse estádio não existe a correlação força-tensão.

10.3 EXPLICANDO AS ESTRUTURAS SUPERARMADAS E SUBARMADAS

Nas peças de concreto armado que sofrem flexão (vigas e lajes) e compressão, surge o aspecto dual de estruturas subarmadas e superarmadas. Expliquemos. Sejam as vigas a e b iguais na forma geométrica e ambas sujeitas a uma força F crescente. Admitamos que ambas foram dimensionadas para atender a uma força-limite F1. Admitamos que ambas foram dimensionadas na sua estrita necessidade estrutural, ou seja, não sobra nem armadura nem concreto à compressão. Agora façamos modificações. A viga a aumentamos a taxa de armadura e aumentamos a seção geométrica da viga b, acrescentando área de concreto que pode trabalhar à compressão. Ambas as vigas estão agora folgadas em relação à força-limite F que, por hipótese, não deve ultrapassar o valor F1. Realmente, enquanto a força F ficar inferior a F1, nada acontecerá, e essa é a situação normal de uso.

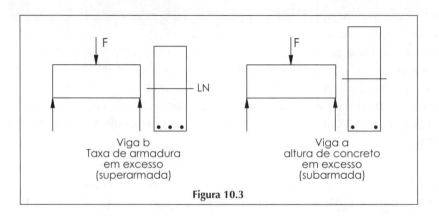

Figura 10.3

Seja a viga a. Se a força F começar a crescer e superar a força de projeto, como na viga o concreto está em excesso e a armadura não, começarão a aparecer trincas dada a deformação exagerada da armadura e nada com o concreto. Essa situação de viga subarmada preocupa menos pois:

- as estruturas normais não devem exceder as cargas de projeto;
- temos coeficientes de segurança;
- a estrutura dará aviso (trincas) antes de romper.

No caso da viga a como a armadura está em excesso e o concreto não, se a carga F crescer de forma exagerada, pode haver um colapso, pois o concreto romperá sem avisar. Esse tipo de estrutura é chamada de superarmada (viga b).

Um leitor perguntou como fica uma estrutura normalmente armada quanto à divisão entre estrutura subarmada e superarmada (o colapso aconteceria ao mesmo tempo no concreto a compressão e no aço a tração), caso a obra produza um concreto de fck inferior ao de projeto.

Resposta: admitamos na viga a que o fck previsto era de 25 MPa (250 kgf/cm^2). Admitamos que, por absurdo, a obra foi projetada sem coeficientes de segurança. Se acontecerem cargas crescentes superiores à carga de projeto, então haverá um colapso por esmagamento do concreto. Ou seja, haverá ruptura sem aviso. Como se acredita que as estruturas são sempre projetadas com coeficientes de segurança, se as cargas forem não superiores à carga de projeto, possivelmente os coeficientes de segurança evitarão problemas, podendo acontecer, entretanto, flechas e fissuras maiores que o normal.

Atenção: usando esse aço, uma estrutura considerada pelo projetista como subarmada vai poder virar (se o aço for extraordinariamente mais resistente do que o previsto) estrutura superarmada. Não acontecendo cargas maiores que as de projeto, tudo bem. Se houver cargas maiores que as de projeto e se, por absurdo, não tiverem sido usados coeficientes de segurança, pode haver ruptura por esmagamento do concreto, pois face à excepcional qualidade do aço, ele resiste a tudo, não se deforma ao chegar ao seu limite (pois seu limite é maior) e, com isso, não dá aviso. Mas repisemos que essa é uma situação didática onde:

- o aço usado tem muito mais resistência do que o previsto;
- acontece mais carga do que o previsto;
- não se usaram coeficientes de segurança no projeto.

Autores alertam que não exageremos nos cuidados com estruturas super ou subarmadas, pois pilares (que são o coração das estruturas) são estruturas superarmadas.

10.4 TESTES E EXAMES DA ESTRUTURA – O CURIOSO CASO DE UM PRÉDIO SEM PROBLEMAS

Se um dia tivermos de dar um parecer sobre uma estrutura existente, costumamos fazer alguns dos seguintes testes:

- visita à obra e imediações;
- inspeção visual e fotográfica;
- medida de flechas;
- verificação de fissuras e medida de vibrações;
- esclerometria[1];
- retirada de corpos de prova da estrutura para análise de resistência;
- prova de carga;
- outros testes.

A inspeção visual corresponde à visita de uma pessoa ao médico. Não há exame de laboratório que conte da luminosidade da pele, da disposição da pessoa etc. O mesmo vale para a inspeção visual de uma estrutura para ajudar no diagnóstico do uso da mesma.

---

[1] Medida, com aparelho portátil, da reação do concreto a um dispositivo com mola (tiro seco). Há uma correlação de resistência do concreto com a resposta do mesmo ao "tiro".

Flechas, fissuras, armaduras expostas, cuidados gerais devem ser vistoriados pelo inspetor e podem dar excelentes informações para a aceitação ou não de uma estrutura. Fotos e medidas lastreiam e ajudam a formar a opinião que resulta num parecer.

A prova de carga, se chegar a ser usada, é a chamada prova real de uma estrutura: consiste em carregar uma estrutura com cargas crescentes, até chegar a um valor-limite. Se uma estrutura passar pela prova de carga, diz-se que "rasguemos as memórias de cálculo", pois acima das teorias das estruturas está o fato da estrutura ter resistido e funcionado bem a uma carga.

Conspira contra a prova de carga a demora de sua realização, pela dificuldade de se reproduzir na estrutura as condições de carga crescente. Por vezes, fecham-se as lajes com paredes de alvenaria, coloca-se crescentemente água na estrutura, medem-se as deformações e verifica-se a ocorrência da fissuras.

Numa prova de carga de uma ponte, caminhões foram cheios de água para simular a carga com a qual a ponte trabalharia. Vamos agora a um caso prático.

O caso do prédio sem problemas

Este fato aconteceu: um prédio de escritórios foi construído na década de 1950 numa grande cidade brasileira. O prédio tem dez andares e 400 m^2 por andar. Dois elevadores. A estrutura do prédio é de concreto armado. Durante muito tempo, mais de vinte anos, o prédio funcionou sem problemas visíveis. Não apresentou flechas objetáveis, trincas ou fissuras visíveis, não vibrava, e o elevador funcionava sem problemas de falta de verticalidade.

Com o tempo e sucessivos donos, se perdeu, como é de hábito, a história do prédio, ou seja, quem o projetara arquitetonicamente e estruturalmente. Nada restou de desenhos ou memória de cálculo. A prefeitura não guardou nada. Depois de passar por vários donos, hoje o prédio é só de uma pessoa. A firma que o alugara por inteiro o deixou, e o prédio ficou vazio e foi posto para alugar por inteiro. Uma multinacional decidiu alugá-lo nessas condições, mas a matriz, em recente circular mundial, decidiu que a empresa só pode se instalar em novos prédios, se houver um parecer de um perito do País do prédio que ateste a qualidade do prédio e sua adequação para escritórios. Diante disso, foi chamado um especialista em engenharia de estruturas para fazer o relatório. Mas... como dar um parecer sobre um prédio sem história e sem problema visível?

Como o leitor faria? O especialista ponderou: melhor seria estudar o prédio em uso com cargas. Como o prédio estava vazio, a inspeção foi feita em duas situações:

Inspeção A, prédio vazio, mas funcionando com o peso próprio (peso morto da estrutura), algo com 30 a 50% do peso total, ou seja, peso morto mais a carga acidental (sobrecarga).

10 — CONHECIMENTOS NECESSÁRIOS

- De imediato, foi feito um levantamento geométrico do prédio para tentar só com esses dados entender o funcionamento de lajes, vigas e pilares;
- foram medidas com precisão as deformações;
- fez-se a esclerometria, mesmo sabendo que o tempo altera parcialmente os resultados por causa da carbonatação da estrutura, aumentando falsamente a resistência dos resultados dos testes. Se existe essa falsificação, por que fazer a esclerometria? A esclerometria pode não dar resultado positivo quanto à boa resistência, mas se a esclerometria der em algum lugar, indicação de má resistência, isso é totalmente confiável (então algo está errado).

Marquises merecem atenção especial, pois são as partes mais sensíveis de uma estrutura convencional de concreto armado.

Se nenhum problema houver, a inspeção A está terminada. Com esses dados, foi elaborado um relatório, descrevendo o que foi comprovado e com fotos.

Passemos à inspeção B: vamos encher o prédio com 50% da carga acidental prevista. Usaremos carga com sacos de areia adequadamente espaçados. Por que 50% e não 100%?

É que, por hipótese, não temos confiança na estrutura e não tem cabimento fazer um carregamento que eventualmente leve a estrutura à ruptura.

O carregamento deve ser progressivo dos andares de baixo para cima até alcançar os 50% da carga prevista. Com apoio de topografia, devemos ir medindo progressivamente a posição das peças principais, medindo inclusive recalque nas fundações.

Se nada se observar de anômalo, passaremos a 100% da carga com carregamento crescente dos andares de baixo para os andares para cima e acompanhando com topografia todo o funcionamento do prédio quanto a recalques e flechas.

Se tudo estiver OK, encerra-se com mais um relatório com fotos essa etapa.

Seria interessante testar com último limite a carga de projeto, estimada com 20% de acréscimo. Se não ocorrerem problemas nas etapas, aceita-se o prédio. Se surgirem problemas, então, recomenda-se:

- uso parcial (por exemplo, biblioteca no térreo, estantes só em cima de viga etc.);
- reforço da estrutura;
- abandono da estrutura.

Todo o trabalho deve ser feito com acompanhamento de engenheiro de segurança do trabalho e de representante de sindicato dos trabalhadores. O engenheiro de segurança do trabalho poderá indicar, durante a realização dos testes, se há necessidade de alarmes, rotas de fuga e serviço médico. Tudo isso para um prédio que nada indica que seja inseguro.

Talvez algumas medidas sejam exageradas, mas são compatíveis com as exigências da empresa multinacional que vai usar o prédio. Em países mais desenvolvidos, todo o avanço de uma obra é documentado com fotos (datadas), e os relatórios ficam em arquivos públicos.

NOTA 1

A antiga Norma 6118/78, no item 16.2.3, dava critérios gerais de aceitação das estruturas:

Resumidamente, a norma recomenda o ensaio (entendemos como prova de carga) da estrutura. Infere-se que o ensaio da prova de carga seja com cargas crescentes e anotados os resultados de deformações e acompanhamento da evolução das fissuras.

No item 16.2.4 – Decisão – "Se das mencionadas verificações conclui-se que as condições de segurança desta Norma são satisfeitas, a estrutura será aceita. Em caso contrário, tomar-se-á uma das seguintes decisões:

a) a parte condenada da estrutura será demolida;
b) a estrutura será reforçada;
c) a estrutura será aproveitada com restrições quanto ao seu carregamento ou seu uso".

NOTA 2

Recomenda-se a leitura da revista *Téchne* set./out. 93 ano 1, n.6, páginas 30 a 33, que apresentou o artigo "Ensaios não destrutivos: um diagnóstico completo", do engenheiro Luiz Tsuguio Hamassaki. Leia também a revista *Téchne* n.58, de janeiro de 2002 o artigo "Análise do concreto nas idades iniciais com ultrassom e sistema especialista", dos engenheiros Alexandre Lorenzi e Edouard Grigoreivich Nesvijski.

Vide também a revista *Téchne* n.56, de novembro de 2001, páginas 52 a 56, "Obra de arte em conserto" e a revista *Téchne* n.55 de outubro de 2001, páginas 48 a 53, artigo "Concreto à beira mar: a durabilidade em risco".

NOTA 3

Cuidado na interpretação de deformações da estrutura. O engenheiro Sussekind, no seu livro *Curso de Concreto*, volume I, à página 30, conta que uma marquise que na época da construção tinha na extremidade uma flecha de 1,5 cm, depois de cinco anos, face à deformação lenta do concreto (fluência), tinha 4 cm.

10.5 ENGENHARIA ESTRUTURAL DE DEMOLIÇÃO, O CASO DO TIRANTE

A demolição de uma estrutura pode exigir muito cuidado estrutural, pois normalmente não se conhece:

- o projeto da estrutura;
- a qualidade do material usado;
- além disso, não se sabe se o projeto, durante a obra, sofreu alteração e nem as pequenas modificações ocorridas durante o uso da edificação.

Por tudo isso, a demolição deve ser encarada como uma atividade de engenharia, embora a maioria das empresas de demolições não use a engenharia formal, deixando a condução do desmonte para a experiência do dono da demolidora e para o encarregado da demolição (!). Por isso, queda de paredes, acidentes com pessoas e vizinhos podem acontecer. Vejamos dois casos:

1. Em residências só de alvenaria, quando da demolição, derrubam-se primeiro as paredes internas, para deixar as paredes externas serem derrubadas pelos ventos fortes. Paredes seculares caem com um pequeno vento. É que as paredes internas davam enrijecimento à estrutura, e por isso, eram vitais. Com a remoção das paredes internas, as externas perdem estabilidade.

2. Na demolição de uma agência bancária que ocupava um velho prédio de concreto armado, uma peça que parecia um pilar foi demolida fazendo com que uma viga se rompesse. A peça que parecia ser um pilar não era pilar, mas um tirante.

Seria interessante que, antes de uma demolidora começar sua tarefa, ela se reunisse com a futura empresa construtora ou com um engenheiro, para fazer um plano de demolição.

Referência bibliográfica

Artigo "Golpe de mestre", revista *Construção,* São Paulo, n.2083, de 11-01-1988.

NB 598 ABNT "Contratação, execução e supervisão de demolições"[2].

Artigo "Demolição de estruturas", de Manoel Henrique Campos Botelho, Boletim Práticas de Construção, - Sinduscon SP, janeiro de 1988.

10.6 CRÔNICAS ESTRUTURAIS

Uma velha forma de ensinar é por meio de parábolas (que são histórias que querem transmitir um ensinamento). No Novo Testamento, o doce nazareno usava ao máximo dessa estratégia. Também usaremos esse método, pois, no mínimo, estaremos em boa companhia. Vamos contar dez parábolas a seguir.

---

[2] Lamentavelmente anulada.

1.ª PARÁBOLA – A verdadeira história estrutural de um certo prédio de apartamentos

Numa festa de aniversário, iniciou esta história verdadeira. Um respeitado calculista de concreto chamado João lá encontrou Paulo, um concunhado que ficara rico comercializando de tudo: alma, imóveis, automóvel etc.

Se João era o símbolo de um conservadorismo e seriedade ortodoxa perante a vida, o outro era a superficialidade objetiva em pessoa. Mas parentes encontram parentes, e isso aconteceu mais uma vez. Foi Paulo quem iniciou a conversa:

– João, acabo de comprar duas velhas casas numa cidade do interior e vou demoli-las para construir um prédio de apartamentos para alugar. Você quer fazer os desenhos da execução e de aprovação na prefeitura?

Seguramente devia ser o projeto de estruturas, o que o rico comerciante se referia e que foi rapidamente recusado com polidez por João, pois se negócio em família costuma não dar certo, imagine negócio com Paulo, que, no mínimo, iria querer palpitar em tudo e possivelmente até interferir na obra para reduzir o consumo de aço e cimento, para querer ganhar mais, até nisso.

Mas como parente é parente, João prometeu – e não dava para se escusar disso – indicar um colega de confiança para a tarefa. E isso aconteceu. João indicou um jovem calculista de concreto armado, que estava momentaneamente desempregado e que precisava pegar algum projeto. O jovem e bem preparado calculista foi devidamente alertado que o cliente seria "fogo", mas precisava e aceitou o trabalho. Atire a primeira pedra quem ainda não passou por essa situação. Passados alguns meses, com o projeto pronto e seguramente correto, foi contratada pelo comerciante uma construtora desconhecida para executar a obra. Nem sei se o nome de construtora devia ser dado à empresa, pois esta subcontratou tudo e pouco ou quase nada controlava da obra.

Essa construtora sempre foi dócil ao terrível Paulo: mudou o projeto, chegando ao ponto de reduzir a armadura prevista e preparando o concreto na obra, usando areia de estradão (muito fina), tudo para baratear a obra.

O implacável novo empreendedor imobiliário dizia sorrindo:

– Não precisa caprichar muito na estrutura. É prédio para alugar...

Sem comentários, mas vejamos o que deu. Alguns do pilares (eu falei pilares), após algumas semanas da concretagem, apresentavam uma patologia surpreendente. Parte deles escamava. Várias lajes deram flechas enormes e outras "cositas mas", se é que essas coisas podem ser chamadas de "cositas". Quando o prédio estava pronto e com todas essas patologias visíveis (fora as invisíveis), a construtora, para definir responsabilidades, impôs que se pedisse um parecer sobre a estrutura a um órgão de pesquisa. O dono da obra, Paulo, só aceitou quando soube que o custo do parecer seria coberto pela construtora, pois, a partir do surgimento dos primeiros problemas (visíveis), ele passara a se esquecer de suas interferências na obra e definia-se apenas como um empresário bissexto (não usual) no ramo da construção civil, mas sempre atento ao item custos.

O parecer do órgão de pesquisa foi escrito numa linguagem genérica e algo obscura e não dizia conclusivamente que a estrutura inspirava cuidados sérios. A cada falha detectada, dizia que somente com mais estudos é que se poderia chegar a conclusões mais seguras. Como o relatório não indicava explicitamente que a estrutura devia ser reforçada, a obra foi aceita com reservas pela construtora e pelo dono da obra, que só repetia:

– Analisemos realisticamente... "o prédio é para alugar...(!!!)"

Como não existia na cidade um órgão para aprovar ou recusar obras particulares do ponto de vista estrutural (em algumas cidades essa análise existe), a obra foi aceita pelo dono e pela construtora e posta para alugar. E o prédio de apartamentos foi inteirinho alugado.

Toda esta história foi acompanhada de longe pelo nosso calculista de concreto armado, o João, que concluiu que a coisa mais acertada do mundo foi não ter entrado naquela armadilha.

Mas de alguns sofrimentos João não escapou. Durante o período de obra, ao encontrar com o cunhado trambiqueiro, foi obrigado a ouvir a bazófia do concunhado feliz, que voltava com a corda toda:

– Fiz o prédio usando a minha experiência empresarial e tirando mais de 10% do aço que os doutores engenheiros recomendam. Resultaram algumas barrigas que enchi com argamassa. Decididamente, engenheiros não sabem construir prédios...

O tempo passou, e a história acabaria aqui, quando surgiu o fenômeno da inflação galopante e, com a rígida lei do inquilinato, não havia como aumentar os aluguéis acompanhando a desvalorização da moeda. Aliás, havia uma única condição: pedir despejo dos velhos inquilinos, para reforma geral do prédio. Mas, pela lei do inquilinato de então, a reforma não podia se limitar a pinturas e reparos de manutenção nas redes de água, esgoto e instalações elétricas. Tinha de ser algo mais estrutural.

Agora, acredite se quiser. O prédio com cerca de dez anos de uso, sem reforço em sua combalida estrutura, recebeu nova incumbência: mais três novos andares. Os pilares não foram reforçados e admitindo-se que eles tivessem folga (!), a expansão foi feita sem a consulta ao projetista ou pelo medo de que o projetista abrisse a boca não recomendando o aumento de andares, nem a nova sobrecarga nos pilares e fundações. Para executar a obra, foi chamada a construtora inicial, pela experiência (!) que tinha. A obra foi feita e hoje está em uso com os três novos andares.

Volta e meia vou a essa cidade e sempre olho para o prédio para ver se ele está sem problemas e se continua ocupado por gente (se bem que são inquilinos, como diria o proprietário...).

Em respeito à segurança dos leitores de todo o Brasil, se mandarem cartas ou e-mail, eu conto qual a cidade e qual é o prédio.

2.ª PARÁBOLA – A faculdade de arquitetura tinha um professor que dava aulas de concreto armado que os alunos entendiam e gostavam

Numa faculdade de arquitetura, os conflitos entre os alunos e os professores da disciplina concreto armado eram a permanente rotina. Brigas, substituições, greves e inevitavelmente todos os:

- alunos saíam da faculdade odiando concreto armado;
- alunos saíam da faculdade aprovados de alguma forma na disciplina, mas sem saber nada;
- os que passaram nessa faculdade, quando na atividade profissional, achavam que jamais aprenderiam algo aparentemente tão difícil e complexo quanto concreto armado.

A situação perdurava há anos, e ninguém achava que pudesse mudar esse quadro. Alguns professores diziam que, talvez, se usassem ultrapotentes computadores, daqueles que só existem na Nasa (Administração Nacional da Aeronáutica e Espaço), o problema do ensino do concreto armado seria resolvido. Será???

Um dia, inacreditável dia, apareceu na escola um desconhecido engenheiro e pediu ao diretor para dar aula de concreto armado para arquitetos. O diretor, ultrafeliz por talvez ter resolvido o problema eterno, perguntou implacável:

– O senhor deve ter doutorado, não tem? É uma exigência da lei de ensino superior.

A resposta foi:

– Sou engenheiro civil construtor. Durante a noite, dou aulas em um cursinho supletivo. Comecei dando aulas de física e como os alunos gostaram de minhas aulas passei a dar aula de química e matemática. Como construo obras de concreto armado e tenho boa didática, acho que posso dar aulas de concreto armado.

O diretor parece que não ouviu direito a resposta e insistiu:

– Pelo menos o senhor tem curso de mestrado?

O antidiálogo continuou porque o engenheiro, que ousava dizer que podia dar aulas compreensíveis de concreto armado, falou:

– Tenho até a ideia de, com auxílio dos próprios alunos, fazer apostilas cheias de desenhos e ilustrações, ensinando de forma inesquecível como são e como funcionam lajes, vigas e pilares.

Finalmente o diretor, meio constrangido, cedeu e disse:

– Vou deixar que o senhor dê aulas. Um nosso professor com doutorado assinará em seu lugar, e suas aulas serão chamadas de conferências de profissional convidado; com isso, driblamos a lei. Aliás, não será a primeira vez. Não lhe darei um contrato, nem garantias trabalhistas, nem garantias de vida. Vá e enfrente as feras. Afinal, foi o senhor que se ofereceu.

10 — CONHECIMENTOS NECESSÁRIOS

O engenheiro sorriu e provocou:

– O senhor me paga um jantar com um delicioso vinho de Caxias do Sul, se os alunos entenderem e gostarem de concreto armado depois do meu curso?

A resposta do diretor foi fulminante:

– Se os alunos gostarem, pago um jantar com vinho alemão do Reno, reserva especial, safra controlada, exemplar numerado, rótulo preto.

No dia seguinte, o desconhecido engenheiro (sem mestrado ou doutorado) foi dar aula, ou melhor, enfrentar as feras, pois o ambiente que o esperava era hostil. Os jovens alunos já esperavam mais aulas de:

- elementos finitos e transfinitos;
- novas tendências de um recente congresso internacional de estruturas, na qual um professor apresentara sua tese de mestrado, baseada no uso de modernos computadores em estruturas virtuais de quarta ordem.

Nada disso aconteceu na primeira aula do engenheiro. O professor entrou na classe e falou:

– Na aula de hoje, que é de duas horas, aula dupla, estudaremos toda a estrutura de concreto armado de uma casa assobradada de classe média alta. Destaco: eu falei que estudaremos nesta aula toda a estrutura, toda mesmo.

Foi um espanto geral. Numa única aula, na primeira aula, o professor afirmava que estudaria toda a estrutura de concreto armado de um grande sobrado.

O professor distribuiu uma apostila em que constavam:

- o projeto arquitetônico da casa (sobrado convencional) com uma perspectiva, fato que facilitava muito a rápida compreensão de toda a concepção;
- perspectiva estrutural da edificação. Alguém já ouviu falar nisso? Pois é, ela existe e pode ser feita, quando se quer (a figura mostrando o projeto está na página seguinte).

Feito isso, o professor investiu os vinte primeiros minutos da aula, discutindo o projeto arquitetônico da casa, pois não adianta discutir a estrutura de uma edificação que não se entendeu. Razoável o raciocínio, não? Resolvido o problema arquitetônico, o professor começou a apresentar a estrutura que suportaria a arquitetura, como veremos a seguir.

Lajes – são estruturas planas horizontais, quase sempre retangulares, que cobrem espaços vazios. Teremos dois tipos de lajes:

- de forro, que têm a função de receber cargas dos telhados, proteger a casa contra a entrada de estranhos, e dar conforto térmico e acústico;
- de piso, que têm a função de cobrir o andar térreo e ser o piso dos usuários do andar superior.

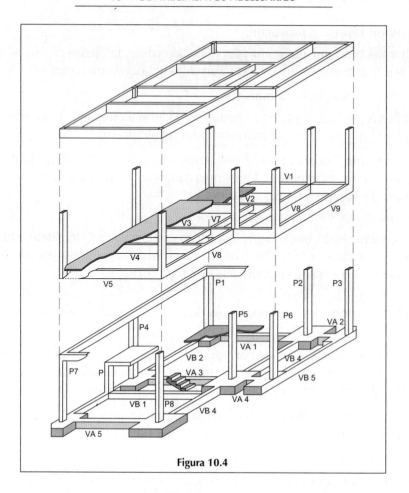

Figura 10.4

Essas lajes têm espessura normalmente de 7 a 9 cm, se forem maciças de concreto armado. Se forem pré-moldadas de concreto armado, serão do tipo comercial B12, com 8 cm de espessura de tijolos e 4 cm de capa.

Depois de falar isso, o professor distribuiu catálogos de fabricantes de lajes, tendo sido escolhidos os catálogos mais didáticos.

Paredes – serão de alvenaria de tijolos argilosos ou blocos de concreto. As paredes não terão nesta edificação responsabilidade estrutural. A responsabilidade estrutural será função exclusiva de lajes, vigas e pilares. Por esse raciocínio, as paredes de alvenaria poderão ser executadas só depois de toda a estrutura tiver sido terminada, e quando o prédio estiver pronto, os moradores poderão derrubar qualquer parede interna que não haverá dano à estrutura.

Vigas – peças de concreto armado que suportarão as cargas provenientes de lajes e paredes, além do peso próprio das estruturas. Vigas de maior responsabilidades podem receber cargas de outras vigas.

Procuraremos colocar as vigas dentro das paredes, mas nem sempre isso será possível. Logo a espessura das vigas variará de 10 a 20 cm (espessura da alvenaria).

A altura das vigas variará em função principal do vão a vencer. Para vigas com só um vão, a altura será de 1/20 a 1/10 do vão. Para vigas com vários vãos, a altura será algo próximo de 1/12 de cada vão.

Assim, num vão de 4 m, a altura da viga será de 4/10m = 0,4 m = 40 cm.

Pilares – Na maior parte do encontro de vigas com vigas, colocaremos pilares. Serão colocados pilares obrigatoriamente:

- em todas as quinas da edificação;
- deveremos evitar vãos excessivos; por exemplo, maiores que 7 m, colocando assim no meio da viga um pilar;
- quando duas vigas se encontrarem sem pilar, a viga de maior vão (maior deformabilidade) será considerada como se apoiando na viga de menor vão. As vigas de menor vão, que recebam o apoio de vigas, serão chamadas vigas-suporte.

Falando isso, o professor mostrava na apostila tudo o que estava conceituando. Os alunos começaram rapidamente a perceber do que estavam falando.

A armadura da viga será função do vão, das cargas e da própria geometria da viga. Passemos, agora, ao assunto dimensionamento dos pilares. A menor dimensão transversal dos pilares será de 20 cm, e a outra dimensão será função da carga a receber nos pilares. A outra dimensão pode ser de 20 a 50 cm.

A taxa de armadura variará também, no mínimo, de 0,8% a 8%. Se o cálculo indicar 3% de taxa de armadura, um pilar de 20×40 cm terá de área de armadura:

$$20 \times 40 \times 0,03 = 24 \text{ cm}^2.$$

Usaremos sempre, no mínimo, quatro barras de aço que tenham um total de seção transversal de 24 cm^2.

A aula seguia com os alunos entendendo tudo, quando se ouviu um surpreendente grito feminino:

– Uma viga, eu estou vendo uma viga.

A estudante gritava, indicando uma peça saliente que existia no meio do teto da sala de aula. Aí uma outra aluna gritou:

– Vejam no fundo da sala, no canto, eu vi, juro que vi e existe um pilar.

Aí uma voz masculina, mais forte, declarou em alto tom, desconfiado:

– Acho que tenho uma laje sobre mim.

Começou uma gargalhada geral, pois os alunos começaram a reconhecer na realidade que os cercava, as peças estruturais da teoria. Isso não tinha acontecido antes com os professores que davam aula falando só de computadores.

E o professor avisou, para tristeza dos alunos:

– Nossa aula de hoje está terminando. O projeto está estruturado e já temos uma visão de como serão as peças. Isso é o pré-dimensionamento. Estamos com o pé no chão. Nas outras aulas, explicaremos da mesma forma como hoje, como dimensionar lajes, vigas e pilares.

Dois dias depois houve a segunda aula de concreto armado. A aula anterior fora um sucesso. Todos comentavam a aula clara, o projeto estrutural da casa que começava a surgir.

Na segunda aula, o professor explicou mais uma vez como funcionavam as estruturas e a estrutura da casa. Mostrou fotos de prédios em construção e detalhes das obras. Mostrou que nos prédios convencionais as lajes de todos os andares são iguais, pois recebem cargas iguais e têm a mesma geometria e esquema de apoio. Num mesmo andar as lajes variam face à variação da geometria e tipos de apoio, mas as lajes correspondentes, andar por andar, são iguais nas formas e nas armaduras. Assim, calculado um andar padrão (andar tipo):

- todos os andares serão estruturalmente iguais;
- lajes e vigas correspondentes são iguais.

Vejamos um prédio, usando o conceito de andar típico.

Só os pilares que variam, andar por andar, pois cada andar sucessivamente carrega progressivamente os andares de baixo, e assim o pilar do prédio do quarto andar tem menos carga que o pilar do terceiro andar. Os pilares do segundo andar têm mais carga que os pilares do terceiro andar, e os pilares do térreo são os mais carregados de todos os pilares.

Note-se que um olhar inexperiente, observando os pilares de um prédio, poderá imaginar que todos os pilares, um debaixo de outro, são iguais, pois por problema de reúso de formas costuma-se manter constante a seção do pilar de cima a abaixo de um prédio (fôrma–aproximação grosseira). Como as cargas são diferentes, andar por andar, varia andar por andar a taxa de armadura (aproximação fina).

E assim o curso se desenvolveu e culminou com uma visita a uma obra de um prédio de concreto armado em construção.

O professor continua dando aula nessa faculdade, ganhou o jantar da aposta com o bom vinho prometido, e coitado de alguém que ouse tirar esse professor dessa faculdade.

3.ª PARÁBOLA – Como se preparar para uma consulta com um simpático superespecialista de estruturas

Assisti a esta cena. Estava eu trabalhando com um simpático superespecialista de estruturas de cabelos totalmente brancos, quando tocou o telefone, e um jovem colega que se iniciava no cálculo de estruturas pediu ao especialista uma consultoria geral sobre o cálculo de concreto armado de um prédio convencional de média altura. Eu sabia que o superespecialista estava cheio de trabalho e ia fazer uma viagem ao exterior, onde faria uma palestra. Por tudo isso, estava sem tempo para fazer novos serviços. A resposta rápida do superespecialista, por isso, me surpreendeu:

- "Topo dar a consultoria, mas desde que você aceite algumas condições. São elas: a reunião será daqui a duas semanas no meu escritório, só responderei na reunião às perguntas que você tiver me feito até dois dias antes por escrito, enviadas via fax ou por e-mail. As perguntas devem vir agrupadas, organizadas por tema, numeradas e cada pergunta deverá vir obrigatoriamente com sua opinião pessoal e, portanto, com uma pré-resposta. Não responderei a nenhum assunto fora do roteiro".

Eu não entendi nada. Por que esse método? Se a pessoa está pedindo ajuda, por que o consulente tem de ajudar o mestre com uma pré-resposta para cada assunto? Será que o mestre não era tão mestre assim? E a questão da numeração das perguntas? E a exigência de só responder às perguntas previamente mandadas por escrito? Burocracia estrutural? E a surpresa veio a cavalo:

– "Cobrarei R$ 800 por hora de reunião dessa consultoria."

Nessa época, o valor máximo cobrado por esse superespecialista era de cerca de R$ 300 por hora e como referência o dólar americano estava a R$ 3,20. Qual a razão comercial ou ética do aumento gigantesco?

Não pude acompanhar o caso no seu desdobramento, mas sei que todo o previsto aconteceu, e a reunião durou duas horas. Depois fiquei sabendo que o consulente saiu satisfeitíssimo com a consultoria.

Comentei o fato com um amigo, e ele me abriu os olhos para esse tipo de consultoria estrutural.

– "Genial. Ele não deu consultoria para um iniciante. Ele transformou o iniciante numa fera faminta e exigente. Ao exigir que o jovem colega se organizasse para a reunião, ele começou um processo de ensino. O jovem colega foi obrigado a se organizar mentalmente. Primeiro, listou por escrito as dúvidas, foi obrigado a classificá-las, ordená-las e numerá-las. Isso é um enorme autoaprendizado. Depois teve de escrever as pré-respostas com detalhes e desenhos, pois fora do escrito o mestre nada responderia. Esse texto que depois foi enviado ao mestre, preparando a reunião, tem alto valor, e eu mesmo gostaria de conhecê-lo, pois tem um valor quase tão grande quanto as respostas. Aliás, isso confirma que uma pergunta bem formulada já traz no seu bojo metade da resposta. Quando o jovem colega foi para a reunião, realmente ele sofrera, sem saber, um processo de transformação. Antes de se organizar, ele era uma pessoa carente e insegura. Com a preparação, ele se transformou em um jovem e extremamente exigente leão, faminto e com garras afiadas.

Quanto ao preço da hora de consultoria, não se esqueça o que o jovem colega ganhou em aprendizado, por ter procurado um guru estrutural tão didático.

Na verdade, a consultoria começou na primeira ligação telefônica. Nunca um dinheiro foi tão bem gasto."

Pensei e hoje concordo com meu amigo e com a atitude do guru estrutural. Antes de solicitar uma consultoria, prepare-se para ela como um leão faminto. Relembro, perguntas bem estruturadas já trazem em seu bojo, parte da própria resposta.

4.ª PARÁBOLA – *Fazendo obra com smoking e ar-condicionado*

Uma organização estatal, responsável por uma série de obras de construção civil, tinha como característica o seguinte: quem mandava lá era o pessoal de projeto. O pessoal de obra tinha de se curvar ao pessoal de projeto, com enormes problemas de relacionamento. Assim o projeto, por exemplo, de um pré-hospital era contratado inicialmente junto a um escritório de arquitetura. O pré-projeto era enviado depois para um escritório de cálculo estrutural e outra via ia para um escritório de projeto de instalações prediais. Só que o projeto arquitetônico, como é natural, evoluía, e se modificava, sem que os outros dois escritórios soubessem. Acreditem, isso aconteceu em São Paulo, no final dos anos 1990. Prontos os projetos e sem estarem compatibilizados, os mesmos iam para a obra, que tinha de fazer a conciliação. O mesmo acontecia com o problema dos embutidos. Chegavam dos fornecedores de equipamentos hospitalares dezenas de desenhos de embutidos e chumbadores, que não eram enviados para os projetistas, mas mandados para obra para serem seguidos. Como?

Um dia – e esse dia sempre chega – houve uma mudança na estatal. Um dinâmico arquiteto de obra assumiu a direção. Acreditem esse fato altamente elogiável ocorreu na entidade. Ele exigiu:

– contratação de um quarto escritório, que começou a coordenar os três projetos (arquitetura, estruturas e instalações). Esse quarto escritório criou, entre outras coisas, um novo tipo de desenho, consolidando todos os desenhos de embutidos dos fornecedores. Usando de suas prerrogativas de empresa coordenadora, estabeleceu regras, ditatoriais segundo alguns. Por isso, estabeleceu:

- qualquer modificação em um desenho, por menor que fosse, tinha de gerar uma modificação na revisão do desenho e uma indicação clara por coordenadas de onde houvera a modificação;

- semanalmente, havia a emissão de um relatório, listando o estado das revisões de todos os documentos do trabalho;

- que o pessoal do escritório de arquitetura fizesse desenhos de perspectiva de vários ângulos da obra, e que os desenhos de arquitetura fossem colocados na obra em vários locais, de modo que os operários entendessem o que estavam construindo. Entre os desenhos de perspectivas, havia vários desenhos principais de estruturas.

- que as modificações de maior vulto de um trabalho, que pudessem ter influência no trabalho de outros, só podiam ser feitas com a concordância do quarto escritório.

O pessoal de obra exultou com as modificações, e o pessoal de projeto ficou furioso com as exigências. Numa reunião de coordenação, um profissional de projetos declarou:

– Acho que o pessoal de obra quer trabalhar de *smoking* e ar-condicionado.

Para surpresa de todos, o representante da obra respondeu:

– Sim, nós queremos receber – isso é totalmente possível – documentos corretos, compatíveis entre si, tudo redondo e lubrificado. Assim, nós de obras vamos cuidar do que é estritamente nosso como:

- qualidade da obra;
- controle da chegada de materiais;
- cumprimento do cronograma;
- acompanhamento do contrato.

Anos se passaram e soube que houve um retrocesso: o pessoal de obra voltou a ter de tentar conciliar projetos não conciliados.

Houve o fato de uma viga já concretada ter de ser cortada, pois a obra não sabia que havia uma descida de canalização de águas pluviais! Sem comentários.

Houve também a introdução de um sistema de ar-condicionado central com seus enormes dutos, sem que o pessoal de estruturas soubesse a tempo. Quem teve de arrumar tudo foi o pessoal da obra.

O que acha o caro leitor?

5.ª PARÁBOLA – Um desastroso parecer estrutural. O cliente nada pagou, mas o profissional de estruturas quase foi condenado

Vamos contar uma história verdadeira, ligeiramente temperada, já que o objetivo é didático.

Um engenheiro de nome João frequentava o apartamento do primo Antônio e, por isso, conhecia o prédio, como frequentador descompromissado. Aí o primo um dia ligou e disse que o prédio estava com algumas fissuras e que decidira solicitar um estudo a um especialista e que ele, João, fora escolhido para uma proposta.

Aí houve o primeiro erro: como João conhecia o prédio, embora nunca tivesse sido informado das trincas, decidiu fazer a proposta sem visitar o prédio e ver suas fissuras.

Foi apresentada uma proposta de diagnóstico para ser feito em um mês. O síndico do prédio, como tinha uma assembleia do condomínio marcada para a semana entrante, solicitou ao engenheiro que comparecesse a essa assembleia para defender sua proposta de honorários. João, entendendo que estava ainda na fase comercial, pois não fora contratado, compareceu à assembleia. Eis que de chofre, no início da assembleia, alguém lhe perguntou:

– O senhor sabe que temos fissuras. O senhor acha que há risco imediato de colapso?

Atenção para o erro que vai acontecer. Sem assinar contrato e sem vistoriar a obra, João respondeu com uma superficialidade inaceitável:

– O concreto é o melhor amigo do homem e dá muitos avisos antes de entrar em colapso...

A assembleia correu solta e decidiram que o engenheiro deveria ser contratado. A administradora avisou que em uma semana o engenheiro assinaria um contrato. Depois de cinco dias da assembleia, o prédio ruiu e matou várias pessoas, inclusive algumas que ouviram o parecer informal.

Alguns moradores presentes à assembleia e que perderam membros da família e patrimônio denunciaram o profissional à polícia. No inquérito, indiciou o engenheiro como deslize profissional. Entendeu o delegado que um profissional, com contrato ou sem contrato, que emite um parecer mesmo que verbal, e de forma categórica de que o prédio estava seguro, induziu ao uso com risco.

O promotor público fez a denúncia, o engenheiro foi processado, tendo que contratar advogado para se defender, e quase foi condenado pelo juiz.

Moral da história: o fato de ter sido ou não contratado não exime o profissional que emite um parecer prévio tão superficial.

Na nossa opinião, o engenheiro deveria ter respondido, na assembleia do condomínio, que só depois de seu estudo é que ele daria um parecer, por mais sumário que fosse. Sem dúvida que essa postura não evitaria o colapso estrutural, mas pelo menos o profissional não teria sido omisso e induzido pessoas a se despreocuparem por dias.

Claro que o fato de só terem chamado um profissional de estruturas quando o prédio já estava pré-colapsado foi erro do síndico e de todos os moradores e proprietários, com consequências funestas.

6.ª PARÁBOLA – A tecnologia do concreto armado no Acre até os anos 1970 era diferente

A crônica abaixo foi publicada, com algumas modificações, na revista *Engenharia* n. 501, de 1994. Reflete uma realidade do início dos anos 1990, século XX.

Graças a cursos que venho dando[3] em várias cidades e estados do País, encontro realidades tão diferentes da realidade da cidade de São Paulo, onde vivo, que sinto a obrigação de contar, para que outros saibam aspectos bem curiosos da engenharia brasileira regional. Um caso extremo ocorre, por exemplo, na cidade do Rio Branco, capital do Estado do Acre. O Acre é relativamente novo, e sua capital, até o ano de 1992, era a única capital estadual do Brasil que não tinha nenhum acesso rodoviário pavimentado, com outras capitais estaduais.

Para se chegar lá, por rodovia, era preciso vencer uma faixa de dezenas de quilômetros de chão batido, com chuva persistente dia sim e outro também, pois a região localiza-se, lembremo-nos, na região amazônica. Como não há transporte fluvial organizado e nem transporte ferroviário (lá perto, em Rondônia, estão as ruínas da estrada de ferro Madeira–Mamoré), o único acesso alternativo ao rodoviário não pavimentado é o supercaro transporte aéreo. Não é fácil morar em

---

[3] M.H.C. Botelho

10 — CONHECIMENTOS NECESSÁRIOS

Rio Branco. Na cidade não há coleta sistemática de lixo, e o tratamento de água é algo precário. Como são os engenheiros do Acre? Não há no Estado nenhuma escola de engenharia, e os engenheiros, em sua maioria, são oriundos de escolas de engenharia do Nordeste, sendo que, por razões de laços de amizade e companheirismo, cabe à Paraíba fertilizar o Acre com jovens engenheiros.

E como se constrói no Acre? Vamos falar das construções maiores, feitas para a classe média e alta, pois falar das construções populares feitas no Acre pelos próprios moradores não tem novidade. São tão ruins como as de outras capitais deste nosso País. Centremos nossa atenção nas obras de concreto armado, solução estrutural, raiz de nossa engenharia civil. Dizem os livros que para se executar uma obra de concreto armado temos de ter areia, cimento, pedra, aço, água, fôrmas, energia elétrica para as betoneiras e mão de obra.

Analisemos como existe (ou não existe) cada um desses componentes naquelas longínquas paragens (anos 1990):

- Aço – há aço, vindo de outros Estados, mas mais caro, dada as dificuldades de transporte.
- Areia – não há areia que atenda às especificações das normas do bem construir. As existentes são todas extremamente finas, talvez por serem oriundas de rios de baixa velocidade, como são a maioria dos rios da planície amazônica.
- Cimento – claro que todo cimento do Acre vem de fora, transportado por caminhões que tentam cruzar a faixa de terra sem pavimentação e que chove muito, com as consequências de uma não perfeita proteção contra a umidade. E como sabemos, a umidade é o pior inimigo de qualidade de um cimento e por conseguinte de um bom concreto.
- Pedra – é o mais crítico de todos os componentes. Praticamente não há. Sendo uma região plana e sem maciços rochosos, a planície amazônica só tem aqui e ali algumas poucas jazidas de pedregulho que não conseguem abastecer Rio Branco como necessário. Face à falta de brita e pedregulho, usam-se cacos de tijolos. Isso mesmo: cacos de tijolos de algumas velhas (e poucas obras) ou se quebram novos tijolos para isso.
- Água – falta água de qualidade para uso humano. Portanto, a água para o concreto também é um problema.
- Fôrmas – para se fazer fôrmas, precisa-se de madeira. Só que no Acre, terra de Chico Mendes, os órgãos de controle do meio ambiente funcionam, e o corte de madeira é altamente fiscalizado pelo Ibama.
- Energia elétrica – é realmente alternada, não no sentido clássico de atender a valores senoidais de tensão, mas alternada no sentido de, às vezes, ter ou não. A região deve ser campeã em uso de junta de concretagem não programada.
- Mão de obra – quanto aos engenheiros e arquitetos atuantes no Acre, são colegas, com a dificuldade permanente gerada pelos fatos apontados. A mão de obra, é ruim, muito ruim, pois os operários de origem simples que têm um

296 10 — CONHECIMENTOS NECESSÁRIOS

pouco mais de preparo, migram para o Sudeste, em busca de um possível Eldorado. No estado de origem ficam os sem qualquer referência e possivelmente os menos dotados. Essa é a mão de obra e com ela os engenheiros e arquitetos do Acre têm de fazer escolas, centros de saúde, estradas, pontes etc. E fazem.

Assim era a construção civil do Acre até o início dos anos 1990. Acredito que atualmente muitas coisas mudaram, mas algo permanece sempre. É a dificuldade de se obter na região, areia e pedra, estigma de toda a região amazônica".

NOTA 4

A marca do estigma. Se pegarmos a revista *Construção Mercado* da Editora Pini, no artigo "Concreto bombeável dosado em central", n.18, janeiro 2003, página 154, há uma citação:

"Obs.: no Pará (região amazônica), o concreto é preparado com seixo em substituição à brita".

7.ª PARÁBOLA – *Variando os coeficientes de segurança ou os valores das cargas acidentais. Consequências*

A crônica a seguir, do Eng. Manoel H. C. Botelho, tem o objetivo didático de aclarar assuntos que por vezes passam despercebidos pelos estudantes e jovens profissionais.

Caso 1 [4]

Um projeto estrutural de um edifício calculado pelas normas brasileiras foi refeito para ser usado em um país de fala castelhana onde os coeficientes de segurança (acredite, caro leitor) eram duplos em relação aos coeficientes de segurança brasileiros. Veja surpreendentemente como resultaram as cargas nas fundações nessa nova situação. *Você não vai acreditar...*

Caso 2 [4]

E num outro país de fala hispânica, os valores dos coeficientes de segurança eram iguais aos coeficiente de segurança brasileiros, mas a norma de cargas acidentais indicava que essas cargas eram duplas em relação às cargas acidentais brasileiras. Veja o que aconteceu nas cargas transmitidas às fundações nessa outra situação.

Introdução

Esta é uma crônica de objetivos didáticos, para mostrar aos jovens colegas uma compreensão diferente do que normalmente lhes é exposto. Usa-se a técnica botelhana

---

[4] Este é um livro didático e usamos a liberdade didática.

do "exagero razoável" onde aparecem as contradições. Se a Matemática, a rainha das ciências, usa o Método do Absurdo podemos usar a técnica do "exagero razoável". Os frutos do uso desse método didático são bastante interessantes.

O texto e as histórias eu (MHCBotelho) recebi de um colega que pediu para não ser identificado. Conto como ele me contou...

Vamos aos dois casos.

Caso 1

Um projeto estrutural de concreto armado de um edifício de escritórios calculado pelas normas brasileiras de concreto armado e para ser usado no Brasil teve que ser refeito para ser usado em um país de fala castelhana onde os coeficientes de segurança eram duplos em relação aos coeficientes de segurança brasileiros. Veja surpreendentemente como resultaram as cargas nas fundações nessa nova situação. Você não vai acreditar...

Eu, Mr. X, assessor de empreendimentos civis, acompanhei profissionalmente este caso. Um projeto estruturado, usando estrutura de concreto armado, de um prédio de escritórios de quatro andares (térreo mais quatro andares), foi feito por uma empresa de projetos estruturais de muita competência, em estrita observância às normas brasileiras da ABNT (Associação Brasileira de Normas Técnicas). O prédio era para ser construído na cidade de São Paulo e tudo isso aconteceu no ano 2009. O cliente era uma empresa multinacional. Depois do projeto pronto e pago, a empresa multinacional decidiu não construir o prédio no Brasil, e, sim, num país amigo de língua espanhola. A empresa projetista foi consultada (entenda-se paga) para ver as consequências da mudança do país. De posse das normas desse país "hermano", um fato surpreendeu. Nesse país os coeficientes de segurança (coeficientes de ponderação numa linguagem mais normativa) eram duplos em relação aos da norma brasileira de concreto armado (NBR 6118), ou, numa linguagem popular, o dobro, tanto para os coeficientes de minoração de resistência dos materiais como para os coeficientes de majoração de esforços. A causa desses valores duplos não estava ligada ao fato do país ser sísmico (o país não era sísmico), e, sim, por opinião de um consultor que fez nesse país as normas, e para marcar posição e pelo seu poder, decidiu deixar sua marca pessoal inesquecível. As normas previam valores duplos em relação às normas brasileiras (normas brasileiras essas e que acompanham valores aceitos em todo o mundo).

Como eu era o coordenador do empreendimento, decidi do alto do meu poder:

– todo o projeto estrutural seja recalculado de acordo com os coeficientes de segurança duplos do país irmão.

Claro que houve um diz-que-diz-que sobre a minha decisão autoritária (????), e o pessoal que não gostava de mim (por incrível que pareça, eles existiam) passou a me criticar nos corredores e em voz baixa...

298   10 — CONHECIMENTOS NECESSÁRIOS

O projeto foi refeito e veio para mim depois de um mês. O uso de programas de computador faz milagres.

Ao receber os resultados do novo projeto, fui olhar as cargas nas fundações, cujo projeto ainda não fora detalhado.

Vejam as cargas nas fundações no primeiro e segundo casos:

- cargas totais nas fundações, seguindo a norma brasileira: 770 t.
- cargas totais nas fundações, segundo a norma do país irmão, e duplas, como explicado em relação às normas brasileiras: 835 t.

Ou seja, dobraram os coeficientes de segurança, e as cargas transmitidas aos elementos de fundação apenas aumentaram 8,5% (835/770 = 1,085). Claramente houve um erro, pensei eu; e como uma empresa conceituada de projetos deixava passar esse engano?

Chamei de imediato o responsável (ou será um irresponsável ?????????) do projeto e ele me explicou algo que não está nos livros.

Os coeficientes de segurança não geram novas cargas sempre, ou seja, eles são usados exclusivamente para dimensionamento de peças estruturais. Além disso, é preciso considerar que a estrutura de concreto (as fôrmas) são uma aproximação grosseira da solução final e a armadura é a aproximação mais fina da solução. Analisemos os três elementos principais da estrutura, a saber: laje, viga e pilares.

1) Lajes

Assim, uma laje maciça de 7 cm de espessura pode aceitar uma grande variação de cargas, mantendo essa espessura e apenas variando a taxa de armadura.

Mesmo que aumentássemos a espessura da laje para 8 cm, que representa um aumento de peso de 8/7 = 1,14, a nova espessura da laje pode atender a uma nova e maior faixa de cargas, associada à possibilidade de alterar a taxa de armadura.

Lembrar que, em termos de normas brasileiras ou do exterior, o peso específico de uma laje, independentemente de sua taxa de armadura, vale sempre 2.500 kgf/m^3.

Isso quanto às lajes e que correspondem a cerca de 50% do peso de toda a estrutura.

2) Vigas

Quanto às vigas, elas também têm recursos de atender a enorme variação de cargas pois podemos usar:

- maior taxa de armadura;
- usar armaduras em duas camadas;
- usar armadura dupla (superior e inferior).

Logo, um aumento da carga de dimensionamento, face aos coeficientes de segurança duplos, pouco influenciam no formato das vigas, mas digamos que em média de todas as vigas do prédio o aumento foi de 5%, e as vigas correspondem a cerca de 30% do peso total da estrutura.

3) Pilares

Esse é o mais folgado dos elementos estruturais, pois, para economizar fôrmas desde cima da estrutura até embaixo, usamos fôrmas usadas (reúso) a mesma seção. Assim, se os coeficientes de segurança forem duplos, a forma do pilar em geral atende, variando-se apenas a taxa de armadura. Então digamos que, face ao duplo coeficiente de segurança não aumentaram-se as seções dos pilares e o peso dos pilares corresponde a 20% do total do peso transmitido às fundações.

Os pesos das alvenarias não sofrem efeitos pelos coeficientes de segurança duplo como nesse país de língua castelhana. Vejamos agora o que aconteceu com as cargas nas fundações com a alteração do coeficiente de segurança e admitamos, só para exemplo, uma estrutura com peso de 1.000 t dirigida aos elementos de fundação.

Cálculo da variação de carga transmitida às fundações:

Carga nas lajes

$$50\% \times 1.000 \text{ t} = 500 \text{ t}$$

com os coeficientes duplos de segurança, resulta, por hipótese:

$$500 \text{ t} \times 1,14 = 570 \text{ t}$$

Carga das vigas

$$30\% \times 1.000 \text{ t} = 300 \text{ t}$$

com os coeficientes duplos, por hipótese, as cargas aumentam para:

$$300 \times 1,05 = 315 \text{ t}$$

Carga nos pilares

$$20\% \times 1\ 000 = 200 \text{ t}$$

com os coeficientes duplos, por hipótese:

$$200 \text{ t} \times 1,0 = 200 \text{ t}$$

(sem aumento de carga, pois as seções se mantiveram).

300 10 — CONHECIMENTOS NECESSÁRIOS

Resumo das informações até aqui:

Logo o novo peso da estrutura calculada com os coeficientes de segurança duplos será estimado em:

$$570 + 315 + 200 = 1.085 \text{ t}$$

Se compararmos com o peso da estrutura calculado pelas normas brasileiras que foi de 1.000 t (hipótese para comparação) o aumento porcentual foi de:

$$1.085/1.000 = 1,085 \text{ ou seja menos de } 10\%.$$

Se compararmos com o caso real do prédio com o novo projeto e com o detalhamento e cálculo de todas as cargas agora com coeficientes de segurança duplos então 835/770 = 1,084 (carga nas fundações acrescida de 19,4%) é compatível com o número conceitual de 1,085% acrescido nas fundações).

Feito isso aceitei os novos cálculos estruturais do prédio de concreto armado e o mesmo foi executado com o aparente (só aparente como vimos) paradoxo estrutural ou seja os coeficientes de segurança dobraram mas as cargas nas fundações só aumentaram de cerca de 10,85%

NOTA 5

Atenção, atenção: Observação de um leitor atento e com sensibilidade de custos. O valor duplo dos coeficientes de segurança pouco aumentou de carga que levou para as fundações, mas em termos de custo de construção aumentou a taxa de aço por m³ de concreto, e o aço custa bem mais que o concreto e, portanto, aumentou o custo da obra.

NOTA 6

A quantidade de aço por m³ de concreto para todo um prédio convencional varia em torno de 130 kgf/m³ de concreto, com variação de 15% para cima e para baixo. Mais que isso desconfie...

Caso 2

E num outro país de fala espanhola, as cargas acidentais eram duplas em relação às cargas acidentais brasileiras, mas os coeficientes de segurança iguais aos daqui. Veja o que aconteceu nas cargas transmitidas às fundações nessa situação.

Imaginemos o mesmo prédio de escritórios com 1.000 t passadas para as fundações, segundo cálculo pelas normas brasileiras de cargas e de projeto (NBR 6118). Podemos admitir:

Total do peso das cargas acidentais = 50% do peso total

Logo, o total do peso das cargas acidentais nesse prédio (brasileiro) = 50% × 1.000 t = 500 t, total do peso das peças estruturais (peso morto e que corresponde à lajes, vigas, pilares, paredes e revestimentos) = 50% do total dando 500 t.

Como, por hipótese, as cargas acidentais são pela norma desse país de língua castelhana duplas em relação as cargas acidentais brasileiras, elas resultam:

$$500 \ t \times 2 = 1.000 \ t$$

Com o aumento do peso das cargas acidentais, para resistir a isso, as estruturas devem crescer, mas pelo visto no caso anterior isso variará em torno de no máximo 15%. Logo, o peso das estruturas crescerão para

$$500 \times 1,15 = 575 \ t$$

Então as cargas transmitidas às fundações serão nesse caso:

$$500 \times 2 + 575 = 1.575$$

Crescimento das cargas comparadas com as cargas acidentais brasileiras:

$$1.575/1.000 = 1,575 \ ou \ seja \ 57,5\%.$$

Creio que os resultados surpreendem. E como dizia um conhecido líder religioso:

"Se eu errar, corrijam-me…"

8.ª PARÁBOLA – Mensagem a Garcia e a comparação com uma obra estrutural de um prédio, de sua concepção, projeto, construção, uso e mau uso

crônica estrutural do Eng. Manoel Henrique Campos Botelho

1. Introdução – Mensagem a Garcia

Esta é uma historieta muito conhecida na década de 1940, contando a história de uma mensagem que tinha de ser entregue pessoalmente a um general de nome Garcia, que enfrentava uma luta cruel contra um terrível inimigo invasor e que precisava ser avisado de que reforços de monta estavam a caminho e que Garcia deveria resistir até essa chegada. Essa mensagem foi levada por um corajoso jovem estafeta (mensageiro) que, sem fazer muitas perguntas e usando os recursos que tinha, chegou até Garcia, entregou a mensagem e no final, final feliz, Garcia resistiu, os reforços chegaram a tempo e ele ganhou a batalha.

2. Modernizemos a história

Uma carga importante deve ser entregue a um cidadão de nome João Libório, que mora numa pequena cidade do norte do País. João Libório é o nosso Garcia. Foi escolhido o transportador (caminhoneiro autônomo) de nome Ricardo, morador em São

10 — CONHECIMENTOS NECESSÁRIOS

Paulo, que com seu caminhão iria transportar a carga que João Libório esperava ansiosamente. Ricardo, como no caso do estafeta (mensageiro) da mensagem a Garcia, era um homem prático e objetivo. A cada problema, uma procura de solução.

Vejamos as providências do caminhoneiro Ricardo.

- primeiro acertou seus honorários e impôs um bom adiantamento monetário, face às despesas de caminhão e pessoais que teria na viagem;
- comprou o Guia Quatro Rodas no jornaleiro e que ensina como chegar rodoviariamente àquele estado. O nome do município não constava do mapa, tão pequeno que era e sem outros atrativos;
- com os dados desse guia, fez um planejamento grosseiro da viagem. As grandes variáveis eram os locais onde dormir;
- iniciou a viagem obedecendo às distâncias, locais de reabastecimento de combustível e de pouso noturno;
- no meio da viagem aconteceu um acidente que criou um engavetamento que atrasou o planejamento da viagem em quase duas horas;
- uma ponte quebrada criou outro atraso de mais uma hora;
- chegando ao estado de destino, num posto de gasolina ainda próximo do limite estadual, comprou o mapa rodoviário do estado, onde constava o nome da pequena cidade de Nova Aripuanam do Norte, sua cidade alvo, e constava a estrada que permitia o acesso à ela;
- chegando à cidade de Nova Aripuanam do Norte, foi até ao jornaleiro para comprar o mapa da cidade, e este mapa existia e indicava a rua alvo (rua Boa Esperança), bem perto do centro da pequena e pobre cidade;
- chegando à rua Boa Esperança descobriu que na rua não havia numeração de lotes , nem de residências, e nem no seu papel (roteiro de entrega que recebera) com o endereço de João Libório constava o número da casa; mas na esquina dessa rua havia um barbeiro e foi nesse centro comunitário (??) que foi dita qual a casa onde morava o destinatário;
- o motorista estafeta Ricardo chegando à casa notou que era um coletivo de residências e o João Libório morava na porta 4. Chegando a essa porta, foi chamado o seu João Libório, mas a mulher que atendeu perguntou:
  - João Libório pai ou João Libório Filho?

Era para o jovem João Libório Filho, que acabara de acordar, afinal era apenas 10h da manhã...

A mercadoria foi entregue ao destinatário, que teve de assinar um recibo.

A missão tinha terminado e o motorista Ricardo foi descansar para começar a fazer a longa viagem de volta daquela pequena cidade nortista até São Paulo.

O que João Libório Filho, o destinatário, fez com a encomenda? O que seria a encomenda? Seria dinheiro? Seria algum livro? Seria algum remédio? Seria um recado amoroso de uma sulista apaixonada?

Não se sabe, mas a expressão de João Libório Filho ao receber a encomenda foi de felicidade...

É isso que sabemos e com isso a primeira parte da história termina aqui.

Façamos agora uma história analógica.

3. A ideia da construção de um prédio

Um rico investidor era dono de um bom terreno urbano, numa área pouco edificada e somente ocupada com casas térreas e desejou construir nesse terreno um centro comercial. Reservou para isso uma verba de R$ 3.000.000,00 e chamou profissionalmente[5] um arquiteto para fazer um estudo inicial. O arquiteto, com as dimensões do terreno, as restrições urbanísticas para construir da cidade e considerando um preço de custo de construção da ordem de R$ 1.500,00/m^2, bolou um prédio de 2.000 m^2 distribuídos em quatro andares (térreo mais três), cada um com cerca de 500 m^2. Quanto ao uso do prédio a instrução do incorporador foi clara, taxativa e até ríspida:

– Uso comercial geral, uso comercial geral...

Com essas premissas, o projeto arquitetônico foi desenvolvido, mas, por cautela, o arquiteto exigiu[6], previamente (eu falei previamente):

- levantamento topográfico do terreno;
- cinco pontos de sondagem geotécnicas do terreno.

O proprietário ficou uma fera com os pedidos, pois dizia que o terreno era plano como uma mesa de bilhar. Mas o levantamento topográfico indicou para surpresa do investidor:

- havia um desnível de 30 cm de uma extremidade diagonal a outra;
- o terreno à esquerda tinha sido invadido, cerca de 40 cm, pelo proprietário de um galpão,
- o terreno à direita tinha sido invadido pelo vizinho, de 63 cm.

Foi uma sorte ter os dados na mão, pois o projeto pode ser desenvolvido sem problemas e os resultados da sondagem recomendaram o uso de simples fundação direta (sapatas).

O projeto arquitetônico foi terminado e acompanhado pelo projetista da estrutura, que também tinha sido contratado previamente[7]. O investidor não entendera que o

---

[5] Espero que os jovens arquitetos e engenheiros entendam essa nota.

[6] Gostaria que todos os profissionais fizessem isso.

[7] Só nas crônicas do Botelho essas coisas acontecem. O autor das crônicas parece que vive num mundo ideal e sem pecados...

304 10 — CONHECIMENTOS NECESSÁRIOS

projetista da estrutura e das instalações hidráulicas e elétricas tinha de participar do empreendimento desde o início, no assessoramento do arquiteto.

4. A construção do prédio

Todos os projetos prontos, foi contratada uma construtora séria. O engenheiro da construtora e exatamente por ela ser séria, ao receber os desenhos de fôrma e armação da estrutura do prédio, começou a fazer várias pequenas alterações nesse projeto estrutural, para otimizar soluções. Os desenhos foram alterados a lápis, na cópia da obra, e isso não foi comunicado ao projetista da estrutura. Coisa pequena (?) a gente não avisa, pois o projetista pode não concordar e vai querer cobrar pelo trabalho (????). Os desenhos modificados foram para a obra e o Seu Joaquim, o mestre de obras, fez também suas sugestões de mudança do projeto estrutural, e tudo foi aceito sem escrever nada nos desenhos, como é a regra.

A obra começou.

Nem todas as recomendações do Seu Joaquim foram atendidas pelo Seu Asvaltencir, o armador, que, quando Seu Joaquim se ausentava da obra, sempre mudava alguma coisinha da orientação verbal recebida dos desenhos de armação, modificados a lápis. Isso acontece e muito mais...

Durante as escavações para as fundações verificou-se visualmente que o terreno denunciava uma mudança geológica que não pareceu ser muito grave.

O engenheiro estrutural chamado[8] depois de ver o novo solo, mandou tocar a obra sem modificações, pois a estrutura tinha alto grau de hiperestaticidade[9] e, com isso, os possíveis pequenos recalques diferenciais, se acontecessem, não preocupavam.

A obra avançou e se chegou ao fim da estrutura.

Claro que não se fez prova de carga da estrutura pois a norma não o exige explicitamente.

Daí a uns meses, a obra ficou pronta em geral, ou seja, um prédio de quatro andares, de uso comercial geral e com área total de cerca de 2.000 m^2.

5. O uso do prédio

Vejamos alguns usos do prédio que resultaram:

---

[8] Esse engenheiro estrutural foi a obra; nada falou de honorários, pois desconhecia o problema, deu a orientação verbal e quando depois foi tentar receber algo, algo que fosse, recebeu a informação do investidor que esse tipo de trabalho normalmente (!!!!!!!?????) não é pago, o que é realmente incorreto mas verdadeiro.

[9] Alto grau de hiperestaticidade, ou seja, uma grande amarração laje com laje, laje com vigas, vigas com vigas, vigas com pilares e pilares com as sapatas de fundação. Na estrutura, nada estava solto e com a possibilidade de trabalho (deformação) independente.

10 — CONHECIMENTOS NECESSÁRIOS

305

- andar térreo – lotérica, na verdade centro do jogo do bicho do bairro (dizem que a lotérica é do vice-prefeito);

- andar térreo – copiadora;

- primeiro andar – centro de ginástica aeróbica, com a sua vibração implacável e não prevista no projeto estrutural, que previa uso comercial (escritórios);

- segundo andar – escritórios de advogacia e uma manicure;

- terceiro andar – livraria, sebo, com seus enormes pesos, e sala de consultórios médicos.

Preocupariam:

- a livraria, sebo do terceiro andar;

- primeiro andar – centro de ginástica aeróbica.

O prédio em pauta começou a sofrer intensa ação do sol na sua frente, mas no lado do fundo nada recebia de insolação, face à construção ao lado de um novo e alto prédio vizinho[10]. Claro que essa diferença de insolação gera tensões de deformação diferentes. Será que o projetista estrutural levou isso em conta???? Claro que não. Foi chamado outra vez o engenheiro estrutural que, por experiência sofrida, estabeleceu previamente os honorários pela visita e preparação de um relatório. O investidor concordou a contragosto com os honorários da visita (algo como duas horas de trabalho) mas prescindiu do relatório dizendo:

– Basta falar se pode ou não usar a obra...

O engenheiro calculista nada viu de mais grave no prédio e no fato de sua estrutura de concreto armado ter de receber esforços provenientes da diferença de dilatação fruto do sol na frente sem sol nos fundos[11].

6. O prédio hoje

Passaram-se dez anos da construção do prédio. Hoje, o estado hoje do prédio está como a seguir se conta:

- em alguns poucos pontos, a armadura que estava muito próxima da superfície se oxidou, tudo isso denunciado pelo pequeno caldo vermelho amarronzado que saía do ponto (língua marrom);

---

[10] Esse novo prédio ofendia a todas as regras urbanísticas da cidade, mas era obra do irmão do presidente da câmara de vereadores, e, com isso, foi aceita pela prefeitura.

[11] Outra vez a frase: "Nada a se preocupar". O alto grau de hiperestaticidade, ou seja, uma grande amarração laje com laje, laje com vigas, vigas com vigas, vigas com pilares e pilares com as sapatas de fundação cria uma solidariedade como nas famílias italianas e de origem árabe. Na estrutura nada estava solto e com a possibilidade de trabalho (deformação) independente. É como nas famílias italianas e de origem árabe: todos juntos, mas, às vezes uns se metem na vida dos irmãos, e quase tudo termina quando da morte do patriarca e da matriarca da família.

- a laje externa, que tinha sido impermeabilizada, começou a deixar passar umidade, que atacou um trecho de uma viga de concreto armado da estrutura;

- não há sinais de flechas ou fissuras na estrutura.

Comparações entre a história da Mensagem a Garcia e a história da construção e uso do prédio

Mensagem a Garcia	O planejamento, construção e uso do prédio.
Ordem: mandar a encomenda	O investidor fixou o terreno e o total a gastar.
Comprar o Guia Quatro Rodas na banca de jornais	O arquiteto analisou as restrições do terreno e da prefeitura que geram limites de uso.
Planejamento de qual estrada usar, baseado no Guia	Estudar a topografia do terreno e os resultados da sondagem.
Com base no Guia, planejar dia a dia de viagem, onde dormir, onde almoçar, onde se restabelecer de combustível.	Projeto arquitetônico, projeto estrutural e de instalações.
Pegar o dinheiro para a viagem e parte dos honorários	Contratação da execução da obra
Início da viagem de caminhão	Começa a obra.
Acidente na estrada	O solo de uma parte do terreno era pior que o resto. A hipótese do alto grau de hiperestaticidade da estrutura faz com que nos despreocupemos das consequências.
Problemas nas estradas	Mudanças nos projetos.
Furou um pneu do caminhão	Intransigência e experiência do mestre de obras geram mudanças na obra em andamento sem consultas ao projetista estrutural.
Defeitos numa ponte atrasam a viagem, mas não a impedem.	O pessoal de obra não segue em tudo a orientação do mestre de obras. O alto grau da hiperestaticidade absorve tudo isso, espera-se.
Chegada na cidade e orientação da localização da casa	A obra avança com qualidade e razoavelmente dentro do cronograma.
A procura do destinatário: não era o pai, e, sim, o filho	Choppada de começo de fim de obra. Não se fez prova de carga.
A entrega da encomenda.	Fim de obra e começo de uso.
O que João Libório Filho vai fazer com a encomenda? Ele usará a encomenda para o bem ou para o mal? Alguém tem a resposta??????	O uso não previsto do prédio com depósito de livros e centro de ginástica aeróbica, além de pontos oxidados da armadura e a infiltração de água, prejudicam a vida útil do prédio? Alguém tem a resposta??????

E como todas as historietas e crônicas, um final feliz... Tão feliz, que o rico empresário dono do prédio mudou-se com seus escritórios para um andar do prédio e não foi o andar da sala de ginástica aeróbica, aliás frequentada pela filha do feliz investidor...

> **NOTA 7**
>
> Um detalhe esquecido. A obra resultou em 23% mais cara que os R$ 3.000.000,00 previstos inicialmente e isso foi explicado (????) assim:
>
> 1. inflação, embora no período da obra esta não tivesse ultrapassado, no total, 3% ao ano;
>
> 2. toda a obra gera custos imponderáveis e os números índices de custo (R$1.500,00/m²) não incorporam esses imponderáveis que são imponderáveis pela sua própria natureza ...[12].
>
> Pelo menos isso é o que foi explicado ao investidor. que só em parte se satisfez com a resposta.

Final da história.

9.ª PARÁBOLA – *Uma obra está recebendo às vezes concreto de uma usina central com muito maior fck do que o previsto no projeto. Veja as diferentes posturas de quatro engenheiros de obra face à essa situação*

Atenção. Esta é uma crônica do Eng. Manoel H. C. Botelho, com finalidade didática, mas que pode acontecer e ilumina a construção civil como uma atividade técnica e empresarial, detalhe que por vezes passa despercebido por jovens engenheiros, arquitetos e tecnólogos.

Vamos à história.

Uma obra de um edifício comprava concreto usinado de um fornecedor e mandava fazer, como é correto, controle de qualidade do concreto (moldagem do corpos de prova) por uma empresa independente de tecnologia.

O fck fixado no projeto era fck = 20 MPa. Quando a obra estava em pleno andamento, começaram a chegar os resultados do controle de qualidade, e, por incrível que pareça, os fck dos concretos entregues eram em geral de 35 MPa, e em duas vezes o fck foi de 40 MPa. Isso surpreendeu a todos da construtora, pois sabidamente com o crescer do fck, o concreto é mais caro.

Só como referência na Revista Guia da Construção n. 108, julho de 2010, os custos (SP) do concreto convencional dosado em central, abatimento (slump) de 5 cm, britas 1 e brita 2 eram em função do fck:

---

[12] Se acontecem em todas as obras, como são imponderáveis ????? pergunta não feita pelo investidor...

fck – 20 MPa – R$ 232,04/m^3
fck – 25 MPa – R$ 254,26/m^3
fck – 30 MPa – R$ 275,04/m^3
fck – 40 MPa – R$ 310,56/m^3

Vejamos as reações e atitudes de quatro engenheiros face a esse fornecimento aparentemente esdrúxulo, cada engenheiro com sua verdade pessoal:

Respostas do engenheiro 1 – com personalidade bem fraca:

"Fiz um curso de tecnologia do concreto e aprendi que quanto maior o fck, mais durável é o concreto. Esse concreto fornecido com maior fck que o previsto como necessário vai durar de 100 a 200 anos e se deformar muito menos. Logo, não façamos nada e vamos aceitar esses concretos com maior fck e nada falemos com a usina. Azar deles, vantagem nossa..."

Resposta do engenheiro 2 – com curso de administração de empresas:

"Vamos rever os documentos de compra do concreto. Talvez o erro seja nosso e estamos recebendo e pagando por um concreto mais caro e mais resistente do que precisamos, porque o concreto que precisamos tem fck de 20 MPa".

Resposta do engenheiro 3 – com curso de filosofia tomista, gaussiana e lógica cartesiana:

"Paremos imediatamente o recebimento do concreto dessa usina. Possivelmente eles não sabem dosar concreto usinado. Hoje eles fornecem, por descontrole, um concreto com fck muito superior, mas amanhã eles podem fornecer um concreto com menor fck que o de projeto, com consequências enormes. Lembremos que a Curva de Gauss tem dois lados simétricos... Hoje o fck pode ser bom, mas amanhã o fck pode ser ruim..."

Resposta do engenheiro 4, com cabelos brancos e rugas na testa:

"Vamos conversar com a usina de concreto. Talvez eles tenham uma explicação para o fenômeno de entregar um concreto de maior resistência e, portanto, mais caro do que o solicitado".

O engenheiro 4 foi à usina e descobriu tudo. Nas imediações da obra em questão, essa usina também fornecia concreto de maior resistência para duas obras de terceiros. Só que essas duas obras eram um caos, bagunça total. O caminhão com concreto chegava com o concreto dessas obras e o pessoal de obra não sabia, e nem todas as fôrmas estavam prontas. Não dava para descarregar o concreto. Numa dessas obras, o fck do projeto era de 35 MPa, e, na outra, fck de 40 MPa.

No resto, tudo igual. Diante da confusão dessas duas obras próximas, a solução encontrada pela usina tinha sido, sem avisar, desviar o caminhão de concreto para a obra em pauta do fck = 20 MPa, se as fôrmas estivessem prontas. E então descarregava o concreto. Daí o fck muito alto...

10 — CONHECIMENTOS NECESSÁRIOS

10.ª PARÁBOLA – Projeto estrutural para uma ou mil edificações, uma surpreendente questão a considerar

Um projetista de estruturas e professor (Prof. Joaozão, como era chamado), era respeitado pelo seu saber e didatismo[13]. Ao ser solicitado a fazer uma proposta de cuidados e detalhes estruturais para o projeto de uma casa térrea popular (algo como tendo uns 90 m²), fez uma surpreendente pergunta:

– Esse trabalho intelectual de engenharia para o qual você deseja uma proposta minha é para uma edificação que vai ser feita uma vez ou dezenas, e, às vezes, centenas de vezes?

Quem solicitou a proposta estranhou e perguntou:

– Isso muda o projeto estrutural?

A resposta foi:

– Sim, um projeto estrutural para uma edificação que será construída uma só unidade é uma coisa, e se esse projeto for repetido mil vezes, a solução estrutural pode ser completamente diferente.

O cliente, um jovem engenheiro empresário da construção civil, perguntou com a reverência dos que querem aprender:

– Mestre, ensina-me isso, pois isso eu não aprendi na minha escola de engenharia quando lá estudei.

O Prof. Joaozão explicou (atenção, atenção para suas palavras que, costumeiramente, não estão escritas nos livros.):

Um projeto estrutural de uma edificação que vai ser construída uma só vez e, portanto, sem repetição não toma cuidados que só são razoáveis de tomar quando a repetitividade (cem vezes, mil vezes) justifica pois pequenas economias no projeto nesse caso de grande repetição, repetem-se centenas e milhares de vezes.

Assim:

1. no projeto de uma casa térrea de alvenaria com cobertura de laje pré-moldada no seu espaldar (topo da alvenaria), é comum colocar-se uma cinta de distribuição de esforços da laje sobre essa alvenaria. Se eu for projetar uma casa de fim de semana para um cliente, considerando que dificilmente eu terei apoio geotécnico proveniente de sondagem geotécnica, eu coloco essa cinta. Todavia, se eu for construir mil casas (conjunto habitacional), eu procurarei apoio geotécnico, e levando em conta as características do terreno, eu talvez não recomende essa cinta, pois não existe nada mais distribuidor de carga sobre seus apoios que uma laje maciça ou pré-moldada.

2. Em sobrados de alvenaria colaborante sempre existe a necessidade de vigas se apoiarem ou em pilares de um só lance (lance do andar térreo), ou se apoiar, na

---

[13] Só era algo irritadiço.

alvenaria, com um cuidadoso coxim – travesseiro). Caberá a construtora analisar, em termos de custo, a opção mais barata, sempre lembrando que essa opção econômica se repetirá mil vezes.

3. Há, por vezes, uma paranoia em edificações térreas em se fazer fundações por brocas ou outro tipo de pequenas estacas, quando o terreno indica que a fundação direta por sapata pode ser a melhor solução, ou seja, a solução que atende ao desejado e custa menos. Em grandes conjuntos populares, onde a solução se repete centenas de vezes, a adoção de fundação direta pode gerar aqui e ali fissuras/trincas em algumas edificações, pois o terreno muda geotecnicamente bastante de local para local. Mas da ocorrência de problemas de fissuras/trincas em algumas poucas edificações e que gerarão custos de reparos, esses custos por vezes são bem menores que a economia gerada pela fundação direta.

E o mestre completou:

Afinal de contas, o projeto estrutural para o qual você me pede uma proposta de serviços de engenharia é para uma ou para centenas de casas?

NOTA 8

Um leitor, auditor deste trabalho, antes da sua publicação fez mais um adendo. Quando se vai fazer o projeto estrutural de uma residência, o correto é usar o menor número de diâmetros do aço razoável. Não se justifica comprar ferros de muitos diâmetros. Problema de compra, estocagem e uso.

Quando se vai fazer o projeto de dezenas de casas sobrados iguais, vale a pena aumentar o número de diâmetros (bitolas) para permitir uma aplicação feita sob medida para a construção dessas casas.

Uma historieta

Num curso que um dos autores vem dando em várias localidades em associações de engenheiros e arquitetos de todo o Brasil, um aluno estranhou a expressão "projeto estrutural de uma casa térrea popular" e fez a seguinte pergunta em tom de crítica:

" – O professor vai me dizer que uma casa térrea popular exige projeto estrutural ?"

A resposta do Prof. Joãozão foi implacável. Preparemo-nos.

– Você está confundindo projeto estrutural com cálculo estrutural. Casa térrea (popular ou não) não precisa, para profissionais experientes, de cálculo estrutural, mas precisa:

1. ida ao local da obra para ver suas características;

2. verificação de como foram construídas as casas das imediações, com problemas e sem problemas;

3. sondagem ou poço aberto com trado para verificar o solo;

4. teste feito pelo mestre de obras quanto à cravação de um tubo metálico, e ver se entra fácil ou com dificuldades. Entrando fácil, é péssimo sinal (ver o livro "Quatro edifícios, cinco locais de implantação, vinte soluções de fundações", pág. 141, sobre a Marreta do Seu Luizinho);

5. escolha do tipo de fundação, tipo de alvenaria e laje de cobertura;

6. detalhes de vergas sobre janelas (verga em cima e embaixo da janela) e verga em cima de portas;

7. verificação da qualidade e tipo da alvenaria disponível no local;

8. verificar se existe fabricação, local de lajes pré-moldadas, e se existe nas imediações empresa central de concreto, caso haja necessidade de adoção de laje maciça de cobertura. Análise do uso de lajes treliças;

9. eventual uso de uma viga em varandas suportando carga de telhado;

10. cuidados com uma viga baldrame eventualmente necessária;

11. se o terreno for muito inclinado, deve haver desnível de fundações e esse desnível não deve ser enorme e em hipótese nenhuma usar alvenaria inclinada. Prever transições limitadas de altura.

E o Professor Joaozão perguntou finalmente de forma provocativa:

– A construção de casas térreas exige ou não um projeto estrutural, entendido projeto como cuidados estruturais?

Ouviu-se uma simples resposta do jovem engenheiro, que era honesto intelectualmente:

– É, agora com suas ponderações, reconheço que precisa de projeto estrutural...

Nota de final de parábola

Um fato que aconteceu realmente. Um respeitado profissional de estruturas, recentemente falecido, conhecido por muitos arquitetos como o "Nervi brasileiro"[14], foi contratado para projetar a estrutura de um restaurante industrial para uma multi--nacional. No contrato não se especificou a razão da contratação. O restaurante foi construído, e como essa multinacional tinha mais três unidades industriais em outras cidades, o mesmo projeto estrutural foi repetido mais três vezes e sem consulta ao autor e principalmente sem o pagamento do reúso dos direitos autorais desse projeto estrutural. Sabendo do fato, o "Nervi brasileiro" sentiu-se prejudicado e, depois de esgotar tratativas pacíficas de recebimento de honorários adicionais, entrou na justiça

---

[14] E para quem não sabe, Nervi é um conhecido engenheiro estrutural italiano, famoso pelas suas soluções estruturais.

exigindo novos honorários. Ele ganhou, e a multinacional teve de fazer acordo no final, final feliz.

Críticas contundentes

1. À multinacional que, reusou sem ordem um trabalho e mesmo pressionada não quis pagar o acréscimo de honorários.

2. Ao saudoso "Nervi brasileiro", que na hora da negociação inicial do contrato não colocou nesse documento um destaque para uso único do projeto ou uma cláusula de acréscimo, se e quando houvesse repetição de uso de um trabalho profissional.

3. Ao Professor Joaozão, que, como o "Nervi Brasileiro", cuidou de tudo, mas esqueceu-se (como é de hábito entre nós) de cuidar de si mesmo, ou seja, "esqueceu-se" de falar que quando um projeto estrutural vai ser repetido, os honorários profissionais devem ser discutidos dentro dessa ótica.

4. O autor Manoel Henrique Campos Botelho trabalhou por um período em um cargo de contratação de projetos estruturais! Por incrível que pareça, algumas propostas de engenheiros indicavam o valor dos honorários, mas não as formas de pagamento.

CAPÍTULO 11

ALGUMAS INFORMAÇÕES ADICIONAIS

11.1 HONORÁRIOS ESTRUTURAIS

Quanto se deve cobrar por um projeto estrutural? Como comparar a outros projetos civis?

Há várias publicações que procuram orientar como cobrar, usando os parâmetros como regras básicas:

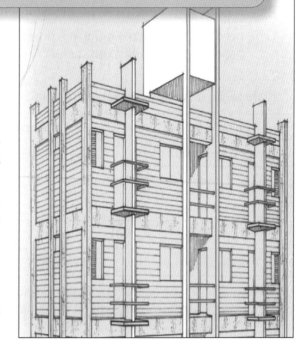

1) Critérios de entrada:
   - vulto da obra medido em área total construída;
   - número de desenhos e documentos a produzir;
   - tempo a ser gasto;
   - custo do empreendimento e a consequente responsabilidade estrutural do profissional;
   - complexidade estrutural;
   - tipo de cliente, se paga em dia ou não;
   - condições de mercado. Na falta de serviço, os preços tendem a cair, quando há excesso de serviço, os preços tendem a aumentar: regra essa é a de economia de mercado do capitalismo, a lei da oferta e da procura.

2) Um critério simplificado foi no passado recente cobrar por desenho A1, sendo que em dezembro de 2001, pagava-se em São Paulo cerca de R$ 180,00 por desenho, quando o dólar americano era cotado a R$ 2,50.

   Esse critério deixou de ser usado face ao uso do sistema CAD de desenhos de projetos.

3) Uma entidade estatal utilizava os seguintes critérios para remunerar os trabalhos relativos ao projeto estrutural (e outros) de unidades escolares não padronizadas.

Critérios de entrada:

V = valor em reais arbitrado pela entidade para pagar a elaboração dos serviços;

A = área total de construção, sem beiral (entre eixos);

C = preço médio em reais por m^2 de construção de uma edificação, conforme orçamento padrão da entidade.

Elaboração de projetos – Tabela padrão

Tipo de projeto	Ampliação	Obra nova
Arquitetura	$V = 1,25 \times C \times \sqrt{A}$	$V = 1,20 \times C \times \sqrt{A}$
Estrutura	$V = 0,67 \times C \times \sqrt{A}$	$V = 0,67 \times C \times \sqrt{A}$
Hidráulica	$V = 0,25 \times C \times \sqrt{A}$	$V = 0,23 \times C \times \sqrt{A}$
Elétrica	$V = 0,28 \times C \times \sqrt{A}$	$V = 0,26 \times C \times \sqrt{A}$
Incêndio	$V = 0,04 \times C \times \sqrt{A}$	$V = 0,04 \times C \times \sqrt{A}$

Devemos observar que se paga mais por uma reforma e ampliação do que por um projeto novo, visto que é mais difícil trabalhar com reformas.

Os serviços a serem prestados que não se enquadrarem nos itens aqui especificados poderão, a critério da entidade, ser remunerados por prancha técnica A1 com os valores, considerando cada tipo de projeto:

arquitetura – 2,50 C;

estrutura – 2,00 C;

hidráulica – 1,15 C;

eletricidade – 1,66 C.

Outra alternativa é a remuneração por hora técnica, com os valores seguintes:

consultor – 0,175 C;

profissional sênior – 0,138 C;

profissional júnior – 0,088 C;

projetista – 0,088 C;

desenhista – 0,044 C;

auxiliar – 0,019 C.

Curiosidade

Uma análise atenta dos preços dessa entidade mostra que os serviços de arquitetura estão ligeiramente mais bem pagos que os serviços estruturais. Há uma razão. Essa entidade oficial é tradicionalmente comandada por arquitetos.

Como diz o pensamento popular:

"Quem parte e reparte
e não fica com a melhor parte,
ou é bobo
ou não entende da arte..."

NOTA 1

Projetar a estrutura de concreto armado de uma nova escola com área a ser construída, de 2.000 m^2.

Hipótese - Preço de construção orçado em R$ 700,00 /m^2.

Honorários do projeto estrutural - Tabela padrão

Honorários $= V = 0,67 \times C \times (A)^{1/2}$

$V = 0,67 \times 700 \times (2.000)^{1/2} = 0,67 \times 700 \times 44,72 = $ R$ 20.973,68

A hora do profissional junior de nível superior é R$ $0,088 \times 700 = $ R$ 62/hora

---

NOTA 2

Em março de 1996, o dólar custava R$ 1,20 e o valor de C era de R$ 554,87.

Referências bibliográficas

"Em defesa da ética e pela valorização profissional". Entrevista concedida pelo engenheiro Sérgio Vieira da Silva à revista *TQS News*, ano II, n.14, de dezembro de 2002.

"Responsabilidade Estrutural", artigo publicado também na *TQS News*, ano II, n. 14, de outubro de 2002.

Outras fontes de informação: tabela de honorários padrões do Instituto de Engenharia de São Paulo e o site: <www.institutodeengenharia.org.br>.

11.2 AS VARIÁVEIS FORMADORAS DO CUSTO DE UMA ESTRUTURA PREDIAL DE CONCRETO ARMADO

Seja um certo prédio e vamos discutir as variáveis que influenciam o custo de sua estrutura, as quais são:

Concepção estrutural – Para um mesmo prédio, podemos ter várias concepções estruturais. Há soluções felizes que conduzem a obras econômicas. Há soluções infelizes que levam desnecessariamente a obras mais caras. Obra econômica não é a que menos material usa, mas aquela que minimiza a somatória de custos de todos os insumos como:

- prazo de execução;
- mão de obra;
- materiais;
- custos de manutenção ao longo do tempo.

Os autores têm visto prédios de três andares cujos projetos estruturais têm visíveis deficiências. Em um, o projetista da estrutura colocou pilares em todos os cruzamentos de vigas. Pode-se assegurar que há muito mais pilares do que o necessário, gerando problemas de circulação de carros no andar térreo.

Às vezes, para ganhar tempo, pode-se optar por uma solução que em outras circunstâncias não seria a melhor.

Os autores deste livro participaram de um grande empreendimento civil em que o cliente optou por padronizar tudo, desde o fck do concreto, o tipo de aço, de bitolas da armadura. Em algumas partes dessa obra enorme, usou-se uma solução que numa obra normal não seria aceitável, mas no caso específico foi a melhor opção. Assim, no caso, usou-se (ou pelo menos pagou-se) concreto com fck - 200 kgf/cm^2 para concreto magro. É que não havia no contrato com a empreiteira um item para concreto magro. Como a situação requeria urgência, usou-se a solução mais cara, porém mais econômica quanto ao prazo. Há que se ter sensibilidade e maturidade para enfrentar essas situações.

Volume da estrutura – Claro que há uma relação entre o custo da obra e seu volume. Quanto maior a obra, maior seu custo, mas pode-se dizer que quanto maior a obra, menor deve ser seu custo unitário.

Tipo de obra – Obras com concreto aparente são mais caras do que concreto sem essa exigência, por exigirem melhores formas e concretos com maior *slump* para a mesma resistência estrutural.

Época da obra – Na época seca, a obra em todo o país tende a custar menos que na época úmida, por causa do transtorno da chuva.
Há especificidades regionais. Como a obra de concreto armado utiliza muita mão de obra de baixa especialização, a obra de concreto sofre a influência do social. Em certas regiões do país, fazer uma concretagem na época de safra era bem mais cara do que fora da época da safra.

11 — ALGUMAS INFORMAÇÕES ADICIONAIS

Numa região aurífera era mais caro fazer a obra na época da chuva, pois com a chuva havia uma erosão do terreno da região, e a chance de achar pepitas de ouro era maior que na época seca. Nessa época, era uma dificuldade achar mão de obra.

Considerações adicionais

Concreto – quanto maior o fck, mais caro fica o concreto. Isso depende se o concreto vai ser bombeado ou não. Quando o concreto é comprado de usina, seu preço já inclui areia, pedra e cimento e, às vezes, o aditivo. Quando vamos fazer o concreto na obra, descobrimos que areia pesa muito pouco no custo e pode-se dizer o mesmo para o agregado graúdo. Há casos em que vale a pena usar estruturas de concreto armado, com elevado fck e consequente redução de custos em outras partes. E casos em que é melhor trabalhar com menores fck.

Armadura – depende do tipo de aço. O aço CA-25 custa menos que o CA-50. Os aços CA-50 A e B têm o mesmo preço, o que é uma deformação, pois o aço CA-50 A é melhor que o CA-50 B. Grandes siderúrgicas não estão mais produzindo o aço CA-50 B.

Mão de obra – quanto menos comuns forem as fôrmas, mais mão de obra será necessária.

Formas e escoramento – estes dois itens são os seguramente responsáveis pela definição dos custos de uma estrutura de concreto armado. Um bom projeto de fôrmas e escoramento deve considerar:

- facilidade de execução;
- a possibilidade de reúso.

Às vezes, quem decide o tipo de fôrma é o construtor, sem transferir custo para o proprietário. Assim, um construtor opta por usar uma fôrma de fabricação mais cara, se ela puder ser reusada muitas vezes. Certas fôrmas metálicas usadas em prédios podem ser reusadas depois, por exemplo, em obras de canalização de rios.

NOTA 3

Quando se compra concreto usinado, ocorre por vezes o seguinte: os compradores reclamam, dizendo que cubando os volumes das fôrmas, o volume de concreto pago é sempre maior que o volume que as fôrmas indicam, mesmo sem descontar o volume das armaduras, fato geometricamente intrigante.

Quando se conversa com os colegas das empresas de concreto usinado sobre esse assunto, eles afirmam que muitas vezes as fôrmas são péssimas e se abrem quando se joga o concreto ainda fluido.

Com quem estará a razão?

NOTA 4

Há colegas que acham um absurdo o fato de o projeto estrutural ser feito por empresas de projeto. Em outros países, o projeto estrutural fica sob a responsabilidade da construtora, que escolhe segundo sua experiência:

- o tipo de alvenaria,
- o projeto estrutural,
- o fck e o aço,
- o tipo de fundação.

Entendem os colegas – e é tradição em alguns países – que ninguém melhor que o construtor para fazer as opções ligadas a custos. O que você acha?

No Estado de São Paulo, há um caso histórico. Na década de 1950, o governo do Estado decidiu fazer uma ponte rodoviária ligando o continente à Ilha de São Vicente, onde está a cidade de Santos. Era a famosa Ponte do Casqueiro. O governo, por intermédio do Departamento de Estradas de Rodagens, fez um projeto apenas funcional da ponte (localização, número de faixas rolantes, altura para passagem de barcos e pouca coisa além). Não definiu se a ponte seria de concreto armado ou protendido e nem o tipo de fundação. Deixou tudo em aberto, para que as construtoras escolhessem o melhor. Um grupo de construtoras contratou um escritório de cálculo de estruturas e outro grupo contratou outro escritório. Cada escritório de estruturas fez um anteprojeto e dividiu o custo pelo seu grupo de construtoras interessadas. Um anteprojeto escolheu como melhor sugestão ponte em concreto protendido, e o outro escritório optou, para surpresa geral, por solução em concreto armado.

Para surpresa de muita gente, ganhou em custos a construtora que escolheu a solução em concreto armado.

Sempre passo na ponte, paro e faço de vez em quando uma inspeção visual. Apesar de estar em região de influência marinha, a ponte está absolutamente inteira. Conheci o engenheiro chefe da obra, (T.S.) que me declarou um dia:

"O melhor caminho para se ter um concreto durável é fazer o concreto bem feito".

NOTA 5

Vamos analisar custos do uso do concreto. Segundo a revista *Construção Mercado,* Editora Pini, os custos em julho 2002 eram:

Custo do m^3 do concreto convencional, dosado em central, *slump* 5 cm:

fck = 15 MPa – R$ 139,87
fck = 20 MPa – R$ 152,25

Custo do m^3 do concreto armado estrutural pronto (concreto + armadura + forma + desforma + cimbramento + mão de obra):

fck = 15 MPa, aço CA 50 R$ 910,57/m^3

O preço inclui material e mão de obra e custos da empreiteira e seu BDI.

Produtividade de 57 hh/m^3.

11.3 RELATÓRIO PARA O USUÁRIO DA ESTRUTURA

O ideal seria que toda obra, estrutural ou não, tivesse um relatório de uso, que fosse guardado pelo proprietário e que servisse de orientação de uso e manutenção, servindo, inclusive, para mudanças, reformas e ampliações.

O relatório padrão abaixo, feito pelo projetista da estrutura, é uma sugestão de modelo.

Data do relatório................./...................../..................

Nome do autor do relatório..

Endereço do autor do relatório ....

Rua ....

Telefone ....

Cep .... Cidade .... Estado ....

País...

E-mail..

www ....

Local da obra ....

.... Bairro ....

Cidade .... Estado .... Cep ....

Período da obra ....

Escopo da obra .... (apartamentos)...................

Escritório .... Comércio...........................

Indústria...

Tipo da estrutura..

fck (projeto) .... Aço ....

fck obtido na obra...

Norma usada..

Armadura aterrada ou não...

Cobertura...

Reserva de água...

Lista de desenhos mais importantes de estrutura

....

....

Tipo de paredes ....

Piso padrão ....

Tipo de laje ....

Recomendações de uso da estrutura (sugestões, se aplicáveis)

1. O prédio é para uso residencial/comercial/escritórios/industrial. Sua estrutura é composta por lajes, vigas e pilares, e a alvenaria não tem função estrutural.

   O projetista deve indicar as cargas do projeto.

2. A localização de bibliotecas e arquivos de papel deve ser sempre junto às paredes.

3. A ocorrência de fissuras na alvenaria deve ser acompanhada. Se aumentarem de dimensões, isso é sinal de que um especialista deve ser consultado.

4. A troca de pisos deve ser feita por material de mesmo peso específico (peso por área) do original.

5. Não pode haver estocagem de produtos estranhos ao uso normal do prédio.

6. Mudanças de uso podem ocorrer, mas só com o parecer por escrito ou do projetista ou de profissional especialista.

Fotos da obra...

Ocorrências durante a construção:...

NOTA 6

Já existem empresas que guardam documentos. Mediante taxas anuais, é possível, como nos cartórios, se guardar documentos técnicos que ficariam à disposição dos usuários do prédio permanentemente. No prédio só se guardaria uma plaqueta com a informação de que existem documentos sendo guardados na empresa e que podem ser consultados.

A Norma 6118 cita a necessidade deste relatório para o usuário nos seu item 25.3, p. 206.

CAPÍTULO 12

ESTUDOS E INFORMAÇÕES

12.1 TRECHOS DA *BÍBLIA* RELACIONADOS COM A TÉCNICA DA CONSTRUÇÃO

A *Bíblia* é o livro mais respeitado da civilização ocidental e é sagrado para os cristãos. Vejamos como o livro sagrado trata várias técnicas de construir. Não nos esqueçamos: José, esposo de Maria, era carpinteiro, uma das profissões símbolos da construção civil.

Lucas 14:28: "Por exemplo, quem de vós, querendo construir uma torre, não assenta primeiro e calcula a despesa, para ver se tem bastante para completá-la?[1]"

Graças ao colega Arquiteto Flávio Magalhães, pudemos recolher:

Deuteronômio 22-8; Reis 1- 5:13 até o final do capítulo 7. Neste livro, encontramos a narrativa da construção do templo e em 6:7 constatamos que esta construção foi de pré-moldados.

Reis 22:39; ...casa de marfim.

Esdras 5:11; reconstrução do templo de Salomão, destruído por Nabucodonosor.

Salmos 122:3; Jerusalém, cidade compacta.

Lucas 6:4-49; necessidade de boas fundações.

Lucas 14:28 e 29; programação financeira.

Êxodo, nos capítulos 25, 26 e 27, descreve a construção do tabernáculo. Era uma construção desmontável e transportável.

---

[1] Recolhido também do jornal *Mutirão*, março de 2002 (engenheiro José Sérgio dos Santos e engenheiro Luiz Carlos Gulias Cabral).

Coríntios 3:10-17; semelhança entre edificação material e espiritual.

Salmo 118:22.

Mateus 21:42; Marcos 12:10; Lucas 20:11; Atos 4:11; compara a solidez da pedra com Jesus.

Gênesis 11:3 e seguintes: torre de Babel, evidencia a vaidade e o orgulho humanos.

II Crônicas 26:10; edificou torres.

Crônicas 32:5; edificou torres e muros.

Gênesis 11:3; tijolo rejuntado com betumes.

Êxodo 5:7; palha como ingrediente do tijolo.

II Crônicas 2:5; a casa ....grande.

II Crônicas 3:1-9; construção do templo.

Crônicas 3:15;17; colunas.

Êxodo 27:19; átrio.

Êxodo 38:18,31; átrio.

I Reis 6:36; átrio interior.

Êxodo 10:23; habitações iluminadas.

Jeremias 9:10; habitação e tenda.

Gênesis 13:18; tenda e altar.

Atos 18:3; profissão construção de tendas.

Daniel 5:5; paredes caiadas.

Levítico 14, 42, 43,45,48; rebocar.

II Crônicas 4:9; pátios e portas decoradas.

NOTA 1

E já que estamos falando da *Bíblia*, o Muro das Lamentações, último resto físico do Templo de Salomão em Jerusalém, é um muro de arrimo.

12.2 CARTAS RESPONDIDAS

Respondemos aqui algumas cartas aos leitores de *Concreto Armado, Eu te Amo.*

Carta 1 – Pergunta - Como dimensionar a viga baldrame?

Resposta – A viga baldrame liga dois pontos de um fundação, recebendo a carga da alvenaria do andar térreo mais peso próprio. As cargas das vigas baldrames são, em geral, pequenas, se comparadas com as cargas das vigas de um prédio que recebem as cargas de lajes (peso próprio mais a carga acidental sobre a laje). Face a isso, há uma tendência em se projetar vigas baldrames estritamente necessárias para resistir a baixas cargas. Todavia, uma estrutura além de resistir aos esforços tem de se deformar pouco. Certas vigas baldrames, quando o vão é maior, se deformam muito e, com isso, geram trincas nas alvenarias. Não adianta aumentar a taxa de armadura, pois taxa de armadura não é significativo no aumento de rigidez (não deformabilidade). O único caminho é aumentar a altura da viga baldrame.

Carta 2 – Pergunta - Numa obra foram tirados vinte corpos de prova e só um deles deu resultado inferior ao desejado (fck = 200 kgf/cm^2). Como 1/20 = 0,05 posso dizer que alcancei o fck?

Resposta – Não. O conceito de fck é relacionado com grandes amostras e, então, o critério de se adotar 5% para pequenas amostras (vinte corpos de prova) é incorreto. Siga a norma NBR 12.655.

Carta 3 – Pergunta - Os corpos de prova ficam vinte e oito dias em laboratório em ambiente úmido e sem tomar sol. Só então são rompidos numa prensa. Seus resultados espelham o que acontece com o concreto na obra que toma sol e tem condições de cura completamente diferente das condições do laboratório?

Resposta – Realmente, as condições de cura de obra e de laboratório são completamente diferentes e é de esperar que os resultados dos corpos de prova do laboratório sejam maiores na prensa do que corpos de prova que extraíssemos do concreto da obra. Todavia, essa situação é coerente com inúmeros outros testes que padronizam condições de laboratório completamente diferentes da realidade. É que as condições ideais de laboratório são padronizáveis e as de obra, não. Cabe aos coeficientes de segurança fazer a correlação entre a realidade e os resultados dos testes. Lembremos, analogicamente, que bombas de esgoto são testadas com água limpa, e carros são testados ao nível do mar em horas frias noturnas, em condições completamente diferentes do uso, mas seria impossível simular de forma padronizada as condições reais de uso, inclusive que variam de pessoa para pessoa.

Carta 4 – Às vezes, as normas falam de distância mínima das barras da armadura, ou seja, a distância de projeto tem de ser maior a essa distância. Outra hora, as normas falam em distância máxima das barras. Afinal, é máxima ou mínima a distância entre barras?

Resposta – As duas condições têm de ser obedecidas. Digamos que, ao dimensionar um pilar, você encontrou a necessidade de x cm^2 da área das barras longitudinais. Se o critério fosse só por área de aço, você poderia usar (por absurdo) uma única barra de aço. Só que você estaria gerando um monstro de concreto armado, pois o concreto armado pressupõe que o aço e o concreto trabalhem juntos e solidários. Com apenas uma barra de aço, haverá pouco atrito do aço com o concreto, e toda a teoria desenvolvida não terá valor, e sua peça vai trabalhar de maneira diferente da teoria e com menos resistência do que se teria com várias barras de aço. Logo, temos de ter várias barras de armadura e podemos fixar essa exigência, limitando o máximo espaçamento entre as barras. Ou seja, a distância entre as barras tem de ser menor que um determinado valor.

Por outro lado, e no outro extremo, se exagerarmos a quantidade de barras de aço da armadura, você poderá ter o problema de que haverá muito pouco espaço entre as barra e o concreto com sua composição de pedra poderá não entrar no espaço, gerando as bicheiras que diminuem a resistência da peça. Assim, a norma impõe uma distância mínima entre as barras, e nosso projeto terá de usar essa distância mínima ou maior que ela. Conclusão: temos de atender à distância máxima e à distância mínima das armaduras, por razões completamente diferentes.

Carta 5 – Qual a diferença entre fio e barra de mesmo diâmetro?

Resposta – O problema é apenas de terminologia. Fios são as peças de aço CA-60 B; barras são as peças de aço CA-25 e CA-50. O aço CA-60 B é trefilado (passa por sucessivas fieiras) e os aços CA-25 e CA-50 são laminados.

A partir do final dos anos 1990, com a Norma NBR 7480/96, não há mais aço CA-50 B, só CA-50 A e que se denomina agora CA-50.

Carta 6 – Como considerar no cálculo a camada dupla de armadura nas vigas?

Resposta – Quando você usa camada dupla de armadura nas vigas, o centro de gravidade da armadura sobe, e diminui com isso a altura útil da viga que é a distância entre o centro de gravidade da armadura e o topo mais distante da viga. É uma forma pouco útil de usar o concreto armado, pois a parte de concreto não usada no cálculo é maior. Melhor seria, se possível, aumentar a largura da viga.

Carta 7 – Estribos em lajes. São necessários?

Lajes comuns de prédios residenciais e comerciais não precisam de estribos. Lajes muito espessas, como lajes que recebem pressão de água, podem precisar de estribos. Ver NBR 6118/2014 item 19.4.2, p. 160 assunto "lajes com armadura para força cortante".

12 — ESTUDOS E INFORMAÇÕES

Carta 8 – Para estudar o espaço entre barras, quais os diâmetros (dimensões) das pedras?

Resposta – Os tamanhos médios são: pedrisco, de 5 a 9 mm; brita 1, de 9,5 a 22 mm; brita 2, de 22 a 32 mm; brita 3, de 32 a 50 mm; brita 4, de 50 a 75 mm; rachão, de 74 a 400 mm; enrocamento, de 400 mm a 1000 mm. Ver boletim Concretexto, ano XII, n.69, nov./dez. 1990.

O professor Walter Pfeil, no seu livro *Concreto Armado,* volume 1, à página 16, mostra outra distribuição de tamanhos de pedras para a construção civil: pedra zero 4,8 a 9,5 mm; pedra um, 9,5 a 19 mm; pedra dois, 19 a 25 mm; pedra três, 25 a 50 mm; pedra quatro, 50 a 76 mm; pedra cinco, 76 a 100 mm.

Carta 9 – Pequenos prédios, com fundação direta, tremem mais do que prédios com brocas ou estacas ao passar na rua um caminhão pesado?

Resposta – Sim. A fundação direta por sapatas e alicerces são simplesmente apoiadas no solo e podem permitir que os prédios tremam ao passar caminhões com cargas pesadas. Fundações com brocas e estacas (fundações indiretas) amarram a estrutura ao solo e a trepidação possivelmente será algo menor.

Carta 10 – Por que as tabelas de cálculo de lajes como Marcus ou Czerny sobrevivem a todas as mudanças das normas de concreto armado?

Resposta – Essas tabelas não são a rigor de concreto armado e, sim, de Resistência dos Materiais. Elas mostram valores de esforços e não de dimensionamento. Mesmo que mudem as teorias de concreto armado (funcionamento e dimensionamento), em princípio os esforços nas lajes provenientes de cargas não variam. O que varia com o tempo e de acordo com o desenvolvimento dos estudos é a compreensão de como uma estrutura de concreto armado trabalha.

Carta 11 – Por que, às vezes tombam as paredes nas demolições?

Resposta – Quando se constroem paredes em prédios, elas ficam amarradas umas às outras. Há portanto, uma solidariedade entre elas. Quando se vai fazer demolições, pode acontecer que uma parede fique solta e extremamente instável, e a qualquer movimento ela pode cair. Isso acontece muito em demolições não planejadas.

Carta 12 – Sei que as estruturas de concreto armado têm limitações de vão, tenho uma dúvida sobre vãos: A gruta de Maquiné em Minas Gerais tem vãos enormes, de centenas de metros. Se fizermos uma analogia com o concreto armado a gruta é de concreto simples e resiste a esses vãos com cargas de dezenas de metros de terra e pedra. A natureza não precisa atender às normas da resistência dos materiais?

Resposta – A natureza respeita e obedece às leis dela mesma. A explicação dos grandes vãos de grutas está na forma de vencer os vãos. No caso da gruta de Maquiné, uma explicação possível está no uso de arcos naturais. Assim, a pedra está atuando no que ela tem de mais resistente que é a sua resistência à compressão.

Carta 13 – Na obra, posso sempre trocar uma barra de uma bitola por outra de maior diâmetro mantendo a área total?

Resposta – Não. A troca indiscriminada e sem critérios de determinados diâmetros por diâmetros menores não pode ser feita por óbvias questões de menor resistência das barras de menor diâmetro do mesmo tipo de aço.

A troca indiscriminada – e sem cuidados – de determinados diâmetros por diâmetros maiores também não deve ser feita, pelos seguintes possíveis problemas:

- o uso de diâmetros maiores (sem a diminuição do número de barras) pode trazer problemas de diminuição de espaço entre barras , dificultando a concretagem;

- a troca de diâmetros menores por diâmetros maiores e a eventual redução do número de barras pode aumentar o problema de fissuração.

Carta 14 – Um muro de uma escola caiu com as chuvas e foi decidido reformá-lo. Aí surgiu uma dúvida. O contrato com a empreiteira previa um preço unitário para muro de divisa e outro preço unitário para muro de arrimo. Só que não se achou a memória de cálculo do muro que caiu. Como saber se o muro era de arrimo sem ter a memória de cálculo?

Resposta – O que define se um muro é de arrimo ou de divisa, não é memória de cálculo e, sim, a função. Se a terra encosta nele, ele é muro de arrimo, mesmo que não tenha sido calculado dessa forma, mas ele trabalha dessa forma.

Alguns muros de arrimo costumam cair com as chuvas, por causa do aumento do empuxo ativo sobre o muro (daí a importância da drenagem nos muros de arrimo). Se caiu com chuva, possivelmente o muro em pauta estava segurando terra. Então ele implacavelmente deve ser muro de arrimo.

Carta 15 – Um estudante de engenharia civil, prestes a se formar, inquirido sobre o funcionamento das estruturas de prédios convencionais declarou: *"Nos prédios de concreto armado convenciona-se: a) lajes inferiores recebem as cargas das lajes superiores; b) vigas inferiores recebem as cargas das vigas superiores; c) e os pilares inferiores recebem as cargas dos pilares superiores. Isso está certo?"*

Resposta – Os itens *a* e *b* estão totalmente errados e o item *c* está certo, mas quem expressou essas ideias está totalmente confuso.

12 — ESTUDOS E INFORMAÇÕES

Nos prédios convencionais, as cargas externas (acidentais) e o peso próprio de uma laje descarregam suas cargas totalmente em vigas. Assim, todas as lajes de um prédio, com andares tipo, são iguais. Como as vigas recebem as cargas só das lajes do seu nível, elas também são iguais entre si, andar por andar.

As vigas descarregam suas cargas em pilares. Os pilares de uma mesma prumada têm suas cargas aumentadas, andar por andar. Essa é uma hipótese estrutural, e vamos dimensionar e armar a estrutura, admitindo que a estrutura vai funcionar próximo a isso. A experiência mostra que a estrutura acompanha essa teoria e essa hipótese.

Carta 16 – O que é e para que serve a armadura de pele?

Resposta – Quando uma viga tem altura muito grande, pode acontecer de os problemas de fissuração aumentarem dada a distância maior entre a parte tracionada e a linha neutra. Para minimizar isso, é necessário colocar uma armadura denominada armadura de pele. Vejamos o que diz a norma: "Armadura de pele, usada em vigas com altura igual ou superior a 60 cm, a mínima armadura lateral (de pele) deve ser 0,10% da Ac alma em cada face da viga e composta de barras de alta aderência com espaçamento não maior que 20 cm e não superior a d/3. Ver item 17.3.5.2.3 e 18.3.5 da norma 6118/2014."

Carta 17 – O empuxo de Arquimedes - Em todas as caixas-d'água enterradas devo considerar o empuxo de Arquimedes?

Resposta – O empuxo hidrostático acontece em meios onde existe água, como um terreno saturado de água. Nesses terrenos, se pusermos uma caixa-d'água enterrada, ela receberá uma força vertical para cima igual ao valor ao peso do volume de água ocupado. No alto de uma montanha onde não exista com certeza água no terreno, não existirá o empuxo de Arquimedes numa estrutura enterrada. Todavia, há terrenos em que, se for medido o teor de umidade na seca, o teor de umidade é nulo, mas na época de chuva, existe o lençol freático alto. Se acontecer de se construir um reservatório (piscina ou decantador) e se o reservatório for esvaziado, acontecerão as consequências do empuxo de Arquimedes, e com isso o reservatório se levanta e torce e pode se danificar por completo.

Havendo lençol de água, a regra é imperativa. O peso da estrutura da caixa-d'água enterrada tem de ser no mínimo 10% mais pesada que o empuxo de Arquimedes (empuxo hidrostático).

Dizem as más línguas que numa cidade existe uma tabuleta ao lado de um decantador de uma estação de tratamento de água com os dizeres: "Nunca esvazie este tanque". É que ao se projetar a estrutura do decantador, esqueceram-se do empuxo de Arquimedes. Com água, o decantador tinha peso maior que o empuxo, e tudo bem. O decantador vazio pesava menos que o empuxo de Arquimedes. Com isso, o decantador poderia se levantar e sofrer vários esforços para o qual ele não estava dimensionado.

Carta 18 – Como se prepara um coxim (travesseiro)?

Resposta – Quando vamos apoiar uma viga numa alvenaria, é um erro descarregar todo o peso em um ou dois tijolos, pois se esse tijolo for de má qualidade, a viga afundará e levará com ela a laje que se apoia na viga. Logo, a solução é usar algo semelhante a uma sapata ou travesseiro, que distribui a carga da viga por vários tijolos.

Cria-se, então o coxim, que é uma peça de concreto simples com cerca de 75 cm de comprimento, 20 cm de altura e espessura igual a do tijolo que recebe no meio a carga.

Vigas de maior responsabilidade podem ter coxim com 100 cm de comprimento. Nada impede que usemos ferro que sobrou da obra e coloquemos uma armadura no coxim (ferro positivo), transformando o coxim em uma vigota.

Note-se que, quando vamos fazer uma obra única (uma residência), podemos gastar algo mais como transformar um coxim de concreto simples em coxim com armadura, pois não é uma obra repetitiva. Entretanto, se vamos construir um loteamento de centenas de casas, a economia em uma, se repete centenas de vezes e aí devemos fazer sempre o estritamente necessário.

12.3 PLANO DE CONTINUAÇÃO DE ESTUDOS, SITES DE INTERESSE

Para avançar nos estudos, recomendamos ler os trabalhos que os autores consultaram para preparar este livro:

1. NBR 6118/2014 – Projeto de estruturas de concreto – Procedimento – ABNT.

2. Prática recomendada pelo Ibracon para estruturas de edifícios nível 1 – Ibracon. Comitê Técnico CT 301 – Concreto estrutural.

3. "Roteiro para Projetos de Estruturas de Concreto Armado", do engenheiro Mário Massaro Jr. (Parte do Manual do Concreto Armado Jr. agosto 1995.).

4. "Concreto armado – Cálculo e projeto de laje", apostila da Escola de Engenharia Mackenzie, 1979.

5. Coleção Moliterno – "Caderno de estruturas em alvenaria e concreto simples". "Caderno de projetos de telhados em estruturas de madeira", "Escoramentos, cimbramentos, fôrmas para concreto e travessias em estruturas de madeira", Antônio Moliterno, Editora Blucher.

6. "Estruturas arquitetônicas – Apreciação intuitiva das formas estruturais". Augusto Carlos Vasconcelos, 1991, Studio Nobel.

7. Concreto armado, Eu te Amo, vol. 1, de Manoel Henrique Campos Botelho e Osvaldemar Marchetti, Editora Blucher.

12 — ESTUDOS E INFORMAÇÕES

8. "As estruturas na prática da arquitetura", apostila, do professor José Henrique C. Seraphim, 2.ed., 1995.

9. Acidentes estruturais na construção civil, volume I, Albino Joaquim Pimenta da Cunha e outros, Editora Pini, 1996.

10. Tecnologia de Edificações – conjunto de publicações do IPT, editados na revista Construção, Editora Pini, 1988.

11. Desenho prático de concreto armado, de Edevaldo G. dos Santos e outros, 1978.

12. Concreto armado, de R. Loeser (1949-1952), primeira edição brasileira autorizada. Tradução da edição alemã de 1938.

13. Notas de Aula (apostila) do Prof. Porto Alves – EPUSP (1960).

14. A técnica de edificar, de Walid Yazigi, Editora Pini, 1998.

15. Coleção de livros do professor Aderson Moreira da Rocha.

16. "Tecnica y practica del Hormigon Armado", monografia CEAC, Barcelona, Espanha.

17. "Identificação de fissuras na execução/fiscalização das obras", texto inédito do engenheiro Luiz Eduardo M.A. Martins, Recife, 1996.

18. Corrosão em armaduras para concreto, armado de Paulo Helene Editora Pini, São Paulo, 1986.

19. NR 18 Manual de Aplicação, de José Carlos de Arruda Sampaio, Editora Pini/ Sinduscon São Paulo, 1998.

20. Estruturas de concreto, patologia, do engenheiro L.A. Falcão Bauer e do engenheiro Roberto J, Falcão Bauer, Boletim Bauer n.2 1986.

21. "Simplifique seus cálculos", revista Dirigente Construtor, 1970.

22. Coletânea de encartes publicados na revista A Construção, Editora Pini, coordenação do engenheiro Salvador E. Giammusso, sem data.

23. Manual Técnico do Departamento de Edifícios e Obras Públicas (DOP) – Secretaria de Obras e Meio Ambiente, Governo do Estado de São Paulo, 4.ed., 1980, quatro volumes.

24. Fundações – Teoria e prática – ABMS e ABEF, Editora Pini, 1996.

25. Corrosão em armaduras para concreto armado, Paulo R. L. Helene, Editora Pini, 1986.

26. Exercícios de fundações, Dimensionamento de fundações profundas e Previsão e controle de fundações, de Urbano Rodriguez Alonso, Editora Blucher.

27. Concreto – Julgamento e inspeção pelo esclerômetro de Schmidt, de Abílio de Azevedo Caldas Branco, novembro de 1956.

330   12 — ESTUDOS E INFORMAÇÕES

28. Curso de Concreto, volumes I e II, de José Carlos Sussekind, Editora Globo.

29. Concreto Armado, de Walter Pfeil, volume 1 e 2, Livros Técnicos e Científicos Editora S.A.

30. Concreto Armado, de Marcello da Cunha Moraes, McGraw-Hill, 1982.

31. Tabelas k_3 e k_6 para cálculo de flexão normal no estádio III, John Ulic Burke Jr. e Mauricio Gertsenchtein, Grêmio Politécnico DLP/EPUSP, 1974.

32. Cálculo de Concreto Armado, Volume 1, Lauro Modesto dos Santos.

Sites recomendados:

www.ibracon.org.br .... Instituto Brasileiro do Concreto Ibracon
www.abcp.org.br .... Associação Brasileira de Cimento Portland – ABCP
www.ibts.org.br .... Instituto Brasileiro de Tela Soldada – IBTS
www.ipt.br .... Instituto de Pesquisas Tecnológicas – IPT/SP
www. abnt.org.br .... Associação Brasileira de Normas Técnicas
www.institutodeengenharia.org.br .... Instituto de Engenharia (SP)
www.piniweb.com .... Editora Pini, revista Construção e Mercado
www.blucher.com.br .... Editora Blucher

12.4 DIALOGANDO COM OS AUTORES

Os autores, o Engenheiro Manoel Henrique Campos Botelho e Osvaldemar Marchetti, muito apreciariam receber comentários dos leitores sobre este livro, inclusive sugestões de novos temas.

Para isso, favor usar o formulário da página 339 e enviar para:

Eng. Manoel Henrique Campos Botelho
E-mail: **manoelbotelho@terra.com.br**

ou para:

Eng. Osvaldemar Marchetti
E-mail: **omq.mch@gmail.com**

Todos que enviarem sugestões ou comentários sobre estes livros (vol. 1 ou 2) receberão de MHC Botelho uma crônica estrutural inédita, via internet.

CAPÍTULO 13

ANEXO
COMENTÁRIOS SOBRE ITENS DA NORMA 6118/2014 E ASPECTOS COMPLEMENTARES

A - INTRODUÇÃO

Nasceu em maio 2014 a versão 2014 (versão corrigida de 7. ago. 2014) da norma **ABNT NBR 6118 "Projeto de estruturas de concreto – Procedimento"**. **Essa norma, que é uma norma de projeto,** é sucessora da sua versão 2007 e tudo tem como origem a famosa NB-1/1940, a primeira norma brasileira. ABNT é a sigla da respeitada Associação Brasileira de Normas Técnicas, entidade particular brasileira que faz normas técnicas em geral.

Como o próprio título indica essa norma é relativa à parte de projeto de uma estrutura de concreto (armado, simples e protendido) deixando para outras normas (por exemplo a NBR 14.931) a parte de execução dessas obras.

> Iremos cuidar neste anexo exclusivamente da parte de estruturas de **concreto armado** dessa norma NBR 6118/2014 e do ponto de vista e interesse relacionado com pequenas e médias estruturas em termos de vulto, algo como prédios residenciais e comerciais de até **quatro pavimentos, com paredes internas e externas de alvenaria.**

A NBR 6118, na sua totalidade, é dirigida para obras de qualquer vulto, como as pequenas, médias e grandes obras abordando estruturas de concreto protendido, concreto armado e concreto simples.

A linguagem e os cuidados técnicos e didáticos desta presente **anexo** são direcionados a um público leitor específico composto de jovens engenheiros civis, arquitetos, jovens profissionais em geral e estudantes em nível de graduação.

Este texto é uma cartilha e como tal deve ser entendida, ou seja um texto que facilita o leitor a entender a norma mãe.

Recomenda-se ao leitor depois de ler este anexo ler e seguir a NBR 6118/2014[1].

Os autores reconhecem a capacidade e dedicação dos colegas autores que trabalharam com afinco para que esta norma existisse nessa nova versão.

Nota-se que essa norma ao atender a todo o mundo das obras de concreto torna-se por vezes difícil de aplicar à obras de edifícios de até médio porte. Entende este autor que as obras de concreto para edifícios de até médio porte (quatro andares) mereceriam ter uma norma específica.

B - ABORDAGEM DIDÁTICA DESTE ANEXO

O objetivo deste Anexo é explicar os trechos novos e/ou menos fáceis da NBR 6118/2014 adicionando informações úteis no entender dos autores, e sempre ligado à estruturas de concreto armado para pequenas e médias edificações em termos de porte de casas e edifícios residenciais e comerciais.

Como estes autores entendem que o objetivo dessa norma, mesmo sendo do campo projeto, é no final **a execução da obra e o seu uso**, foram adicionados alguns assuntos relativos a esses objetivos.

Os assuntos relativos à concreto protendido e concreto simples não são objeto deste **anexo** embora no caso do concreto simples sejam, vez ou outra, inseridos no texto.

Repetimos:

Depois de ler o texto deste **anexo** que tem como objetivo explicar as **mais importantes modificações da nova norma** leia a norma e veja como segui-la dentro das características e realidade de suas obras.

Assuntos mais simples e que estão muito claros ou que já eram apresentados na versão 2007 da norma NBR 6118 não serão sequer citados neste **anexo**.

C - PRINCIPAIS MUDANÇAS E ASPECTOS IMPORTANTES DA NBR 6118/2014 COMPARADAS EM RELAÇÃO À NORMA NBR 6118 VERSÕES 2003 E 2007[2]

O autor MHCBotelho levou em conta e agradece, texto técnico do Eng. Prof. Matheus L. G. Marchesi – Universidade Uninove – São Paulo, SP.

Dentro dos limites de interesse deste anexo as principais modificações e assuntos nesta versão são:

---

[1] A norma NBR 6118/2014 que este autor seguiu é a versão corrigida de 07.08.2014..

[2] As versões 2003 e 2007 da NBR 6118 tem pouquíssimas diferenças entre si e essas pouquíssimas diferenças fogem ao mundo deste anexo ou sejam obras de pequeno e médio porte.

C1. – alteração das classes de concreto armado aos quais a norma se aplica: de C10 a C50, para C20 a C90; (item 1.2, p. 1). Não se aceita mais classe de resistência C15 para fundações (a antiga revisão aceitava) mas se aceita o uso da classe C15 para obras provisórias como por exemplo estrutura de prédio de canteiro de obras e que depois será demolido.

C2. – Vigas: a seção transversal de vigas não pode ter largura menor que 12 cm e no caso de viga parede a menor largura da seção transversal será de 15 cm (item 13.2.2, p. 73). Nesse item indica-se que em alguns casos excepcionais caia a largura para um mínimo de 10 cm.

C3. – Pilares: dimensão mínima com γ_n de 14 cm, não mais 12 cm; (item 13.2.3, p. 73)

C4. – Lajes: dimensões mínimas de lajes maciças foram aumentadas, por exemplo, 8 cm para laje de piso não em balanço e não mais 7 cm;

(item 13.2.4.1, p. 74.) Laje de cobertura não em balanço tem que ter 7 cm de espessura e não mais 5 cm.

> **Nota**
>
> como a norma fala em peso limite de veículos saibam que:

- peso de um carro Palio lotado – 950 (peso do carro) + 5 × 70 (pessoas) = 1.300 kgf = 13.000 N = 13 kN
- peso de um carro grande – Vectra lotado = 1.400 kgf (peso do carro) + 5 × 70 (pessoas) = 1.750 kgf = 17.500 N = 17,5 kN

Para lajes que suportam veículos e com carga limite de 30 kN essa carga é bem superior a carga de um carro grande lotado.

> **Nota**
>
> laje em balanço é expressão igual à laje marquise..

C5. – Introdução de um γ_n (semelhante aos pilares) para marquises lajes marquises – lajes em balanço) (que andam caindo por ai devido ao fato da armadura negativa se tornar positiva, quando por exemplo o operário pisa sobre a armação); coeficiente a usar no dimensionamento dessas lajes item 13.2.4.1, p. 74.

C6. – Armadura mínima à flexão foi alterada, por exemplo para C30, o ρ_{min} era 0,173%, agora passa a 0,150% (igual ao C20, C25); Tabela 17.3, p. 130.

C7. – Armadura de pele limitada no mínimo a 0,4% da área da seção transversal e máxima de 8% cm²/m por face; itens 17.3.5.2.3, p. 132. Ver também item 18.3.5, p.150.

C8. – "Os consolos curtos devem ter armadura de costura mínima igual a 40% da armadura do tirante, distribuída na forma de estribos horizontais em uma altura igual a 2/3 d." Item 22.5.1.4.3, p. 186.

C9. – Em blocos de fundação: no caso de estacas tracionadas, a armadura da estaca deve ser ancorada no topo do bloco. Alternativamente, poderão ser utilizados estribos que garantam a transferência da força de tração até o topo do bloco. Item 22.7.4.1.1, p. 191.

C10. – Armadura de distribuição em blocos de fundação: Para controlar a fissuração, deve ser prevista armadura positiva adicional, independente da armadura principal de flexão, em malha uniformemente distribuída em duas direções para 20% dos esforços totais. Item 22.7.4.1.2. p. 191.

E ainda

C11. – Essa norma NBR 6118/2014 no seu item A.2.4.1, Tabela A.2, p. 214 realça o conceito de velocidade de endurecimento do concreto indicando, que:

- ocorre endurecimento lento do concreto quando do uso para os cimentos CP III e CP IV (todas as classes de resistência)
- ocorre endurecimento normal do concreto para o uso de cimentos CP I e CP II (todas as classes de resistência)
- ocorre endurecimento rápido do concreto para o uso de cimento CP V – ARI

Lembrando que

- CP I e CP I S Cimento Portland comum,
- CP II – E, CP II – F Cimento Portland composto
- CP III – Cimento Portland de alto forno
- CP IV – Cimento Portland pozolânico
- CP V – ARI Cimento Portland de alta resistência inicial

C12. – Para estudos de deformabilidade, tempo de desforma e retirada de escoramento (módulo elasticidade inicial) a norma NBR 6118 detalha como esperar nesses assuntos a influência do tipo de agregado a usar (item 8.2.8, p. 24). O Módulo de Elasticidade inicial[3] é diretamente proporcional ao coeficiente αE e que vale comparativamente:

- $\alpha E = 1,2$ para basalto e diabásio
- $\alpha E = 1,0$ para granito e gnaisse
- $\alpha E = 0,9$ para calcário
- $\alpha E = 0,7$ para arenito

C13. – E constam as orientações nessa nova norma:

" Item 14.6.6.3, p. 94.[4] Consideração de cargas variáveis
Para estruturas de edifícios em que a carga variável seja de 5 kN/m^2 e que seja no máximo igual a 50% da carga total, a análise estrutural pode ser realizada sem a consideração da alternância de cargas."

Nota

5 kN/m^2 = 500 kgf/m^2

"Item 14.6.6.4, p. 94. Estrutura de contraventamento lateral
A laje de um pavimento pode ser considerada uma chapa totalmente rígida em seu plano, desde que não apresente grandes aberturas e se o lado maior do retângulo circunscrito ao pavimento em planta não superar em três vezes o lado menor."

" Item 18.4.3, p. 151. A armadura transversal dos pilares, constituída por estribos e quando for o caso, por grampos suplementares, deve ser colocada em toda a altura do pilar, sendo obrigatória sua colocação na região de cruzamento com vigas e lajes."

Nota

vários construtores reclamaram a este autor quanto à dificuldade de atender na obra a esse item 18.4.3. Bastou o engenheiro não estar na obra que são suprimidos incorretamente alguns estribos. É preciso treinar e incentivar a mão de obra para atender a essa exigência.

---

[3] Como sabido quanto maior o módulo de elasticidade menos deformável é o material.
Logo concreto produzido com agregado basalto e ou diabásio é mais indeformável que concreto produzido com agregado granito, gnaisse, calcário ou arenito.
[4] O projeto do prédio do volume 1 – Concreto armado eu te amo na sua 8ª edição atende às exigências do item 14.6.6.3. e 14.6.6.4 dessa nova edição da NBR 6118

C14. – A norma NBR 6118/2014 bem como sua antecessora a NBR 6118/2007 é sempre preocupada com a vida útil da estrutura e nos itens 7.2 e 7.4, p. 18 prescreve os cuidados de drenagem da estrutura para evitar o contato permanente da estrutura com água acumulada.

No item 7.4.1 é feito um destaque para a qualidade do concreto de cobrimento da armadura. Esse concreto deve ter boas características para que não tenha alta permeabilidade o que facilitaria a oxidação da armadura pelo contato da água com a armadura. Considerando que as famosas pastilhas de argamassa de concreto feitas artesanalmente na obra não tem muitas vezes a qualidade desejável talvez tenhamos de abandonar a prática de produzi-las na obra e deveremos usar ou espaçadores de plástico ou pastilhas de concreto produzidas industrialmente.

D - USO DE CRITÉRIOS E TABELAS DE DIMENSIONAMENTO DE LAJES, VIGAS E PILARES CONSTANTES DOS LIVROS "CONCRETO ARMADO EU TE AMO VOL. 1 E VOL. 2 E CONCRETO ARMADO EU TE AMO PARA ARQUITETOS

Para quem está acostumado a usar as tabelas e gráficos dos livros "Concreto armado eu te amo Volume 1", "Concreto armado eu te amo Volume 2" e "Concreto armado eu te amo para arquitetos" e outras obras dessa coleção, a versão 2014 da NBR 6118 **não trouxe novidades** e portanto as tabelas e ábacos de dimensionamento podem continuar a ser usados levando em conta as ponderações desta cartilha entre as quais:

- fck mínimo igual a 20 MPa a não ser para obras provisórias (exemplo canteiro de obras) quando se aceita fck mínimo de 15 MPa;
- aumento da espessura mínima de alguns tipos de lajes maciças;
- aumento do coeficiente de ponderação para lajes em balanço (lajes marquises).

E - ANOTAÇÕES DE MHCBOTELHO SOBRE A NOVA NORMA

Lembro que todo o interesse deste anexo está ligado à estruturas de pequeno e médio porte .

Com o devido respeito à competência e o enorme trabalho da comissão que gerou esta norma, a NBR 6118/2014 não tem, **mas deveria ter:**

E1. – citação ou amarração do importantíssimo assunto "fôrmas" que em determinadas obras o assunto fôrmas pode alcançar mais de 30% do custo total da estrutura de concreto armado. Esse assunto "formas" é deixado para outra norma mas como se sabe de um tipo de projeto isso gera fôrmas de maior ou menor custos e nem no Índice Remissivo da NBR 6118/2014 ela é citada.

E2. – citação e cuidados com o assunto alvenaria e sua amarração com o resto da estrutura, que ajuda a dar estabilidade ao prédio e é um elemento garantia de privacidade e segurança para os usuários do prédio.

E3. – citação e grande consideração do conceito de "**custos**", pois não existe engenharia ou tecnologia sem o estudo de custos.

Essa expressão "custos" não aparece citada no Índice Remissivo e se fosse citada nesse índice seria na página 222.

E4. – citação de "cintas de amarração", item importante em pequenas obras,

E5. – O assunto "verga" não aparece com esse jargão tão comum, embora essa norma NBR 6118/2014 descreva o cuidado construtivo recomendado, mas na parte da norma do Concreto simples (item 24.6.1, p. 205). As vergas são usadas em todas as obras estruturais em cima e em baixo de janelas e em cima de portas. Possivelmente o fato desse cuidado estar na parte de Concreto Simples da norma refira-se ao fato da verga ser importante no relacionamento com a alvenaria

E6. – explicação sobre o conceito de "junta de concretagem". Jovens profissionais podem não saber como resolver o assunto. Deve haver uma recomendação relativa à previsão de armadura de costura nesses casos entre o concreto velho e o concreto novo.

E7. – deve-se usar sempre junto à expressão "lajes em balanço" a expressão "laje marquise" que por vezes é até mais expressiva em termos de comunicação geral.

E8. – a versão 2014 usa o termo "barras de alta aderência" mas não diz quais elas são. Na versão 2007 da norma 6118/ 2007 a norma é clara: é a barra de aço CA-50 (Tabela 8.2, p. 26).

Tipo de barra	Coef. conformação superficial	Ductilidade
Lisa (CA – 25)	1,0	Alta
Entalhada (CA – 60)	1,4	Normal
Alta aderência (CA – 50)	2,25	Alta

E9. – no seu item 7.4.1, p. 18 há um alerta que pode ser interpretado que não se deve usar pastilha de concreto feitas na obra que tem quase sempre má qualidade devendo ser usada então ou a pastilha comprada pronta ou a pastilha de plástico.

E10. – faltou definir, na opinião de MHCBotelho que cabe ao projetista da estrutura a fixação da "contraflecha" de obra mas que esse é um assunto que sempre deve ser discutido como o engenheiro da obra. A utilização de "contraflecha" é algo importante em toda a obra e mais importante no caso de lajes em balanço e em canaletas de concreto armado para águas pluviais.

E11. – seria importante explicar e exemplificar o conceito de "armadura de costura".

E12. – cuidados de obra. Ver item 8.3.7, p. 30. Embora a norma NBR 6118/2014 seja uma norma de projeto de estruturas de concreto aqui e ali nela são inseridos aspectos importantes de obra como o trecho citado de dobragem de armaduras.

E13. – a norma fala em "Seções" mas isso não é mostrado ao longo da norma. Isso deveria ser mostrado no topo da norma p. iii.

E14. – seria importante existir uma norma específica para projeto e execução de edifícios de pequena e média altura com uma linguagem e abrangência compatível com esse tipo de obra.

F - REVISÃO DA NORMA DE CIMENTO

Mais uma vez se alerta. Agora todos os cimentos estão sob a direção da NBR 16.697 de 3 de julho de 2018.

AVALIAÇÃO

1 Faça, por favor, uma avaliação sobre este livro *"Concreto Armado, Eu te Amo, volume 2"* – 4. ed.:

☐ Fraco ☐ Regular ☐ Bom ☐ Muito bom

2 Seus comentários:

....
....
....
....
....

3 Que outros assuntos um novo livro deve abordar? (Sua opinião é muito importante para nós.)

....
....
....
....

Agora, por favor, dê os seus dados:

Data ....

Nome...

Título de graduação ....ano...........

Tel.: (................)..

E-mail...

End...

Cidade ....Estado...........

CEP...

(ver email dos autores na página 330)

ÍNDICE POR ASSUNTO

(o número indica a página de início do assunto)

adensamento, 244

águas de chuva e as estruturas, 69

anexo, 331

apoio indireto, 87

armação de muros e paredes, 239

armadura de costela (de pele), 186

armadura de pele (costela), 186

avaliação global da estabilidade, 26

Bíblia e a técnica da construção, 321

blocos de estacas, 158

cálculo de lajes maciças em formato de "L", 86

cartas respondidas, 323

cascata de cargas, 25

cisalhamento em lajes, 215

concreto aparente, 56

concreto com revestimento, 56

concreto de alta impermeabilidade, 253

concreto feito na obra ou concreto usinado, 55

concreto sem revestimento, 56

consolos curtos, 148

crônicas estruturais, 283

cura, 244

custo da estrutura de concreto armado, 316

das armaduras de cálculo às armaduras de desenho, 266

dimensões geométricas mínimas, 85

elevadores, projeto estrutural, 94

embutidos, 75

erros em cálculo e em desenhos, 262

escadas, 219

escolha do aço, 59

escolha do fck, 52

escoramentos - cimbramento, 242

estruturação da edificação, 11

estruturas superarmadas e subarmadas, 278

falando com a obra, 255

formas, 96

ganchos, 95

helicópteros, pouso de emergência, 121

higiene e segurança do trabalho, 261

honorários estruturais, 313

impermeabilização de estruturas, 70

junta de dilatação, 61

junta de retração, 61

k_6, k_3 e kx, 81

laje não muito retangular, 209

laje pré-moldada comum, 189

lajes em balanço, 209

lajes nervuradas, 192

lajes treliça, 100

marquises, 209

método das tensões admissíveis às tensões de ruptura, 275

nova norma de concreto armado, 8

NR-18, 261

números mágicos e consumo materiais, 63

o vento e as estruturas, 39

o vento e os prédios altos e baixos, 39

paradas não previstas de concretagem, 68

paredes em cima de lajes, 125

passagem de dados, 260

perguntas, 250

plano de continuação de estudos, 328

planos e juntas de concretagem, 66

prova de carga, 246

punção, 213

radier, 187

rampas, 225

recalques, 235

redução de cargas acidentais, 99

relação água/cimento, 52

relatório para usuário da estrutura, 319

sites de interesse, 328

tabela de dimensionamento de lajes, 79

tabela de dimensionamento de vigas, 79

tabela-mãe métrica, 60

telas soldadas, 72

telhados e coberturas, 76

testes e exame das estrutura, 279

tipos de cimento, 49

topografia e a engenharia de estruturas, 235

torção, 227

tubulões, 178

vibração, 244

vigas baldrame, 185

vigas, cobertura e ancoragem, 126

vigas inclinadas, 207

vigas invertidas, 266

vigas parede, 129

GRÁFICA PAYM
Tel. [11] 4392-3344
paym@graficapaym.com.br